中南大学地球科学学术文库

丙申 何继善

中南大学地球科学学术文库

中南大学地球科学与信息物理学院　组织编撰

广东大宝山铜多金属矿床成因机制研究

Metallogenic Mechnism of the Dabaoshan Polymetallic
Deposit, Guangdong Province

张德贤　潘君庆　戴塔根　　著
傅晓明　卜建才　欧阳黎明

有色金属成矿预测与地质环境监测教育部重点实验室
有色资源与地质灾害探查湖南省重点实验室　　联合资助

中南大学出版社
www.csupress.com.cn
·长沙·

图书在版编目(CIP)数据

广东大宝山铜多金属矿床成因机制研究／张德贤等
著. —长沙：中南大学出版社，2020.7
ISBN 978 - 7 - 5487 - 4055 - 1

Ⅰ.①广… Ⅱ.①张… Ⅲ.①铜矿床—多金属矿床—
矿床成因—研究—广东 Ⅳ.①P618.410.1

中国版本图书馆 CIP 数据核字(2020)第 075163 号

广东大宝山铜多金属矿床成因机制研究
GUANGDONG DABAOSHAN TONG DUOJINSHU KUANGCHUANG CHENGYIN JIZHI YANJIU

张德贤　潘君庆　戴塔根　傅晓明　卜建才　欧阳黎明　著

□责任编辑	伍华进
□责任印制	易红卫
□出版发行	中南大学出版社
	社址：长沙市麓山南路　　　　邮编：410083
	发行科电话：0731 - 88876770　传真：0731 - 88710482
□印　　装	长沙市宏发印刷有限公司

□开　　本　710 mm×1000 mm 1/16　□印张 13.5　□字数 283 千字　□插页 2
□互联网＋图书　二维码内容　图片 27 个　字数 2 千字
□版　　次　2020 年 7 月第 1 版　□2020 年 7 月第 1 次印刷
□书　　号　ISBN 978 - 7 - 5487 - 4055 - 1
□定　　价　78.00 元

内容简介 /

About the Author

大宝山铜多金属矿床是粤北地区一个典型的钨钼铜铅锌多金属矿床。本次研究工作以矿田斑岩型矿床、矽卡岩矿床作为研究重点，通过详细的岩相学、岩石主量、微量和稀土元素等全岩地球化学特征分析、稳定同位素和放射性同位素以及锆石 LA ICP – MS 定年工作，对大宝山多金属矿区矿床地质特征、成矿规律、地球化学特征、矿床成因进行了系统和深入的研究。

矿区次英安斑岩和花岗闪长斑岩大地构造环境判别的研究表明二者均为碰撞后伸展环境。岩石主量、微量和稀土元素特征研究表明，次英安斑岩和花岗闪长斑岩均为高钾钙碱性岩石，富 SiO_2，K_2O 和 Na_2O，Al_2O_3 过饱和特征，其 $w(K_2O)/w(Na_2O)$ 值普遍偏高，分异演化程度中等。次英安斑岩和花岗闪长斑岩介于 I 型和 S 型之间的过渡型花岗岩(壳幔混合源型)，即含地幔成分的深部物质在地壳深部发生部分熔融并受到陆壳混染而成，二者应为同源不同相的产物。矿区花岗闪长斑岩和次英安斑岩的侵入结晶年龄约在175 Ma，次英安斑岩的侵入时代略早于花岗闪长斑岩。

应用 LA ICP – MS 锆石 U – Pb 定年和 LA MC ICP – MS Hf 同位素测定技术研究大宝山北部九曲岭花岗岩，结果显示：来自九曲岭岩体的三个花岗岩的谐和年龄分别为(169.3 ± 1.2) Ma、(171.2 ± 1.3) Ma 和(450.2 ± 2.9) Ma，表明九曲岭花岗岩体为一复式岩体，主体为燕山期花岗岩，但局部有加里东期花岗岩。锆石 LA MC ICP – MS 锆石 Lu – Hf 同位素组成测定显示，燕山期的岩体具有低的负 εHf(t)值(分别为 – 12.19 ~ – 8.51，平均为 – 10.40和 – 19.47 ~ – 8.63，平均为 – 9.03)，二阶段模式年龄为 1.45Ga ~ 1.63Ga；加里东期的岩体具有高的 εHf(t)值 (8.89 ~ 12.06，平均 10.33)，二阶段模式年龄为 0.62Ga ~ 0.78Ga。

黄铁矿电子探针面扫描分析表明，除了层状 – 似层状硫化物矿床中的黄铁矿具弱的 As 不均匀分布外，其余的两类矿床中黄铁矿中均无环带构造；黄铁矿 LA ICP - MS 分析表明，尽管大宝山多金属矿床中斑岩型、矽卡岩型和层状 - 似层状硫化物矿床中的黄铁矿的微量元素含量很低，但在误差范围内依然体现出明显差异，如斑岩型矿床中的黄铁矿富 Co、Cu 和 Se；而矽卡岩型矿床中的黄铁矿含有比较均一的 Mo，但是其他微量元素变化较大，具有最高的 $w(Co)/w(Ni)$ 值；而层状 - 似层状硫化物矿床中的黄铁矿具有比较均一的 Ni 含量，富 Ag 而贫 Co、As、Sb 和 Se，并具有一致的 Ni 含量，是三种矿床中 $w(Co)/w(Ni)$ 值最低的。

不同矿石中石英的氢氧同位素表明成矿过程中成矿流体主要为岩浆水，有部分大气水的混合，大气水的比例有所变化。与矿化相关的硫化物的 $\delta^{34}S$ 值为 -2.00‰ ~ 3‰，表明硫主要来自斑岩岩浆体系，可能存在少量的地层硫的加入。铅同位素大部分落在俯冲带铅区岩浆作用铅的范围内，说明矿石中铅同位素的来源与矿区燕山期岩浆热液作用相关。综合研究结果表明，矿区斑岩型 - 矽卡岩型钼矿床和层状铜铅锌矿床及脉状铜矿床均为与次英安斑岩和花岗闪长斑岩有关的同一体系的岩浆热液矿床。

最后总结矿床的成矿演化过程为：在燕山早期，先由次英安斑岩沿区域 NNW 向断裂侵入，紧接着花岗闪长斑岩侵入，岩浆期后热液携带 Cu、Fe、Mo 等成矿物质，同时萃取少量地层中的金属上侵。次英安斑岩期后热液沿着东岗岭组地层沿层间破碎带顺层侵入，与上覆的碳酸盐地层发生水岩反应，形成层状、似层状铜铅锌矿体，在和桂状群接触部位形成斑岩型铜铅锌矿体，晚期的含矿石英流体形成脉状硫化物矿体。稍晚的花岗闪长斑岩期后热液在船肚地区与碳酸盐岩及碎屑岩地层发生接触交代作用，以接触带为中心分别形成矽卡岩型和斑岩型钨钼矿床。成矿阶段分为：矽卡岩化阶段，钼矿化阶段，铜铅锌矿化阶段，绿泥石、碳酸盐化阶段，表生氧化阶段。钼矿化与铜铅锌矿化阶段埋单较为一致，在时间上可能存在重叠。

本书对成矿模式和矿床成因进行了详细探讨，并在此基础上，总结了本区"三位一体"、地球化学和其他找矿标志。

本专著的相关成果对于开展矿物微区、微量测试手段和矿床成因研究与勘探有重要的示范作用，既具理论参考价值，又具实践勘查借鉴作用。

作者简介

张德贤　男，1978 年 4 月生，甘肃武威人。现任中南大学副教授、硕士研究生指导老师，国际矿床地质协会（SGA）会员，经济地质协会（SEG）会员。主要从事矿物微区微量元素地球化学和矿床地质方面的科研和教学工作。1999—2003 年在中南大学地质工程（A）专业学习；2003—2005 年任教于河北交通职业技术学院；2005 年考取中南大学矿物学、岩石学、矿床学专业硕士研究生，于 2007 年提前攻读博士学位；2009 年受国家留学基金委资助赴澳大利亚留学，在澳大利亚 James Cook 大学的 Economic Geology Research Unit（EGRU）学习，并完成博士论文，2011 年获中南大学矿物学、岩石学、矿床学专业博士学位；并于 2012 年任教于中南大学地球科学与信息物理学院地质资源系，同年进入中南大学矿业工程博士后科研流动站深造。先后主持、参与国家级课题（面上基金、深地资源勘查开采专项）、省部级课题和企业横向课题 20 余项；公开发表学术论文 40 余篇，参编教材和著作 2 部；获"钻石奖"、"西南铝"教育奖、"地质教育奖"、中国黄金协会科学技术一等奖和湖南省地质学会优秀奖等多项荣誉。

潘君庆　男，1981 年 5 月生，湖北十堰人。中南大学地球科学和信息物理学院博士研究生，主要从事矿产资源勘查开发、储量评审和国土资源规划等方面的科研工作。1999—2003 年在中南大学地质工程专业本科学习；2003—2006 年在中南大学地质工程专业攻读硕士研究生；2006 年至今在湖南省国土资源厅工作。2012 年考取中南大学国土资源信息工程的博士研究生。先后参与湖南省地质勘查项目、矿产资源储量评审及国土资源规划的管理和研究工作。

戴塔根 男，1952年8月生，湖南涟源人。曾任中南大学地球科学与信息物理学院院长、中南大学设计研究院名誉院长，教授、博士生导师、政府特殊津贴获得者。兼任湖南省矿物岩石地球化学学会理事长（兼学术委员会主任委员）、湖南省地质学会副理事长（兼学术委员会主任委员）、湖南省宝玉石协会副会长、湖南省科协委员、湖南省留学归国人员联谊会理事、中国矿物岩石地球化学学会常务理事、中国地质教育协会理事、国际矿床成因协会会员、国家教育部地矿学科教学指导委员会委员。先后完成科研课题30多项。获省部级科技进步一等奖和二等奖各1项，三等奖2项，四等奖1项，获厅级奖5项。公开发表学术论文100多篇，其中SCI收录30多篇。出版专著和教材《微量元素地球化学及应用》《环境地质学》《勘查学》《C/C++语言教程》《大学专业基础英语》（地矿分册）等10余种，主编出版论文集10部，计500多万字；另编写英文教材 *Applied Geochemistry* 和 *Modern Analytical Technique for Polymetallic Nodules* 等多种。

总序 / Preface

　　中南大学地球科学与信息物理学院具有辉煌的历史、优良的传统与鲜明的特色，在有色金属资源勘查领域享誉海内外。陈国达院士提出的地洼学说(陆内活化)成矿学理论，影响了半个多世纪的大地构造与成矿学研究及找矿勘探实践。何继善院士发明电磁法系统探测方法与装备，获得了巨大的找矿勘探效益。所倡导与践行的地质学与地球物理学、地质方法与物探技术、大比例尺找矿预测与高精度深部探测的密切结合，形成了品牌效应的"中南找矿模式"。

　　有色金属属于国家重要的战略资源。有色金属成矿地质作用最为复杂，找矿勘查难度最大。正是有色金属资源宝贵性、成矿特殊性与找矿挑战性，铸就了中南大学地球科学发展的辉煌历史，赋予了找矿勘查工作的鲜明特色。六十多年来，中南大学地球科学研究在地质、物探、测绘、探矿工程、地质灾害和地理信息等领域，在陆内活化成矿作用与找矿勘查、地球物理探测技术与装备制造、深部成矿过程模拟与三维预测、复杂地质工程理论与新技术以及地质灾害监测等研究方向，取得了丰硕的研究成果，做出了巨大的科技贡献，产生了广泛的社会影响。当前，中南大学地球科学研究，瞄准国际发展方向和国家重大需求，立足于我国复杂地质背景下资源勘查与环境地质的理论与方法创新研究，致力于多学科联合开展有色金属资源前沿探索与应用研究，保持与提升在中南大学"地、采、选、冶、材"特色与优势学科链中的地位和作用，已发展成为基础坚实、实力雄厚、特色鲜明、国际知名、国内一流的以有色金属资源为主兼顾油气、岩土、地灾、环境领域的人才培养基地和科学研究中心。

　　中南大学有色金属成矿预测与地质环境监测教育部重点实验室、有色资源与地质灾害探查湖南省重点实验室，联合资助出版"中南大学地球科学学术文库"，旨在集中反映中南大学地球科学与信息物理学院近年来取得的系列研究成果。所依托的主要研究机构包括：中南大学地质调查研究院、中南大学资源勘查与环境地质研究院和中南大学长沙大地构造研究所。

本书库内容主要涵盖：继承和发展地洼学说与陆内活化成矿学理论所取得的重要研究进展，开发和应用双频激电仪、伪随机和广域电磁法系统所取得的重要研究成果，开拓和利用多元信息找矿预测与隐伏矿大比例尺定位预测所取得的重要找矿成果，探明和研发深部"第二勘查空间"成矿过程模拟与三维定量预测方法所取得的重要研究成果，预警和防治复杂地质工程与矿山地质灾害所取得的重要技术成果。本书库中提出了有色金属资源勘查理论、方法、技术和装备一体化的系统研究成果，展示了多项突破性、范例式、可推广的找矿勘查实例。本书库对于有色金属资源预测、地质矿产勘探、地质环境监测、地质灾害探查以及地质工程预防，特别对于有色金属深部资源从形成规律到分布规律理论与应用研究，具有重要的借鉴作用和参考价值。

感谢中南大学出版社为策划和出版该文库所给予的大力支持。感谢何继善先生热情指导和题词。希望广大读者对本书库专著中存在的不足和错误提出宝贵的意见，使"中南大学地球科学学术文库"更加完善。

是为序。

2016 年 10 月

前言 /

Foreword

　　大宝山多金属矿床是南岭地区重要的集钨钼铜铅锌于一体的多金属矿床之一。矿床主要由三大系统组成：斑岩型钨钼系统、矽卡岩型钼钨系统和层状似层状多金属铜硫化物系统。尤其是第三种类型层状似层状多金属铜硫化物系统沿着钦杭成矿带亦有分布，对于其成因有岩浆顺层交代构造成因和沉积成因两大观点，因此解决大宝山多金属矿床中层状似层状多金属铜硫化物成因问题，如对于加深对南岭地区层状似层状多金属铜硫化物矿床的认识有重要的理论和实践意义。

　　基于以上目的，笔者首先就大宝山多金属矿床的区域地层、构造、岩浆岩、主要矿化和蚀变情况进行了系统的总结，在此基础上开展了主要岩体的岩石地球化学和典型矿物黄铁矿的微量元素地球化学特征示踪研究。

　　对于大宝山多金属矿床岩浆岩的研究表明，次英安斑岩体和花岗闪长斑岩体及地层围岩中矿化元素的研究表明二者均为矿化元素的来源。微量和稀土元素研究表明矽卡岩矿体的形成受花岗闪长斑岩体岩浆作用的影响较大，似层状铜铅锌矿体主要源于当时的海底喷流热液，薄层状菱铁矿体与东岗岭组地层具有成因上的联系，亦受斑岩体岩浆活动的改造；硫同位素研究表明似层状铜铅锌矿体的形成与海底火山－热液活动有关。斑岩型和矽卡岩型矿体的硫主要来自斑岩体相关的深部岩浆；铅同位素研究表明铅的来源较为复杂，但主要源于上地壳，少量铅具深源特性。H、O同位素研究表明斑岩型钨钼矿体和矽卡岩型钨钼矿体的成矿流体来自岩浆水与少量大气降水混合源特征，似层状铜矿体与铅锌矿体的成矿流体来源不同，薄层状菱铁矿体的成矿流体以海底喷气作用形成的热卤水为主。

除此之外，LA ICP - MS 锆石 U - Pb 定年和 LA MC ICP - MS 进行 Hf 同位素研究表明大宝山地区燕山期花岗岩与华南燕山期花岗岩特征一致，其来源主要是下地壳重熔的产物；而大宝山地区花岗岩中锆石出现高 εHf(t) 值，反映其亏损地幔来源，且其平均地壳模式年龄为 0.62Ga ~ 0.78Ga，应于新生地壳物质贡献的表现，可能预示着早古生代加里东期大宝山区域处于伸展环境。

黄铁矿微量元素地球化学特征研究表明本矿床和区域层状硫化物矿床成因一致，经历了沉积成矿期 - 燕山期岩浆热液改造成矿期。

本书受国家自然科学基金（编号：41672082），国家重点研发计划课题（编号：2017YFC0601503 和 2017YFC0602402）共同资助。

限于笔者水平，书中定有欠妥之处，敬请专家学者们批评指正。

目录 / Contents

1 绪　论 ……………………………………………………………………（1）

　1.1　研究目标和意义 …………………………………………………（1）

　　1.1.1　研究目标 ……………………………………………………（1）

　　1.1.2　研究意义 ……………………………………………………（2）

　1.2　国内外研究现状 …………………………………………………（2）

　　1.2.1　微量元素 ……………………………………………………（2）

　　1.2.2　同位素地球化学和年代学 …………………………………（3）

　　1.2.3　矿床成因 ……………………………………………………（4）

　　1.2.4　成矿预测 ……………………………………………………（5）

　1.3　研究区现状评述 …………………………………………………（6）

　　1.3.1　交通概况 ……………………………………………………（6）

　　1.3.2　自然经济地理 ………………………………………………（6）

　　1.3.3　以往研究评述 ………………………………………………（7）

　　1.3.4　以往研究过程中存在的主要问题 …………………………（8）

　1.4　研究内容及工作量 ………………………………………………（9）

　　1.4.1　研究内容 ……………………………………………………（9）

　　1.4.2　本项目工作完成情况 ………………………………………（9）

　1.5　研究成果与主要创新点 ………………………………………（10）

　　1.5.1　研究成果 …………………………………………………（10）

　　1.5.2　主要创新点 ………………………………………………（12）

2 区域成矿地质背景 ……………………………………………………（13）

　2.1　区域大地构造背景 ……………………………………………（13）

　2.2　大地构造演化 …………………………………………………（13）

　2.3　区域地质 ………………………………………………………（13）

　　2.3.1　区域地层 …………………………………………………（14）

　　2.3.2　区域构造 …………………………………………………（17）

 2.3.3 区域岩浆岩 ……………………………………… (17)

 2.3.4 区域地球物理、地球化学特征……………………… (19)

 2.3.5 区域矿产 ………………………………………… (20)

3 矿区地质特征 ………………………………………………… (23)

 3.1 矿区地层 …………………………………………… (23)

  3.1.1 寒武系八村群高滩组($\epsilon_2 b^g$) ………………… (24)

  3.1.2 泥盆统(D) ……………………………………… (24)

  3.1.3 石炭系(C) ……………………………………… (25)

  3.1.4 侏罗系下统金鸡组($J_1 j$) ………………………… (26)

  3.1.5 第四系(Q) ……………………………………… (26)

 3.2 矿区构造 …………………………………………… (26)

  3.2.1 褶皱 ……………………………………………… (26)

  3.2.2 断裂 ……………………………………………… (26)

 3.3 岩浆岩 ……………………………………………… (29)

  3.3.1 岩浆岩岩相学特征 ……………………………… (29)

  3.3.2 岩浆岩年代学研究 ……………………………… (34)

 3.4 典型矿体地质特征 ………………………………… (35)

  3.4.1 斑岩型钨钼矿体 ………………………………… (37)

  3.4.2 硫铁、黄铜和铅锌矿体 ………………………… (43)

  3.4.3 风化淋滤型铁矿体 ……………………………… (48)

  3.4.4 矽卡岩型的钨钼矿体 …………………………… (50)

  3.4.5 菱铁矿矿体 ……………………………………… (54)

4 岩矿石地球化学特征 ………………………………………… (55)

 4.1 岩石主量元素地球化学 …………………………… (55)

  4.1.1 花岗岩类主量元素地球化学 …………………… (55)

  4.1.2 火山岩主量元素地球化学 ……………………… (59)

  4.1.3 围岩主量元素地球化学 ………………………… (59)

 4.2 岩石稀土元素地球化学 …………………………… (69)

  4.2.1 岩浆岩稀土元素地球化学 ……………………… (69)

  4.2.2 围岩稀土元素地球化学特征 …………………… (74)

  4.2.3 矿石稀土元素地球化学特征 …………………… (79)

  4.2.4 单矿物稀土元素地球化学特征 ………………… (81)

 4.3 岩石微量元素地球化学特征 ……………………… (85)

4.3.1　岩浆岩内微量元素地球化学特征 ·················· (85)

4.3.2　围岩微量元素地球化学特征 ······················ (89)

4.3.3　矿石微量元素地球化学特征 ······················ (89)

4.4　成矿元素地球化学特征 ································ (95)

4.5　同位素地球化学特征 ·································· (96)

4.5.1　铅同位素地球化学特征 ·························· (96)

4.5.2　硫同位素地球化学特征 ·························· (101)

4.5.3　碳同位素地球化学特征 ·························· (102)

4.5.4　He – Ar 同位素 ································· (115)

4.6　岩浆岩构造环境 ····································· (117)

5　成矿流体特征 ·· (120)

5.1　取样及显微岩相学特征 ································ (120)

5.2　气液相成分特征 ····································· (120)

5.3　显微测温 ··· (123)

5.4　氢氧同位素 ··· (127)

6　年代学研究 ·· (131)

6.1　锆石 LA ICP – MS 年代学研究 ························ (131)

6.1.1　样品采集 ···································· (131)

6.1.2　分析方法 ···································· (131)

6.1.3　分析结果 ···································· (132)

6.1.4　讨论 ·· (138)

6.1.5　结论 ·· (141)

6.2　矿石辉钼矿 Re – Os 测年 ···························· (142)

6.3　大宝山矿区成矿时代 ································· (144)

7　黄铁矿微量元素地球化学记录 ······························ (147)

7.1　样品采集 ··· (148)

7.2　分析方法 ··· (148)

7.2.1　电子探针 ···································· (148)

7.2.2　激光剥蚀耦合等离子体质谱(LA ICP – MS) ·········· (148)

7.3　结果 ··· (155)

7.3.1　矿石结构 ···································· (155)

7.3.2　电子探针分析结果 ······························ (155)

7.3.3 LA ICP – MS 分析结果 …………………………………… (155)

7.4 讨论 …………………………………………………………… (157)

7.4.1 黄铁矿中微量元素对成矿环境和矿床成因的指示 …… (157)

7.4.2 对区域硫化物矿床成矿的指示 ………………………… (159)

7.5 结论 …………………………………………………………… (160)

8 矿床成因 ……………………………………………………………… (161)

8.1 成矿模式探讨 ………………………………………………… (161)

8.2 成矿演化规律 ………………………………………………… (164)

8.2.1 成矿时代问题 …………………………………………… (164)

8.2.2 成矿期次 ………………………………………………… (164)

8.2.3 矿体产状 ………………………………………………… (167)

8.2.4 成矿物质来源和成矿流体来源 ………………………… (167)

8.3 矿床成因 ……………………………………………………… (167)

9 成矿控矿规律及成矿预测 ………………………………………… (170)

9.1 主要控矿条件 ………………………………………………… (170)

9.1.1 地层控矿条件 …………………………………………… (170)

9.1.2 构造控矿条件 …………………………………………… (170)

9.1.3 岩浆岩控矿条件 ………………………………………… (171)

9.1.4 成矿规律 ………………………………………………… (172)

9.2 找矿标志 ……………………………………………………… (172)

9.2.1 构造找矿标志 …………………………………………… (172)

9.2.2 地层找矿标志 …………………………………………… (172)

9.2.3 矿物找矿标志 …………………………………………… (172)

9.2.4 围岩蚀变找矿标志 ……………………………………… (173)

9.2.5 地球物理找矿标志 ……………………………………… (173)

9.2.6 地球化学找矿标志 ……………………………………… (173)

9.2.7 其他找矿标志 …………………………………………… (173)

9.3 找矿模型 ……………………………………………………… (174)

9.4 成矿预测 ……………………………………………………… (174)

9.4.1 深边部预测 ……………………………………………… (174)

9.4.2 外围预测 ………………………………………………… (175)

10　结论及展望 ··· （178）

　　10.1　结论 ··· （178）

　　10.2　展望 ··· （179）

参考文献 ··· （180）

附录　彩图 ··· （189）

1 绪 论

1.1 研究目标和意义

1.1.1 研究目标

　　广东省大宝山矿业有限公司是南岭地区一个国有大型矿山，开采已逾 40 年，位于广东省韶关市曲江区沙溪镇境内。1958—1961 年，广东省地质局 705 地质队开展普查和详查等地质勘探工作，提出该矿床以铁、铜、铅、锌、硫为主，规模达到大型。基础地质工作的完成为矿山的建设和大规模开采提供了资源基础。大宝山矿业公司于 1975 年成立，并于当年兴建并投产，主要矿种为铁、铜和硫矿，其生产规模为铜精矿（金属量）3000 t、铁矿石 100 万 t、硫精矿 20 万 t。

　　经过近半个世纪的生产开采，矿山的金属资源储量保有量显著下降，属重度危机矿山。随着铜、铁资源减少，大宝山矿业公司曾于 2006 年申请全国危机矿山接替资源找矿项目，对区内钼钨资源进行进一步的找矿勘查，并获得国家危矿办批准，于 2007—2009 年开展了接替资源勘查项目。2011 年下半年，广东大宝山矿业有限公司委托中南大学地球科学与信息物理学院开展了广东大宝山铜多金属矿床成矿控矿规律及找矿预测研究。该项目的主要目的和任务是通过全面收集和综合分析以往地质勘查和矿山生产的成果资料，总结广东大宝山多金属矿床成矿规律，进一步查明大宝山多金属矿床的成矿地质条件，厘定主要控矿因素，对该区 W、Mo、Cu、Pb、Zn、Fe 矿资源潜力进一步评价，并对深部（及外围）找矿前景进行初步预测。在此基础上，建立大宝山多金属矿床成矿模式和找矿模型，应用于指导矿床勘查，提供找矿靶区 1~2 处。

1.1.2　研究意义

大宝山多金属矿床经历了不同时期的勘查，有关的生产单位和科研单位做了大量的勘探工作和研究工作，已积累了大量的研究论文、生产勘探报告以及图件[1-57]。如对于区域成矿条件，杨振强等人[8]就区域成矿系列地质特征及其演化规律进行了系统研究和总结；而对于矿区地层的研究，王要武等人[2]就大宝山矿区地层及含矿层序进行了探讨，而祝新友等人[1]对大宝山多金属矿床成矿系统进行了详细讨论；对于矿床成因问题，争议最大，有人认为该矿床是层控矿床[12-15]，有人提出与次火山岩 - 火山岩活动有关[16]，有人提出大宝山多金属矿床为火山块状硫化物矿床[8, 11, 17, 18]，还有人认为是斑岩型矿床[1, 19-23]，也有人认为该矿床为岩浆期后热液矿床[19]。

因此，本次工作将在全面收集前期资料并二次开发的基础上，详尽解剖典型矿化(体)和控矿构造，结合粤北地区矿床成矿规律和构造体系的特点开展综合研究，厘定岩体演化序列、成矿地质体、关键控矿因素及其与矿体时空耦合关系、矿化蚀变分带规律、成矿定位规律、矿体侧伏侧列规律和矿化富集规律及其他找矿标志集合，系统总结大宝山多金属矿中不同类型矿体的成矿规律，尝试建立岩浆 - 构造 - 流体综合概念模型，指导矿山地质勘查工作。

1.2　国内外研究现状

1.2.1　微量元素

微量元素地球化学是地球化学中一个重要的分支学科[58]，也是地球科学中非常重要的分支学科之一。微量元素自身的特性决定了其成为一种重要的地球化学示踪方法，并广泛应用于成岩过程、热液矿床的成矿作用或天体形成及演化等研究[58]。近年来，随着微量分析测试技术突飞猛进地发展，微量元素的作用亦日趋重要[58]。自1970年以来，微量元素地球化学研究主要有以下几个方面：

(1)研究各种幔源岩石，比如海岛拉斑玄武岩、碱性玄武岩和科马提岩等，通过研究发现了亏损和交代地幔的存在，并提出了地幔的区域与层状不均一性[58]。

(2)研究不同类型岩石的板块构造环境，判断成岩构造环境等[59-60]。

(3)研究成岩和成矿作用。研究成矿作用，如与岩浆岩、沉积岩和变质岩有关的各种矿床、成因模式探讨，包括微量元素在围岩与矿石之间的对比分析、稀土元素分配机理和微量元素中同一类型、不同地区的对比分析等，讨论矿床成矿物质来源、成矿机理，建立微量元素组合特征基础上的找矿标志等[61-63]。尤其近期有些专家学者结合单矿物或者流体包裹体，通过可信可行的测试方法，研究单矿物和包裹体微量元素特征，分析成矿流体最原始、可靠的资料，为成矿机理研究提供依据[63-68]。

1.2.2 同位素地球化学和年代学

同位素地球化学主要分为稳定同位素和放射性同位素，其中稳定同位素主要应用于研究成岩成矿物质来源、成因等方面的内容。而放射性同位素则主要用于年代学研究，主要涉及成岩成矿时代方面的研究。

1）稳定同位素地球化学

稳定同位素地球化学研究在我国始于20世纪50—60年代[69]。前人对平衡体系中的同位素分馏机理已进行了深入的研究[69]，并且在稳定同位素标准的测定及其分离析出方法上也有重要的突破，因而得到广泛应用。时至今日，对硫、铅、氧、碳、氢等稳定同位素的地球化学研究大都已十分成熟，而且在矿床成因、岩石学、大气降水、地层对比、石油油源分类及陨石的成因和演化等方面取得了重要的研究成果[69]。

硫同位素在地质学上的主要应包括：①硫同位素地温计；②硫化物热液矿床成因及其硫源的判断；③有机矿产成因研究方面[69]。其中在硫化物热液矿床成因及其硫源的判断应用最为广泛。硫同位素判断矿床成因是判断硫同位素是否达到平衡的重要标志；再是利用一些硫同位素图件如直方图等进行相关的统计判别、对比硫的来源；除此之外，可以利用总硫含量进行硫源判断，自然界热液矿床中的总硫同位素组成一般可以被分为3组：①$\delta^{34}S$在0附近，硫多为来自地幔源或是地壳深部；②$\delta^{34}S$集中在5‰~15‰，硫多为来自局部围岩或混合来源；③$\delta^{34}S$约为20‰，大多认为与海水或沉积地层有重要关系[70-73]。朱志敏等对四川拉拉铁氧化物铜金矿床进行了硫同位素研究，认为在拉拉铜矿床，硫具有多源，硫源主要来自海水沉淀的蒸发岩，但也不排除可能还存在岩浆源[74]；蔡杨等以湖南邓阜仙钨矿为研究对象，其硫值多集中在0附近，表明其成矿物质来源为岩浆源[75]。一些学者还利用硫同位素在地球化学异常中应用，用于地质找矿工作[76-77]，取得了一部分研究成果。

铅同位素经过多年发展，在地质学上应用越来越广泛，运用U-Th-Pb方法可以确定成岩、成矿年龄，可以运用铅同位素比值进行判断岩石和矿床的成因问题，它不仅可以探讨岩浆的产生和成矿物质来源的原因，还能确定这些事件发生的时间[69]。Nier（1938；1941）报道了方铅矿中铅同位素组成变化具有不同来源后，许多学者尝试进行矿床铅同位素演化模式的定量研究，并示踪铅同位素来源和矿床成因等[78-82]。

　　碳、氧同位素在不同地球化学单元之间存在明显的分馏，因此可作为稳定同位素研究的重要方法，去探讨成矿物质来源和水－岩反应过程。热液矿床中 CO_2 主要存在三种来源：碳酸盐型沉积岩的分解、地层中有机质的降解及赋存于深部地幔。一些研究人员通过碳同位素结合流体包裹体特征进行成矿物质来源和成矿机理研究[83-88]。

　　2）同位素年代学

　　目前广泛应用于同位素年代学的方法主要有 Rb－Sr 法、K－Ar 法、[14]C 法、U－Th－Pb 法和 Re－Os 法。Rb－Sr 法的优点有：①样品分布普遍易选；②可直接与 K－Ar 法对比；③应用范围广，测定时限较长。缺点是：①衰变常数有多种，计算年龄结果有差异；②测定分析技术要求高[69]。K－Ar 法优点是：①测试样品分布广泛，容易采集；②可与 Rb－Sr 法进行对比；③可用于测定陨石和地球上最古老的样品。但 Ar 在两种情况下可丢失造成测试年龄不准确：①长期的缓慢冷却；②后期地质作用使封闭体系遭到破坏[69]。

　　U－Th－Pb 法的优点是：①用同一样品可获得四个年龄比值结果，它们之间可以对比，如果数据一致或接近，则表明所测试样品自结晶后其中的母体和子体同位素处于封闭体系，保存性良好，所测年龄结果是可信的[69]；②目前随着 LA ICP－MS 的发展，原位 U－Th－Pb 法测试分析方法已十分成熟。U－Th－Pb 法的缺点是：①衰变常数不一致；②在三个天然放射系列中各有一个中间子体产物为气体，易扩散丢失造成所测年龄值偏低[69]。近年来，众多学者应用锆石 U－Th－Pb 法测定花岗岩体成岩时代，创建成岩模型，为解释区域上一些与铅锌铜多金属矿床成因提供了重要的依据[89-93]。

　　Re－Os 同位素研究始于 20 世纪 80 年代，是一种重要的且较新的放射性同位素地球化学方法[94]。到 20 世纪 90 年代，更是由于其测试方法取得突破性进展，促使这一技术得到更加广泛应用。通常应用于 Re－Os 同位素测定的仪器主要是电感耦合等离子体质谱（ICP－MS）或负离子热电离质谱法（NTIMS）。通过测试方法的改进[95]，Re－Os 同位素体系目前已成为一种对矿床进行定年和示踪研究的有力工具，最适合的测试对象是辉钼矿，广泛应用于钼矿床、沉积岩地层、超基性－基性岩和相关铜镍矿床、岩浆成因 Cu－Ni－PGE 矿床、金、铅锌矿床等的年代学研究中[96-100]。

1.2.3　矿床成因

　　自 20 世纪 80 年代以来，矿床成因模式研究应用于找矿勘查在国际上兴起了热潮。1984 年，国际地科联首次设立了综合研究项目"矿床模式项目"（1985—1994 年），主要是为了在全球范围内交流矿床成矿模式，并尝试应用于各个国家的矿产资源的找矿勘查和资源评价。矿床成因模式的研究在国际上以 D Cox 和 D

Singer 为代表，在中国主要以陈毓川和裴荣富等地学大师为代表，他们都系统论述了不同类型的矿床成矿模式[101-104]。矿床成矿模式指的是矿床的形成模式，亦即矿床赋存的地质背景、成矿作用在三维时间和空间的变化，进而表现出来的不同特征以及矿物质来源、成矿物质迁移和富集规律等要素的总结。矿床成矿模式的系统研究，是建立在大量综合地质研究的基础上，对特定类型矿床或矿（化）体的成矿地质背景、地层岩性、构造、岩浆岩、围岩蚀变和成矿过程、成矿机理以及成矿时代的综合；并通过报告、图件将上述复杂的成矿过程和成矿要素以及矿床的地质特征表示出来。因此，矿床成矿模式研究是一项系统工程，也是一种综合手段，通过系统的地质研究工作的总结，进而指导相同或相似类型矿床的成矿预测和找矿勘查。

国内外已存在许多应用矿床成矿模式指导找矿预测并获得成功的事例[105-112]。近 50 年来，矿床成矿模式得到了迅速发展，建立了一大批典型矿床的成矿模式，如斑岩型铜矿模式、矽卡岩型金矿、铜矿矿床模式、卡林型金矿和黑色岩系成矿模式等。

1.2.4 成矿预测

成矿预测学是地质学的一门非常重要的学科，经过几十年发展，成为研究某一种矿产预测的基本理论、分类和预测方法的综合应用学科，是矿产预测的指导[113]。目前，我们所研究的成矿预测主要是针对隐伏矿体、盲矿体和难以识别的矿产进行预测，通过研究其成矿控矿条件和地质背景、总结成矿规律，以此通过理论对比（相似类比理论、地质异常理论和综合控矿理论），选取合适的技术参数，进行成矿预测研究，尝试圈定找矿靶区，并实施工程验证[114]。

从成矿预测的研究史来看：对已知矿区的成矿预测，是一项十分复杂而且系统的工程，其研究内容涉及遥感地质学、区域地质学、勘查学、成矿预测等多学科综合应用，具有较强的创新性、系统性、综合性和实践性[115]。成矿预测本质上就是地质学者对发生在过去的成矿过程通过客观数据的分析进行演化的过程，是一项严密的科学逻辑思维的综合过程[116]。

近年来，成矿预测取得了重大的突破，主要以"地质异常致矿理论"和"三联式"5P 地质异常定量评价方法为主，同时包括相似类比理论、成矿系列。其主要思路是通过地质学、物化探和遥感信息的综合提取，从矿产资料等综合研究出发，采取矿产定量预测和其他预测相结合的模式，是一种综合信息矿产资源评价找矿方法。其中，近些年，人工神经智能网络在成矿预测中也取得了一些成果[113]。

成矿预测理论历经多年发展，日趋成熟和完善，在现代测试技术高速发展的今天，成矿预测研究将出现以下的发展趋势：

（1）更多新地球化学找矿方法、新地球物理找矿方法、遥感技术和计算机应用方法得以综合应用，为一些矿种如钼矿[117]、锑矿[118]提供新的找矿思路和成矿预测方法。

（2）一些前人研究成果，在现代科技发展的基础上得以二次开发利用，尤其是一些大型、成熟矿山危机矿山找矿项目，一些海量数据通过二次开发，探讨一些找矿思路。例如在地层、构造、岩浆岩和围岩蚀变中的变化，确定新的找矿方向，可能会有新的突破，如湖南沃溪矿区沃溪大断层在深部产状发生变化，从而改变探矿思路，发现了新的矿体。

（3）应用遥感地质学、地球化学、地球物理学和 GIS 等多学科资料进行综合研究，结合构造地质学、矿床地球化学、矿床成因学、地球化学年代学等，通过信息化模拟成矿过程，探讨和研究热液成矿系统的演化规律，揭示矿体的空间展布情况、赋存规律，进一步探索成矿过程及其演化机理，指导找矿工作。

1.3　研究区现状评述

1.3.1　交通概况

研究区位于广东省韶关市东南方向约 25 km 处，隶属广东省韶关市曲江区沙溪镇、大坑口镇和翁源县铁龙镇三镇管辖范围。工作区范围地理坐标：东经 $113°37'00'' \sim 113°44'30''$，北纬 $24°31'00'' \sim 24°35'30''$，面积 37.45 km^2。

京珠高速公路与 106 国道从大宝山多金属矿区内通过，并与大宝山矿业有限公司公路相接。公司内部交通运输采用公路及空中索道，公司对外以铁路运输为主，并辅以公路运输。矿山设有铁路车站，矿山铁路与京广线在马坝站接轨，全长约为 17 km。勘查区西面有京广铁路及北江水运航道，设有大坑口站及大坑口码头。交通运输极为方便。

1.3.2　自然经济地理

大宝山铜多金属矿床所处地形属南岭山脉中高山地。海拔为 50 ~ 1060 m。山系呈近南北走向，东高西低。地形陡峭、切割明显，水系、植被发育，区内有广东三大河流之一的北江及其支流沙溪河。

该区气候为亚热带湿润气候，全年温和多雨，平均气温为 16.8℃，夏季最高气温 38.8℃，冬季最低气温为 -4.3℃，多年平均降雨量为 1973.6 mm，2—5 月为雨季，11 月至次年 2 月为旱季。区内常年主导风向为北风。

区内以农业、林业和矿业为主。大宝山矿业公司历来是省、市的重点国有企业，矿产品直接供应韶关钢铁厂及韶关冶炼厂，对韶关市的经济发展起着重要作用。

1.3.3　以往研究评述

大宝山是我国著名的大型多金属矿床，国内有多家区调单位、勘查单位和科研单位先后对该矿床进行过详细的调查和研究。

以往在区域上开展的基础地质调查有：1∶20 万区域地质调查及水文地质普查、1∶20 万水系沉积物测量、1∶5 万区域地质调查、1∶5 万区域物化探测量等。完成了 1∶20 万英德幅区域地质调查、1∶20 万英德幅区域水文地质普查、1∶20 万英德幅水系沉积物测量、1∶5 万大坑口镇、沙口镇幅区域地质调查、1∶5 万大坑口镇幅—沙口镇幅物化探测量等。

而以往的矿区地质工作，先后有中南地质局粤湘地质队、广东省地质局 761 地质大队、中南地质局 480 地质大队、冶金工业部 909 地质大队、地质部 902 航测队、广东省地质局 754 物探队、地质部物探研究所及水文地质研究所、广东省地质局 705 地质大队、706 地质大队、原广东冶金 937 地质大队、大宝山矿地测处、原湖南省有色 238 队等单位进行了地质勘查工作。

在过去的五十多年里，多家单位如中科院地质研究所、705 地质大队对大宝山矿山进行过多次的科学研究工作，具体包括以下几个主要阶段：

（1）1959 年广东省地质局 705 地质大队、中国科学院地质研究所开展了广东曲江大宝山多金属矿床中伴生稀有、分散元素的研究及评价，研究指出 Ga、In、Bi、Se、Te、Tl、Ag、Au 等九种伴生稀有、分散元素具有综合回收的价值。依据前人的资料估算伴生稀有、分散元素金属储量为：镉（Cd）3015.31 t，镓（Gd）220.38 t，铟（In）84.19 t，硒（Se）845.80 t，碲（Te）4985.54 t，铊（Tl）304.09 t，铋（Bi）73528.52 t，银（Ag）1034.86 t，金（Au）1.39 t。

（2）1959—1960 年，广东省地质局 705 地质大队、地质部大宝山矿区综合地质普查勘探方法研究队开展了多项研究工作，编著有：①《广东韶关大宝山多金属矿床矿石技术加工及综合利用研究报告》；②《广东韶关大宝山多金属矿区成矿过程研究报告》；③《广东韶关大宝山多金属矿床矿体形状产状研究报告》；④《广东韶关大宝山多金属矿床矿相研究报告》；⑤《广东韶关大宝山多金属矿床围岩蚀变及找矿标志研究报告》；⑥《广东韶关大宝山多金属矿床地质及成矿规律的研究》；⑦《广东韶关大宝山多金属矿床地层研究报告》；⑧《广东韶关大宝山多金属矿床火成岩研究报告》；⑨《大宝山多金属矿床矿田构造研究报告》；⑩《广东韶关大宝山铜铅锌多金属矿床地质特征及普查勘探工作方法简介》；⑪《大宝山矿区原生晕的研究》；⑫《广东大宝山地区综合地质普查勘探方法研究工作总结》；⑬《广东大宝山多金属钨、钼矿床中伴生、分散元素的研究及评价》。长春地质学院编著《广东省曲江大宝山多金属硫化矿床氧化带研究报告》。通过多项工作的研究，总结了大宝山矿区的地层、岩浆岩、构造、成矿地质条件、成矿规律、找矿标志、勘查方法等，对指导大宝山周边地区及南岭地区找矿具有重要意义。

（3）1980—1984 年，广东省地质矿产局地质矿产研究所在该区开展了粤北泥盆系中主要金属矿床成矿地质条件研究，对大宝山多金属矿区及其周边的成矿地质条件及成矿规律研究，重新厘定了花岗闪长斑岩、英安斑岩和东岗岭组地层的空间关系、形成的次序，提出英安斑岩形成早于东岗岭组地层。该矿床的矿床成因类型主要为火山热液沉积型。

（4）1985—1989 年，广东省地质矿产局区域地质调查大队编制了《广东省—海南省区域矿产总结》。应用区域地质学、地球化学、地球物理学和重砂找矿勘查等方面的资料和研究成果，全面分析研究了广东省区域成矿地质条件和成矿规律，并进行成矿预测、矿产区划，为部署 1∶5 万区调和为矿产普查提供依据。

（5）1986—1989 年，地质矿产部宜昌地质矿产研究所（现中国地质调查局武汉地调中心）开展了《粤北大宝山及外围地区多金属矿床成矿地质条件、构造控岩控矿规律及隐伏矿床预测》专题研究工作。研究认为：大宝山多金属矿床属岩浆期后热液充填交代矿床，并认为矿床成矿母岩之英安斑岩和花岗闪长斑岩时代为燕山早期；在成矿预测的基础上，在大宝山矿田优选出榕树下（白面石地区）找矿靶区。

（6）1991 年 10 月—1994 年 10 月，中国科学院广州地球化学研究所、广东省地质矿产局开展了该区域《吴川—四会断裂带铜金控矿条件和成矿靶区预测》综合研究工作，初步确定了大宝山 - 宝坑铜银多金属成矿远景区（IV_1）。

1.3.4　以往研究过程中存在的主要问题

以往的研究主要集中于对矿床地层[2, 24, 25]、岩浆岩[24-26]、构造[25]、成矿地质条件[1, 2]、成矿规律[1, 25, 27]、围岩蚀变[23]、找矿标志[1, 22]和稀有、分散元素的分布和赋存状态[28]等方面的研究。对于矿床成因尚有争议，由于各位专家学者受到大宝山多金属矿床开发过程中的条件限制，仅对某一方面或某一矿床进行评价；或由于矿区成岩成矿时代的测试方法的条件限制并不能精准地测试成岩成矿时期；对矿床成矿模式和找矿模型的研究则显得更为缺乏。因此，开展对大宝山多金属矿成矿控矿规律研究显得十分必要。

1.4 研究内容及工作量

1.4.1 研究内容

笔者主要针对大宝山多金属矿床以前讨论、研究工作中存在的一些问题，并结合本项目组在研究区找矿科研中所收集和观察到的最新资料，结合室内测试分析结果，通过应用岩石学、构造地质学、矿床学、微量元素地球化学、稳定同位素地球化学和放射性同位素地球化学以及多元信息地质统计学等多学科综合知识，对大宝山多金属矿床的区域成矿地质背景、典型矿床地质特征、典型矿床地球化学特征、矿床成矿规律和成因进行系统和深入的研究，系统分析矿床赋存条件、矿床成矿规律，总结了矿体的空间展布规律和主要控矿条件，并以此开展了成矿预测研究，为矿山深部及外围找矿提供了有效的理论和实际指导。

1.4.2 本项目工作完成情况

本次工作任务的工作区为大宝山矿区及其周边如李屋、船肚矿区和磨坊等地以及矿区外围的部分地区。船肚矿区私采严重，不在大宝山的探矿权范围内，但作为大宝山多金属矿区一个重要的组成部分，故只做简单评价。

自 2011 年 5 月初步调查之后，中南大学地球科学与环境工程学院项目组即前往大宝山开展资料收集、整理、分析研究，在全面总结前人工作的基础上，分别于 2011 年 7 月至 8 月、2012 年 4 月对矿区及外围进行了调研，基本查明了研究区地层、构造、岩浆岩的分布，初步总结了成矿规律，并采集了相应的样品。从 2012 年 5 月起，科研工作转入了综合研究和报告编写阶段，通过对不同岩矿石样品磨制薄片、光薄片，进行了矿岩的主量元素、微量元素和稀土元素地球化学分析，并采用单矿物稳定同位素和放射性同位素测试等方法对研究区内的各种样品进行了分析研究，进而讨论研究区内的大地构造背景以及成矿地质背景。具体完成的实物工作量见表 1 - 1。

本次研究工作采用对重点矿点和矿区进行针对性地质调查，采集相应的样品，通过野外地质调查，总结大宝山多金属矿区的不同矿种的成矿规律，查明大宝山多金属矿床的成矿地质条件和主要控矿因素，从而评价大宝山矿区各种矿种如 W、Mo、Cu、Pb、Zn、Fe 矿资源潜力和深部及外围找矿前景，最终建立成矿模式和找矿模型，提供找矿靶区。

表 1 - 1　本次工作完成主要实物工作量

分析项目	单位	工作量	分析项目	单位	工作量
野外地质调查	月	8	锆石 LA ICP - MS	件	12
勘查范围	km^2	6	主量元素	件	70
钻孔编录	m	6000	微量元素	件	70
岩矿标本	件	360	稀土元素	件	70
岩矿薄片鉴定	件	90	1/25000 原生晕	件	800
光薄片鉴定	件	50	1/5000 生晕	件	1300
室外和镜下照相	张	300	收集资料(报告、文献)	件	200
遥感图像解译	图	1	硫同位素	件	22
Re - Os 同位素年龄	件	6	编制图件	幅	80

1.5　研究成果与主要创新点

1.5.1　研究成果

以往研究中对于矿床成矿模式,尤其是成矿模式中"源"的研究较薄弱。因此本项目主要通过研究大宝山多金属矿床不同矿种的不同成矿过程以及在该成矿过程中不同的"源"的问题,建立成矿模式,具有一定的理论和实践意义。

本项目以大宝山多金属矿中不同类型的矿体为研究对象,在充分的野外地质调查、钻孔岩芯编录的基础上,结合前人已有的研究成果,通过详细的矿物学、岩石学,尤其是主量、微量和稀土元素等全岩地球化学特征、稳定硫同位素和辉钼矿 Re - Os 定年和锆石 LA ICP - MS 测定、U - Th - Pb 的年代学研究,得出主要结论如下:

(1)通过学习前人的研究成果,作者系统研究和总结了大宝山矿区区域大地构造背景、区域地质背景;系统总结了大宝山矿区矿床及相关岩体野外地质特征、矿石矿物组成、化学成分、结构、构造和围岩蚀变特征。

(2)重新厘定了矿区次英安斑岩和花岗闪长斑岩大地构造环境为碰撞后伸展环境。微量元素地球化学特征以及矿床成岩成矿时代在时空上的一致性,都表明该矿床的成矿动力学背景为后造山伸展环境。

(3)岩石主量、微量和稀土元素地球化学特征的研究表明,次英安斑岩和花岗闪长斑岩为高钾钙碱性岩石，以富 SiO_2、K_2O 和 Na_2O、Al_2O_3 过饱和为主要特征，其 $w(K_2O)/w(Na_2O)$ 值普遍偏高，岩体的分异演化程度中等，两类岩石主量元素组成和特征地球化学参数具明显的一致性，SiO_2 含量和其他的氧化物之间具有良好的线性关系，说明岩浆应为同源岩浆分异演化的产物。次英安斑岩和花岗闪长斑岩是介于 I 型和 S 型之间的过渡型花岗岩（壳幔混合源型），即含地幔成份的深部物质在地壳深部发生部分熔融并受到陆壳混染而成，二者应为同源不同相的产物。

（4）锆石 LA ICP – MS U – Pb 测年表明矿区花岗闪长斑岩和次英安斑岩的结晶年龄约在 175 Ma 左右，次英安斑岩的侵入时代略早于花岗闪长斑岩。钨钼矿床中辉钼矿 Re – Os 同位素测年表明，矿区斑岩型钼矿化和矽卡岩型钼矿化基本一致，成矿时代为 165 Ma ~ 166 Ma，层状铜铅锌矿床的辉钼矿 Re – Os 模式年龄约为 165 Ma，与斑岩型钨钼矿床的成矿时代基本一致。因此说明大宝山多金属矿床中钨钼成矿时间均为早燕山期。

（5）大宝山多金属矿床中不同类型矿石中石英的氢氧同位素研究表明，成矿过程中成矿流体主要以岩浆水为主，有部分大气水的混合，大气水的比例有所变化。与矿化相关的硫化物其 $\delta^{34}S$ 值在 – 2.00‰ ~ 3‰，表明硫主要来自斑岩岩浆体系，可能存在少量的地层硫的加入。铅同位素大部分落在俯冲带铅区岩浆作用铅的范围内，说明矿石铅同位素来源与矿区燕山期岩浆热液作用相关。综合研究结果表明，矿区斑岩型 – 矽卡岩型钼矿床和层状铜铅锌矿床及脉状铜矿床均为与次英安斑岩和花岗闪长斑岩有关的同一体系的岩浆热液矿床。大宝山斑岩型 – 矽卡岩型 – 热液型岩浆热液矿床，与南岭地区及邻区形成于燕山中期，且与岩浆作用（与壳幔混合作用有关的深源岩浆）有关的钼多金属矿床，具有相同的大地成矿背景。

（6）矿床的成矿演化过程为：燕山早期，大宝山多金属矿区的英安斑岩沿区域 NNW 向断裂侵入，紧接着花岗闪长斑岩随之侵入，而岩浆期后热液为富 Cu、Fe、Mo 等成矿热液，在侵入过程中萃取少量地层中的金属继续上侵。稍晚的花岗闪长斑岩期后热液在船肚地区与碳酸盐岩及碎屑岩地层发生接触交代，以接触带为中心形成矽卡岩型、斑岩型钨钼矿床。成矿阶段分为：矽卡岩化阶段、钼矿化阶段；铜铅锌矿化阶段；绿泥石、碳酸盐化阶段；表生氧化阶段。钼矿化与铜铅锌矿化阶段埋单较为一致，在时间上可能存在重叠。

（7）对成矿模式和矿床成因进行了详细探讨，并在此基础上，确定了本区三位一体、地球化学勘查等找矿标志。建立了地质 – 物探 – 化探的找矿模型，并对矿区深部和边部进行了成矿预测。

1.5.2 主要创新点

（1）首次选取广东大宝山多金属矿区及近外围进行主量元素、稀土元素和微量元素地球化学研究，结合前人成果，综合分析矿区岩体及矿体地球化学特征，确定岩体构造背景，分析矿床成矿物质来源。

（2）首次选取新的作业阶段，进行硫同位素地球化学研究，并系统统计矿区前人稳定同位素地球化学研究成果，总结了大宝山多金属矿床硫、铅、碳氧、氢氧同位素和 He－Ar 同位素的典型特征，探讨了成矿物理化学条件和成矿过程、成矿流体的性质及来源。

（3）在该地区应用锆石 LA ICP－MS、U－Pb 研究花岗岩体成岩时代；应用辉钼矿 Re－Os 方法探讨矿体的形成时代，并分析了成矿过程和成因机理。

2 区域成矿地质背景

2.1 区域大地构造背景

大宝山铜铅锌钼多金属矿区位于钦杭成矿带，中晚侏罗世斑岩－矽卡岩铜多金属矿床成矿系列亚系列之端[119]，NNE 向四会—吴川深大断裂与 EW 向大东山—贵东花岗岩体交汇的部位[120]。矿区位于粤湘桂海西拗陷的东侧，其北西部为曲仁盆地，诸广山复式岩体在其南部发育，佛冈复式岩体在其北部发育。

2.2 大地构造演化

工作区构造受影响较大的主要是燕山期多次旋回运动，具有复杂的构造运动。研究区主要有两个构造体系，分别为 EW 向和 NE 向构造体系。研究区构造运动主要经历了地槽、地台和地洼等多个阶段。

2.3 区域地质

工作区位于新华夏构造体系中的雪山嶂复式背斜之中，该背斜东边与翁城复式向斜相邻，其西边与英德复向斜相邻。出露地层主要为古生代，其中，泥盆系、石炭系碳酸盐岩在区内广泛分布，其次是寒武系浅变质砂页岩和下侏罗统、上白垩统碎屑岩。奥陶系在区内缺失，志留系地层有少量分布。区内岩浆活动强烈，大东山—贵东花岗岩体的北缘部分位于其北部，并沿 EW 向深大断裂侵入定位，形成时代属于中生代燕山早期。

研究区构造非常发育，NNE 向官坪大断裂斜贯研究区，NW 侧北江大断裂在研究区横过，铁屎塘断裂在其 SE 侧穿过，这些断裂中的 NE、NNE 向都属吴川—

赣州深大断裂带的次级断裂。构造活动自加里东期至燕山期均有，但主要以燕山期构造活动为主。区内不同产状的断裂相互交叉，组成类棋盘格子状，控制着区内岩体、矿产的形成和分布。

　　研究区内矿产主要以内生有色多金属和贵金属矿为主，如大宝山铜－铅－锌－钼（钨）－铁矿床，以及大宝山和船肚钼（钨）矿床，凉桥铁－铅－锌矿床，伍练铅（银）矿点，除此之外，还有雪山嶂和单竹坑钨矿床、金门铁铜矿床、韫山东、仙婆东和甫岭金矿点，宝岭东铅锌（银）等矿点。

　　研究区内构造格架以 NW（F_a 组）、NE（F_b 组）和近 EW（F_c 组）为主，且三组断裂相互交织，组成棋盘格子状为典型特征，它们多形成于成矿之前，沿断裂面都有矿体充填，在成矿后亦有活动。

2.3.1　区域地层

　　区域地层分布特征：区内出露广泛的主要为古生界地层，其中以北东—东部泥盆系至石炭系碳酸盐岩为主，北西—西部寒武系浅变质砂页岩次之，并有少量下侏罗统和上白垩统碎屑岩分布，缺失奥陶系和志留系地层。区域地层见地层简表 2－1、图 2－1。

表 2 –1　粤北地区区域地层表

界	系	统	地层名称		代号	厚度/m	岩性描述
新生界	第四系				Q	20～30	多为冲积层，有残积、坡积及洞穴堆积等
中生界	白垩系	上统	南雄群		KN	400	暗红－紫红色砾岩夹粉砂质砂岩。灰－灰白色凝灰质砂岩及粉砂质砂岩等。（与下伏地层为不整合）
	侏罗系	下统	金鸡组	上段	J_1j^3	346	厚层状石英砂岩、粉砂岩及粉砂质页岩
				中段	J_1j^2	582	灰绿色、棕红色中厚层状石英砂岩页岩和泥岩，中部夹泥炭质页岩，岩层具复理式沉积特征
				下段	J_1j^1	160～175	灰黑色底砾岩、砂砾岩、石英砂岩、石英粉砂岩，粉砂质页岩等。上部含 0～80 m 煤层及炭质绢云母页岩（与下伏地层为不整合）

续表 2－1

界	系	统	地层名称		代号	厚度/m	岩性描述
上古生界	二叠系	下统	孤峰组		Pg	>56	灰、灰白色硅质岩、泥岩
			栖霞组		Pq	236	深灰色厚层状灰岩夹燧石结核，灰岩
	石炭系	上中统	壶天群	船山组	Cĉ	>754	灰－灰白色厚层块状灰岩、白云质灰岩及白云岩
				黄龙组	Chl	933	灰－灰白色厚层块状白云岩
		下统	梓门桥组		Cz	60	深灰色厚层含燧石灰岩夹薄层云母质粉砂质页岩及中厚层状细砂岩
			测水组		Cc	120	灰黑－黄白色粉砂质页岩，粉砂岩、石英砂岩、泥质页岩夹粉砂质页岩、炭质页岩夹煤层
			石磴子组		Cs	485	中－厚层状灰黑色生物灰岩、白云质砂岩夹泥炭质灰岩及泥质灰岩
			大赛坝组＋长来组		Cds＋Cĉl	210	下部黄绿色砂页岩，上部灰岩夹泥质粉砂岩、粉砂质页岩
	泥盆系	上统	帽子峰组		D₃m	200	青灰－黄褐色粉砂质泥岩，粉砂质页岩、粉砂岩、泥岩等
			天子岭组		D₂t	360	深灰色中厚层状灰岩、白云质灰岩夹泥质灰岩、隐晶质灰岩、燧石灰岩等
		中统	东岗岭组	上段	D₂d²	60～100	浅黄、黄白色泥质粉砂岩，粉砂质页岩、绢云母页岩夹黄铁矿层、菱铁矿层
				下段	D₂d¹	120～160	中厚层状泥炭质灰岩、微晶灰岩、泥质灰岩、钙质页岩
		中下统	桂头群	老虎头组	D₂l	1000～1050	灰白、黄白色石英砂砾岩，中－细粒石英砂岩，中部为泥质粉砂质绢云母页岩与细粒石英砂岩互层
				杨溪组	D₂y	250	灰紫色砾岩、石英砂砾岩及石英砂岩、长石石英砂岩(与下伏地层为不整合)

续表 2-1

界	系	统	地层名称		代号	厚度/m	岩性描述
下古生界	寒武系		八村群	水石组	$\epsilon\hat{s}$	>282	灰-灰绿色变质杂砂岩、长石石英砂岩、绢云母板岩
				高滩组	ϵg	1071	灰-灰绿色石英砂岩、页岩、板岩

图 2-1 大宝山多金属矿田地质简图(彩图见附录)

2.3.2　区域构造

1）褶皱构造

区域上可划分为笔架山、仙人掌、十二东隆起区，大坑口、大宝山、凉桥、新江拗陷带。其中较大的褶皱有华寺山复背斜、十二东复背斜、杨屋背斜、猴子脑背斜、矾洞复向斜、水浸洞将军向斜。

2）断层

该区域的断层由老到新可分为三个体系，即东西向构造带、弧形构造带、北北东构造带。其中：

（1）东西向构造带

主要见于研究区域北部，贵东花岗岩体的南缘，多为较平缓的褶皱和隆起及走向断层。其中的褶皱、断裂大都呈近 EW 分布，丘坝至太坪一带的褶皱、断裂及山脉大都近 EW 向分布。中部丘坝至大宝山一带，因受火成岩及其他构造体系制约，只零星或断断续续见到被穿切及改造了的 EW 向断裂构造。构造带东端有向北偏离的趋势，而逐渐转变为 NEE 走向，可能受 NNE 向构造带影响所致。

（2）弧形构造带

弧形构造带以丘坝次英安斑岩及其附近的中下泥盆统桂头群砂岩为中心，其边部的褶皱和断裂均围绕其边缘略呈 SW 方向突出的弧形，自 NW 向到 ES 向弧形逐渐由 NNW 转变为 NWW。该弧因受其他构造体系的干扰，形态并不十分完整，其在矾洞至凉桥之间，被一组 NNE 走向断裂所切割，此外在新江一带的弧形末端，亦被 NNE 及 NNW 的断层所切割。

在弧形褶皱以东范围内，亦有呈弧形的断裂系统，伴随弧形褶皱或叠加于弧形褶皱之上，主要断裂呈 NW 向，亦逐渐由 NNW 转 NW 以致呈现 NWW 走向。

（3）北北东构造带

区内 NNE 的褶皱及断裂甚为发育，在 NNE 构造方向，经常伴随有 NNW、NEE 及 NWW 走向断裂面。

综上所述，本区构造体系生成顺序应以 EW 向构造带最早，因受后期的弧形构造及 NNE 构造的破坏和干扰，故只断续出现。其次为弧形构造，最晚为 NNE 构造。构造活动自加里东期至燕山期均较发育，但燕山期最为强烈。区内不同产状的断裂互相交叉，组成棋盘格子状，从空间上控制着该区岩体、矿产的形成和分布。

2.3.3　区域岩浆岩

区内岩浆活动较为强烈，北部为贵东花岗岩体南缘部分，它们均沿 EW 向深大断裂侵入定位，形成时代属中生代燕山早期；在岩体中分布很多中 - 酸性浅成、超浅成小岩体，像大宝山地区的大宝山、丘坝、岩前、徐屋等出露的次英安斑岩，该岩体多以岩株、岩墙和岩脉产出（表 2 - 2）。

表 2 – 2　粤北地区岩浆活动顺序及其与矿化蚀变关系

时代	侵入期	岩体名称	产状	侵入最新地层	围岩性质	主要蚀变	与成矿关系
燕山期	第五期	粗玄岩	岩脉（墙）	长英岩	区内各种岩石		轻微黄铁矿化
		辉绿岩				绿泥石化、绢云母化	有铜、铅、锌、黄铁矿、磁黄铁矿化
	第四期	长英岩		$\gamma_5^{2(3)}$	花岗岩、花岗闪长岩、砂页岩等		
	第三期	贵东中细粒花岗岩 $\gamma_5^{2(3)}$	岩基	J_1			
	第二期	贵东中粗粒花岗岩 $\gamma_5^{2(2)}$	岩基	J_1			
		船肚花岗闪长岩 $\gamma\delta_5^{2(2)}$	岩株	J_1	石灰岩	接触带形成矽卡岩及大理岩	有大量钨、钼及少量铜、铅、锌、铋、黄铁矿
					砂、页岩	接触带形成云英岩化、硅化	有钼矿化
		大宝山花岗闪长斑岩 $\gamma\delta_5^{2(2)}$	岩株	J_1	石灰岩	接触外带形成矽卡岩化	有大量铜铅锌钨钼铋黄铁矿
					砂、页岩次英安斑岩	接触外带形成云英岩化、硅化	有钼矿化
					岩体本身	强烈云英岩化、硅化、绢云母化	有大量辉钼矿、黄铁矿、石英网脉
	第一期	贵东粗粒花岗岩 $\gamma_5^{2(1)}$	岩基	J_1			
		大宝山次英安斑岩 $\zeta\pi_5^{2(1)}$	岩株	J_1	砂、页岩，石灰岩等	硅化、绢云母化	接触带有铜、铅、锌、黄铁矿、磁黄铁矿体，岩体本身有辉钼矿、黄铁矿体、石英网脉
		丘坝、徐屋、岩前次英安斑岩 $\zeta\pi_5^{2(1)}$	岩株	J_1	砂、页岩，石灰岩，花岗岩等		

2.3.4 区域地球物理、地球化学特征

1）重力异常特征

根据1：100万重力测量显示，英德—韶关为重力低值区，以巨大的局部异常为特征，峰值大。大宝山多金属矿区位于重力等值线（-45 mmGa）弯曲或变稀部位（图2-2），表现为断裂比较发育或岩浆活动剧烈，具有良好的成矿条件。

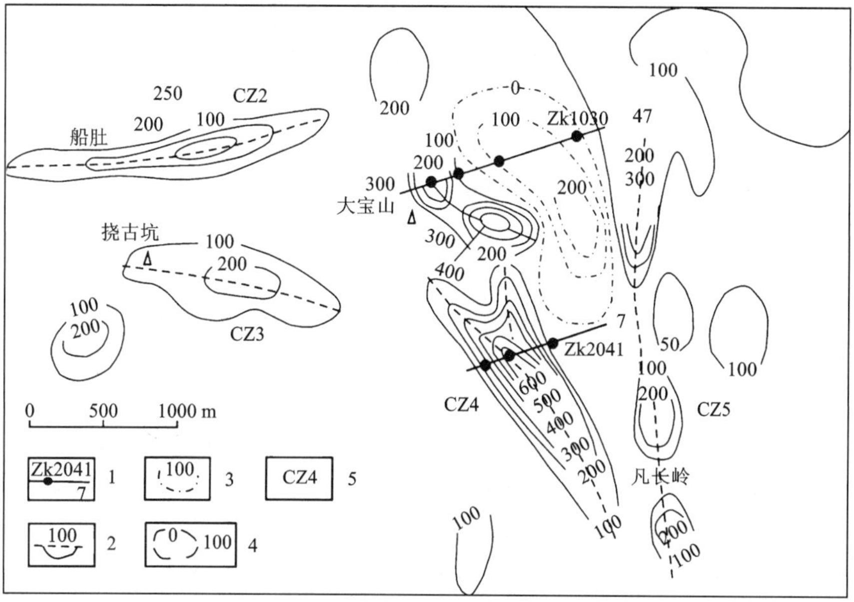

图2-2 粤北地区矿区地磁异常平面图

1—钻孔及勘探线；2—地磁 ΔZ 正异常等值线（nT）和异常轴线；3—ΔZ 负异常等值线（nT）；

4—ΔZ 负异常零值线（nT）；5—地磁 ΔZ 异常编号

2）磁异常特征

（1）1：10万航空磁测表明 C-73-22 号异常位于大宝山矿区，异常明显。相对应的地磁测量△Z 异常有2个（CZ4-1、CZ4-2）。CZ4-1分布在大宝山主矿体上。

（2）在1：5万地磁测量平面图上，地磁测量△Z 异常（CZ4-1）分布在大宝山主矿体上，具有正负伴生、南正北负的特点，正异常强度一般为100~650 nT，负异常强度一般为-50~-100 nT，异常与矿化体相吻合；层状、似层状矿体中部含有中—强磁性的磁黄铁矿，推测其是引起磁异常的主要原因。CZ4-2异常位于大宝山东部方山一带，沿北北西向断裂及其旁侧呈串珠状及带状分布，长约2000 m，宽50~200 m，△Z 以正异常为主，强度为50~300 nT，并叠加有重力和

土壤测量异常。CZ2-1异常位于大宝山矿区西部船肚钨钼矿区，$\triangle Z$ 以正异常为主，强度一般为150~300 nT，大体呈北东东向展布，与大宝山钼钨矿化带的分布十分吻合。

研究区磁铁矿与磁黄铁矿 K 为 $(2600~26000)\times4\pi\times10^{-6}$SI，平均值为 $9000\times4\pi\times10^{-6}$SI，具有较强或强磁性特征。

大宝山花岗闪长斑岩在矿区内的出露面积约为 $0.18~km^2$，是斑岩型钼矿床的成矿母岩，该斑岩矿物成分以石英、钾长石、斜长石、黑云母等为主，副矿物见锆石、磷灰石、磁铁矿、褐帘石等。矿石矿物以辉钼矿和黄铁矿为主，见少量褐铁矿、磁铁矿和白钨矿等。区内沉积岩石一般为非磁性，岩浆岩具中等至强磁性。

3）区域地球化学异常特征

（1）1∶20万水系沉积物测量圈出大宝山矿区综合异常，以大宝山矿区为中心呈宽带状北西向展布；异常以 Cu、Mo、Fe、W、Bi、Pb、Ag、As、Au、Sb、Zn、Sn、Hg 等元素组合为特征。

（2）1∶5万水系沉积物测量圈出大宝山矿区异常（AS11），异常面积约28.9 km^2，以大宝山矿区为中心呈面向展布；异常以 Cu、Mo、W、Bi、Pb、Ag 为主，次为 As、Au、Sb、Zn、Sn、Hg 等元素组合为特征。

（3）1∶1万土壤测量

根据2007年大宝山地区1∶1万土壤测量成果，W 的强异常（还有 Cu、Sn、Au）部分与 Mo 的强异常部分重合明显，具有较高的吻合度，但 W 异常比 Mo 异常更靠北、北东，分带更明显，东部多元素异常未见封闭。因此，推测大宝山钼多金属矿化为多期形成，围岩不同，其矿种也有明显差异；在矿区外围北东侧具有较好找矿前景。

2.3.5 区域矿产

区域上矿产主要以内生有色多金属和贵金属矿为主，即钨、锡、钼、铜、铅、锌、硫、铀、银、金等。主要矿床有大宝山铁、铜、铅锌矿床，以及大宝山和船肚钨钼矿床，凉桥铁、铅、锌矿床，伍练铅（银）矿点等。

1）大宝山铁铜多金属矿床

该矿床为铁-铜-铅锌-硫大型矿床，矿体受压扭性构造影响，呈似层状、扁豆状赋存于中泥盆系东岗岭组灰岩-白云岩中。查明褐铁矿矿石量10182万 t，铁平均品位49.69%；铜金属量76.96万 t，平均品位0.86%，铅锌116.33万 t，平均品位7%。矿体分布总体是上部为褐铁矿，0线以南深部为铅锌矿体、0线以北深部为铜硫矿体。矿石矿物主要有褐铁矿、菱铁矿、白钨矿、辉钼矿、黄铁矿、黄铜矿、磁黄铁矿、铅锌矿等。矿区具有独立开采价值的元素为 Fe、Cu、Pb、Zn、S、W、Mo 共7种，伴生可利用的有 Bi、Cd、Ga、In、Se、Tl、Au、Ag、Re 等9种。

2)大宝山斑岩钼矿床

前人将该矿床划分为东、南、北三个矿带，以 60 线为界划分为两个区，60 线以东为东矿带，60 线以西为南、北矿带。赋矿斑岩主要为次英安斑岩、花岗闪长斑岩，并对东矿带进行勘探，钼金属量 23605.2 t，铜金属量 3777.8 t，硫组分 251.46 t，远景储量钼金属量 34493.6 t。前人将矿连接成陡倾角脉状矿体（图 2-3），可能与当时认为钼矿床与铜硫矿床产状一致有关。矿体厚大、为似层状，走向近北西西向，倾向北北东，倾角 25°～40°。

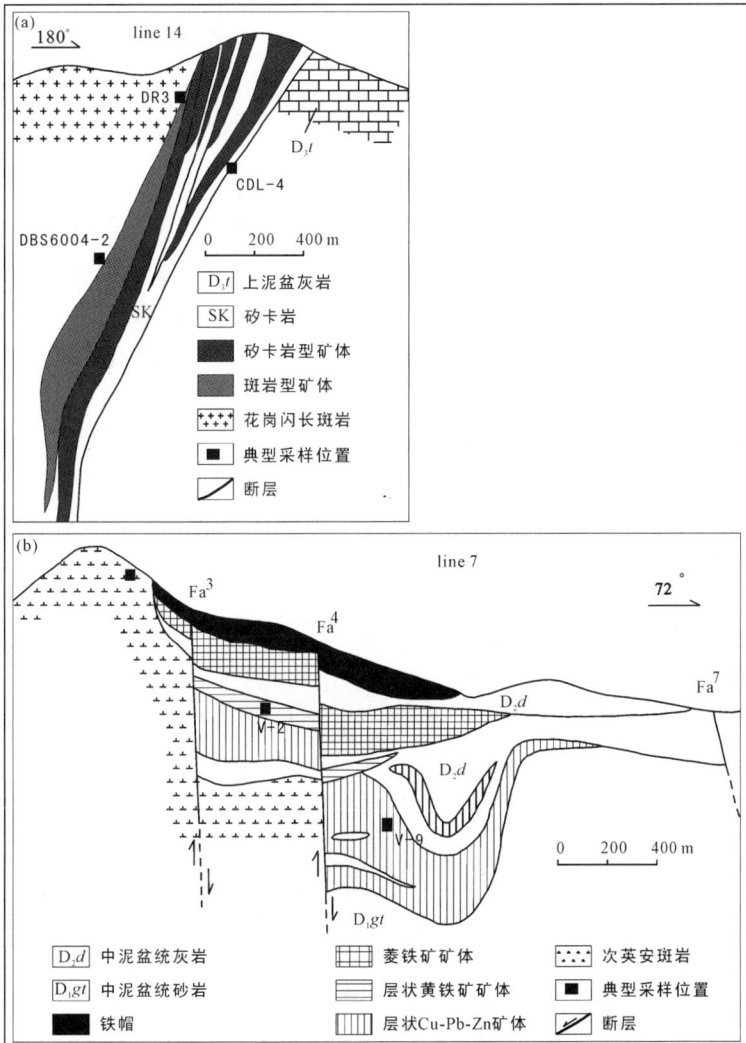

图 2-3 大宝山钼（钨）矿床东矿带 59 线剖面图（来自矿山资料）

3）船肚矽卡岩钼矿床

该矿床产于船肚花岗闪长岩体南部与天子岭组灰岩接触部位，赋存于接触交代为主的石榴石矽卡岩带中。该接触带呈近东西走向，东西长 2200 m，南北宽 40~100 m，共包含有 6 个工业矿体，多为透镜体状。矿体围岩蚀变主要为绢云母化、矽卡岩化、硬石膏化、透闪石化和绿泥石化等。矿石矿物主要为辉钼矿、白钨矿。获钼金属量 12686.72 t，钨（WO_3）15218.52 t，伴生铼 22.84 t。

4）船肚斑岩型钼矿床

该矿床主要产于寒武系八村群与船肚花岗闪长岩体北缘的接触带中。矿化以铜硫矿化、钼矿化、白钨矿化为主。

铜硫矿赋存于寒武系八村群的构造破碎带或矽卡岩。金属矿物黄铁矿为细粒状集合体和隐晶状集合体，呈结核状或浸染状构造，充填于岩石裂隙中；黄铜矿多为粒状集合体和隐晶状集合体，呈不规则状分布于黄铁矿间，常沿黄铁矿的裂隙呈显微细脉充填，或呈他形晶溶蚀交代其他金属矿物。

该区的钼矿化主要赋存于花岗闪长岩体内的节理（裂隙）密集带和构造破碎带之中，其次有少量分布于石榴子石矽卡岩中。辉钼矿大多呈鳞片状集合体或片状存在，矿化主要有三种形式：①以石英细脉 – 辉钼矿细脉充填于花岗闪长岩的节理和裂隙中，或呈浸染状分布于花岗闪长岩中，且成网脉状、带状产出，常常与花岗闪长岩界线不清，呈渐变关系；②以胶结物形式、细脉状充填于构造破碎带的构造角砾岩的孔隙中，或者碎裂岩的裂隙中；③分布于矽卡岩中，辉钼矿常以细脉状充填，或呈他形晶溶蚀交代其他矿物。估算资源量（332 + 333）：钼金属量 6624.1t，平均品位 0.077%；铜金属量 9593.6t，平均品位 1.08%；硫矿石量 888.11kt，平均品位 22.53%。

3　矿区地质特征

大宝山铜多金属矿床在空间上呈 NNW—SSE 向展布，延伸可达 3 km。矿区出露地层主要为中、上泥盆统，其次为寒武系、侏罗系和石炭系。区内构造主要以 NW—NNW 向及 NE—NEE 向两组为主，其中，前一组是由平行的向斜褶皱和走向断层组成，构成矾洞向斜。褶皱构造主要为大宝山向斜、方山—麻斜坳背斜与槽对坑向斜。大宝山多金属矿床的 NW 端及 W 侧紧邻九曲岭—大宝山岩体，南侧为徐屋岩体，东北部为丘坝岩体，它们构成断续的环形状围绕矿床周围分布。大宝山多金属矿床主要产于大宝山向斜中。地表露头为氧化矿铁帽，并构成一独立的大型铁矿床，而其他多金属矿床隐伏于铁帽之下。

3.1　矿区地层

矿区主要出露地层为晚古生代沉积岩系，约占研究区地层面积的 2/3，早古生代地层仅在矿区北部少量分布。矿区地层以寒武系八村群高滩组、中下泥盆统桂头群老虎头组、中泥盆统东岗岭组和下侏罗统金鸡组为主。其中，中泥盆统东岗岭组为主要的赋矿地层。泥盆—石炭系地层为本区多金属矿床的主要赋矿层位。

不同类型矿床对应不同地层岩性，具有一定选择性，比如铜铅锌矿，棋梓桥组为最优赋矿层位，其次为老虎头组和金鸡组。铜多金属矿化主要与不纯的碳酸盐岩关系密切。就其沉积环境情况来说，主要为浅海陆棚砂泥质和含炭质碳酸盐过渡相，其次为浅水陆棚含泥质碳酸盐亚相。铁硫矿床除分布于上述部位外，在滨海碎屑岩相中亦有产出，并显示出与细碎屑岩关系十分密切。

现由老至新分述如下：

3.1.1　寒武系八村群高滩组($\in_2 b^g$)

仅在区内西北部小面积出露,地层内岩层走向 NEE 至 NWW,倾向 NNW 或 NNE,倾角 60°~80°,呈单斜构造产出,与泥盆系中下统桂头群呈不整合接触关系。其岩性主要为灰 - 灰绿色变质中 - 细粒石英砂岩、粉砂质绢云母板岩、粉砂岩和绢云母板岩。本组为该区域的变质基底,厚度大于 2748 m。

3.1.2　泥盆统(D)

1)中下泥盆统桂头群($D_{1-2}gt$)

从下而上分为两段:

下段($D_{1-2}gt^a$):出露在矿区北面和北东面,底部以中层状砾岩和砂砾岩为主,上部则为厚层状石英砂岩夹粉砂岩和砂砾岩,砂砾岩角砾成分主要为泥质、钙质板岩,变质石英砂岩,石英砾,砂质充填,泥质胶结(图 3 - 1),厚度约250 m。与下伏寒武系地层呈不整合接触。

图 3 - 1　大宝山多金属矿区桂头群紫红色砂岩

上段($D_{1-2}gt^b$):主要大面积出露在矿区北东角。由一套上部为灰白色厚层状中 - 细粒石英砂岩和下部夹白色厚层状含砾石英砂岩,局部夹薄层粉砂质页岩和泥质粉砂岩、泥岩等组成,厚度 1000~1050 m,与上覆中泥盆统东岗岭组灰岩呈整合接触。

2)东岗岭组(D_2d)

该组地层主要出露在矿区的东部,从上到下可分为两段:

下段（D_2d^a），厚 120 ~ 160 m，为一套浅海相碳酸盐岩沉积，其下部主要为深灰 - 灰色中厚层状泥质灰岩组成，局部递变为钙质页岩，大多含炭质薄层，越靠近底部，白云质含量增多，渐渐递变为白云质灰岩至含铜硫矿层，该段地层常受热液蚀变影响，绢云母化、黄铁矿化、钾长石化、绿泥石化、硅化等相对发育。上部主要由中厚层状泥炭质灰岩、泥质灰岩、钙质页岩组成，该组地层是大宝山铜铅锌多金属矿床主要赋矿层位。

上段（D_2d^b），厚约 185 m，是一套以中酸性火山碎屑沉积为主，局部夹黏土层与粉砂质页岩、黄铁矿层和菱铁矿，含铜页岩层及含铜凝灰岩以及锰铁质页岩等。

3）上泥盆统天子岭组（D_3t）：分布于工作区的中部，厚度约 360 m，可分为四个段。

第一段 D_3t^1：该段主要由白云岩、深灰色微 - 泥晶灰岩组成。

第二段 D_3t^2：该段主要由瘤状灰岩、深灰色含生物屑微 - 泥晶灰岩和含生物碎屑灰岩组成。

第三段 D_3t^3：该段主要由含生物和碎屑微晶灰岩、含粉砂泥晶灰岩，深灰色花斑状白云石化微 - 泥晶灰岩组成。

第四段 D_3t^4：该段主要由含粉砂泥晶灰岩和深灰色条带状含生物碎屑微 - 泥晶灰岩组成。

4）上泥盆统帽子峰组（D_3m）：该组主要分布在工作区的中部，下部为一套条带状粉砂岩和青灰 - 黄褐色泥质粉砂岩组成；而其上部由一套石英细砂岩、粉砂岩和泥岩组成。

3.1.3　石炭系（C）

1）大赛坝组、长来组（$C_1ds + C_1cl$）：该组主要分布在工作区的西部，岩性为一套灰黑 - 黄白色粉砂质泥岩，含生物碎屑微 - 泥晶灰岩，粉砂岩。

2）石磴子组（C_1s）：可分为上、下两段。

下段（C_1s^1）：该段分布在工作区的西部，主要为一套灰黑色的角砾状灰岩。

上段（C_1s^2）：该段主要为一套亮晶生物砂屑灰岩、生物碎屑泥晶灰岩、含生物碎屑泥晶灰岩。

3）测水组（C_1c）：分布在工作区西部，其下段为一套灰黑 - 黄白色的泥岩、粉砂岩以及细粒石英砂岩。上段为一套硅质岩、细 - 中粒石英砂岩、含砾石英砂岩和泥岩。

4）上中石炭统黄龙组（C_2hl）：该组主要分布在工作区的西部，其岩性为一套灰白微 - 细晶的白云岩。

3.1.4　侏罗系下统金鸡组(J_1j)

该组分布在矿区西南部，与东岗岭组表现为断层接触关系，该组可分三段，本矿区中仅出露上、中二段，下段在本矿区未见有出露，其岩性不详。

中段(J_1j^b)：该段厚约 582 m，为一套长石石英砂岩和细 - 中粒石英砂岩，其中夹有绢云母化千枚状的页岩；

上段(J_1j^c)：该段岩性为一套黑 - 灰黑色条带状长石石英砂岩和粉砂质页岩、泥质页岩、砂岩互层。该段厚约 346 m。

3.1.5　第四系(Q)

(Qp^c)第二阶地：砂砾、含粉砂黏土；(Qh)第一阶地沉积层：砂砾、黏土。厚度为 0 ~ 30 m。

3.2　矿区构造

矿区内的构造以断裂为主，褶皱构造不太发育，分别论述见下。

3.2.1　褶皱

粤北大宝山向斜分布于矿区的中部，受两旁近南北向的断裂所控制，北端折向 NE 向，轴向以 NNW 为主，走向长度约 2 km。该向斜南边高而北边低，南端因受风化剥蚀作用而逐渐消失，而北端则保留。大宝山向斜南北两端逐渐开阔，从而过渡成为单斜构造。向斜的轴部为中泥盆统东岗岭组，东翼的产状较陡，倾角为 60° ~ 70°，西翼较缓，倾角为 40° ~ 50°，呈不对称状的狭长形状产出。向斜两列均被 NNW 向断层 F_a^1、F_a^2 割切。向斜在勘探线 27 ~ 47 线被 NEE 向断层 F_c^1 破坏、错动。向斜西翼被次英安斑岩、花岗闪长岩等中酸性岩体侵入；东翼东岗岭组则与桂头群呈断层状接触。在大宝山向斜整个构造内，还存在因长期构造多期次运动，而引起岩层的柔性作用，进而造成的许多纵横波状起伏的次级褶曲构造，这些构造特征显示良好的成矿条件。

3.2.2　断裂

研究区断裂构造十分发育(见表 3 -1)，各组断层互相错切，具多期次活动的特征。

表3-1 矿区断裂特征一览表

分布地区	组别	断层编号	产状 倾向	产状 倾角	延长规模/m	破碎宽度/m	形成时间 成矿前	力学性质 成矿前	力学性质 成矿后	断距/m 成矿前 垂直	断距/m 成矿前 水平	断距/m 成矿后 垂直	断距/m 成矿后 水平	断面矿化特征	与成矿的关系	其他地质特征
九曲岭—徐屋	北北西	Fa¹	南端70° 北端110°	50°~70°	3500	2~10	成矿前	压扭性	张性	上盘上冲>340	—	西盘下降55	东盘北移24	早期为多金属矿化所充填,晚期为硫矿化	主要导矿岩导矿构造	使中泥盆统岩岗岭组逆掩于下侏罗统金塘群之上,并为燕山期次火山岩所侵入
—	—	Fa³	南端70° 北端110° 290°	51°~75°	>4000	5~30	—	—	—	上盘下降170	—	上盘下降5~10	东盘北移5~20	为较晚期铜硫矿化所充填,并为铜矿化的主要通道	钼矿化的主要导矿构造	使东岗岭组与次英安斑岩呈断层接触
大宝山顶	—	Fa⁴	主要70° 局部250°	75°~85°	1000	0.5~8	—	—	—	—	—	上盘下降5~10	东盘北移6	—	铜钼矿化主要导矿构造	使东岗岭组下降170 m
640 平硐西口	—	Fa¹⁰	60°	51°~85°	1000	4~10	—	压性	—	—	东盘北移80	—	东盘北移10	充填黄铁矿石英脉	切穿矽卡岩体	使花岗闪长岩顶板水平位移80 m
南铜钼带	北北西—北西	Fa¹²	南端6° 北端70°	57°~74°	1000	20	—	—	—	—	西盘北移700	—	—	为辉钼矿所充填	主要导矿构造	为火山岩所控,围岩热变质明显,为成岩前断层,后期产生挤压作用,使花岗闪长岩顶板片理化
—	北北东	Fb²	南端105° 北端29°	52°~71°	>650	6	扭性	不明	—	—	东盘北移65	—	—	断面有褐铁矿胶结	不明	使下侏罗系统兰塘群水平位移100 m
饶古坑—九曲岭	—	Fb⁶	北端300° 南端120°	52°~71°	1000	2~5	—	—	—	—	东盘北移350	—	东盘南移65	有钼矿化	切穿矽卡岩体	为Fb⁷分支断裂
—	—	Fb⁷	南北端120° 中部300°	40°~88°	>2200	2~5	—	—	—	—	西盘北移700	—	西盘东移350	为钼矿化	—	主要导矿构造,使花岗闪长岩分为两段,错断船肚—大宝山东西断裂,并控制了九曲岭岩体分布
九曲岭—十三公里	东西组	Fc⁹	主要0° 局部180°	48°~85°	>3700	10~60	压扭性	张性	—	—	—	北盘下降约300	—	有钼、硫、铜、铝、锌等矿化,后期脉岩充填	—	使次英安岩中石英绢云母蚀变带下降300 m
大宝山顶—方山	北东东	Fc¹	330°或150°	65°~85°	>2000	1~2	压扭性	—	北盘下降>100	北盘西移80	—	北盘西移14	铜、硫矿化	运矿构造	与北西组交汇形成较大的铁帽,断面较缓,沿倾斜破带呈反倾现象

粤北大宝山矿区断裂主要分为三组，①NNW向断裂（F_a）；②NE或NNE向断裂（F_b）；③NE向或NEE向断裂（F_c）。其中最发育的为NSS向和NNW向两组，其次为NS向、NNS向和SW向。SW向的断裂形成的最早，NNW、NNS向断裂较晚，NSS向断裂形成的时间最晚。各断裂之间先后的复合关系常表现为归并、继承或者联合关系。

①NNW向断裂：该组断裂主要为粤北大宝山断裂（F_a^1、F_a^3、F_a^4），丘坝断裂（F_a^{155}）和饶古坑断裂（F_a^{11}）等，各断裂之间呈似等距呈现。

大宝山逆断裂带（F_a^1）：该断裂带位于粤北大宝山背脊的西侧，北起九曲岭，南到凡长岭，矿区可见6 km长，走向南端呈NNW向，北端折向表现NE，总体走向与大宝山弧形断裂构造走向相近。倾向为NEE—SE，倾角约为60°。破碎带北部宽2~14 m，南部宽8~14 m。断裂早期表现为压扭性，晚期表现为张性，是粤北大宝山多金属矿床主要的成矿运行通道，本身亦被以铜和硫为主，伴生铅锌的矿体充填。该断层早期是逆断层，其垂直断距>400 m，后期改变为正断层。沿断层分布有铜、铅锌矿体。

大宝山东侧正断裂（F_a^3）：断裂倾向NEE，倾角为60°~75°，南从大山坝南与F_a^1交汇，北到大宝山南呈现渐灭，长达1700 m。从探矿工程揭露的资料来看，矿体被该断裂控制，断裂形成晚于次英安斑岩，而早于主要的成矿期，成矿后的断层又有复活，致使两侧的矿体有所错动。断裂早期表现为压扭性，晚期表现为张性。该断裂对层状的多金属矿起改造作用，并且被晚期铜硫矿化体所充填。

大宝山矿区中部正断裂（F_a^4）：该断裂是平行隐伏的断裂，地表未见有出露。井下生产勘探过程中，705地质队在施工的生产勘探钻孔中看到过该断层；风井650巷道31线的附近，可见到该断层的疑似露头，因为巷道支护掩盖，无法确定该断裂带的性质。在副井500 m中段19线的附近，也可见该断裂的破碎带。从各种已知证据推测，该隐伏的断裂长约为1000 m，走向为NNW，倾向为东，倾角为75°~85°，破碎带宽0.5~8 m。该断裂据推测应形成于成矿前期，对矿体形成有较明显的控制作用，在37、39线转变为1E矿体的西端边界。

矿区北部的正断层（F_c^{10}）：南至F_c^1，并与F_a^4相对应，长度约为1 km，走向NW 340°，向东倾。断层性质类似于F_a^4，此断层在43线形成1E体的西部边界。

②NE向或NNE向断裂：该组主要为九曲岭断裂（F_b^7、F_b^{10}）、徐屋断裂（F_b^9）和船肚断裂（F_b^8）等，各断裂之间呈似等距的出露。现在以F_b^{10}为例子，表述该组断裂基本特征。F_b^{10}断裂主要分布于槽对坑到铜采场以北的范围，长度约3 km，走向近北东20°，倾向NWW，倾角约为73°，断裂带被基性岩脉所充填，有劈理产生，断裂结构面具有压性特征。

③近EW—NNE向断裂：该组主要有凡长岭断裂和上洞断裂，船肚—大宝山

断裂(F_c^1)等,各断裂呈似等距出现。

大宝山横断裂(F_c^1):该断裂主要展布于27~47线,呈NEE向横贯矿床的中北部,切断矿床内所有的岩层以及矿体,还切断了F_a组的断裂。该断裂长度约为2300 m错移,北侧向东,南侧向西错移,错距为30~50 m。上下错移也比较明显,从南至北呈现降低的趋势。该断裂不但是铜多金属矿床的成矿后期,而且还是晚期的铜硫矿体成矿前或者成矿期的断裂,因而对矿体有控制作用,但又对矿体完整性起着破坏的作用。

粤北大宝山和饶古坑南是三组主断裂的综合作用交汇点;凡洞村和徐屋为二组断裂交汇点,这三组构造是成岩成矿主要通道。NNW向(F_a)主断裂以及伴生的次级断裂为控矿构造。NEE向(F_c)断裂为粤北大宝山多金属矿床成矿后断裂,它不但破坏了矿体完整性,还是晚期铜硫矿体成矿前期或成矿期的断裂。

综上所述,大宝山多金属矿床中断裂构造活动时间长,同条断裂在地质发展史时期有多次活动。各组断裂力学性质早期一般主要表现为扭性或压性,结构面平常表现为舒缓波状,具千枚岩化或挤压片理化,而成矿后则更多表现为张性,断层角砾普遍可见。早期一般位移较大,而晚期较小。水平错动规律是:F_a组和F_b组一般表现为东盘北移,只有F_b^{12}及F_b^7在成岩前为西盘北移,而且错距较大,致使船肚至大宝山的东西成矿断裂构造产生了700~900 m的位移。F_c组断层其水平错移规律较零乱,但主要表现了北盘下降,例如F_c^9由于北盘下降而造成了斑岩钼矿的面状蚀变带下降了约300 m。断裂面的矿化特征早期一般以铜、铅、锌、钼的矿化为主,晚期为硫矿化,最后以碳酸盐化、硫酸盐化或低温硅化为主。矿体受构造活动作用影响明显,沿断裂的附近,矿体品质与之呈正相关,越接近表现为品位越高、厚度也越大。

3.3 岩浆岩

3.3.1 岩浆岩岩相学特征

该区内出露的侵入岩主要是来源于深源花岗岩同源岩浆分异而形成的不同阶段侵入的产物,它们都属于中酸性,钙碱性系列钼过度饱和类的岩石,具有富钾贫钠钙的特点。具体划分为花岗闪长斑岩和次英安斑岩。前者应为斑岩钼钨矿的成矿母岩,Rb-Sr等时线年龄为157.3 Ma±23.3 Ma;后者与多金属矿床关系密切,Rb-Sr等时线年龄为195.5 Ma±11 Ma。

1)次英安斑岩

该岩体沿着NS向断裂构造带和NNW的弧形构造带的断裂面而侵入,走向长约4 km,呈岩墙状产出,九曲岭、大宝山、徐屋三个岩体从北到南分布。位于中部的大宝山往 NNW 向展布，向南至 36 线变小而为隐伏状，宽为 100～260 m，出露地表的部位与徐屋岩体没有相连。分布南北两端的徐屋岩体和九曲岭岩体则向北东方向延伸，延长约 1500 m，出露的最大宽度大约为 800 m，平面上呈哑铃状，岩墙倾向 NE 及 SE，倾角为 30°～75°。

岩石大量遭受区域动力变质作用影响，特别是徐屋岩体遭受较强烈的糜棱岩化和片理化等动力变质作用，矿物成分以及原始结构受到强烈的破坏，大宝山—九曲岭岩体由于受到后期矿化作用的影响，其岩体强烈蚀变，造成了原岩矿物成分发生强烈的变化，因而祥光岩石的原始物质成分只能引用外围丘坝及笠帽岭一带的次英安斑岩体的成分加以论述：

该岩石具有斑状结构，由条带状斜长石、角闪石、浑圆状石英和板状黑云母组成，斜长石大多为中长石，因而当斜长石斑晶增多，岩石成为中性(图 3-2)。根据显微镜下的观察，基质结构为显微霏细结构，流纹构造，由钾长石、石英、少量的黑云母、辉石、绿泥石、角闪石等构成，并且含有少量的碎屑，矿物的百分含量为斑晶：石英 10.96%，斜长石 10.35%，黑云母、角闪石 5.87%，黄铁矿 0.03%；基质占 72.68%，其他 0.11%，随着片理化强度增强，石英和绢云母的含量增多。

图 3-2 粤北大宝山未(极弱)蚀变的次英安斑岩

岩体斜长石多为聚片双晶，属于中性长石，多产生钠黝帘石化、绿帘石化、绢云母化、泥化等蚀变。蚀变矿物主要为黝帘石、绿帘石、白云母、电气石、绿泥石、方解石、透闪石及绢云母等，表明遭受过汽化热液作用(图 3-3)。根据长石的牌号以及岩石的化学成分，此岩体应属中酸性侵入岩类，与矿区外围丘坝岩体属同期、同类的岩体。本岩体虽未喷溢出地表，但具有明显的火山熔岩的结构构造，其基质多属霏细质。

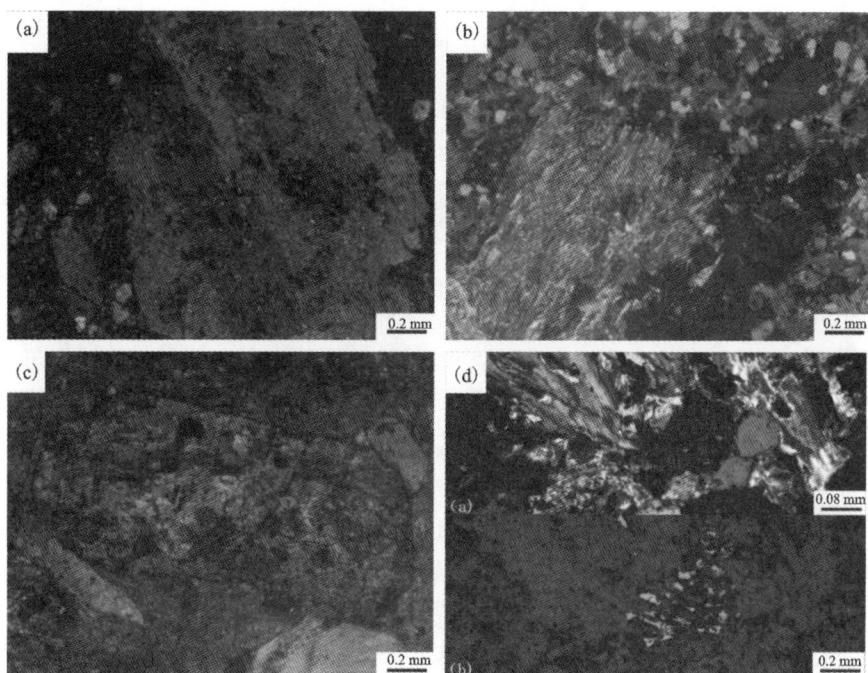

图 3 - 3　粤北大宝山次英安斑岩显微镜照片(彩图见附录)

(a)次英安斑岩具较宽双晶纹的斜长石斑晶(Pl)；(b)斜长石斑晶(Pl)发生较强的绢云母化(Ser)；(c)较强黝帘石(Zo)化、泥化的斜长石斑晶(Pl)；(d)黑云母(Bi)斑晶部分蚀变为白云母,并析出铁质形成磁铁矿(Mt)

　　岩体受后期热液的强烈蚀变变得面目全非,原组成矿物已发生改变,主要蚀变类型为青磐岩化和伊利石 - 水白云母化(黏土化)、石英绢云母化等,而最广泛发育的是伊利石 - 水白云母化。

　　20 世纪 60 年代初期,中国科学院的地球化学研究所采用黑云母 K - Ar 法测算该岩体年龄大约为 143 Ma,刘姤群等(1985)采用全岩 K - Ar 法测定其年龄为 163 ~ 166 Ma。蔡锦辉、汤吉方(1993)对次英安斑岩全岩采用 Rb - Sr 等时线测年的方法测定结果为(195.5 ± 11)Ma。以上测年结果表明该岩体属于燕山早期岩浆活动的产物。另外,葛朝华等(1987)采用单颗粒锆石 U - Pb 稀释的方法测得其年龄为(441 ± 19)Ma。但它比泥盆纪的年代也略偏老些,与次英安斑岩侵入于泥盆纪中统地层略有不符。因此,虽然次英安斑岩的准确时代还有待进一步研究,但属于燕山早期的产物已是共识。

　　2)花岗闪长斑岩

　　岩体在大宝山次英安斑岩体内侵入,并沿 EW 断裂侵入,最宽处达 600 m,延长大约 2 km,通常情况下为 300 ~ 400 m,呈扭曲状产出,倾角在 60° ~ 80°。岩体在东端接触面十分复杂，有大量岩脉穿插其中，而在船肚区段较为规则，其南接触面呈超覆状向北伸出许多岩枝，在船肚与大宝山之间受几组断裂切断形成两岩体的分界部位。大宝山岩体和船肚岩体虽然矿物结构有所不同，但其本质为同一岩体，只是岩体分相会有不同。大宝山岩体出露的标高在 1 km，受剥蚀较浅，故呈斑状结构[图 3 - 4(a)、(b)]；而船肚岩体已经侵蚀至300~400 m，所以露出至中心相，形成了全晶质的似斑状结构。

大宝山花岗闪长斑岩为斑岩型钼矿床的成矿母岩，出露面积大约为 0.18 km²，由于遭受强烈的蚀变，原岩成分已完全改观，据个别样品鉴定结果描述如下：岩石具有斑状结构，斑晶为钾长石、石英、黑云母、斜长石等，有时也可以见到角闪石斑晶，当中以斜长石斑晶为主，次为少量的石英、钾长石斑晶和黑云母；基质主要是由石英、黑云母和长石等长英质组成，霏细结构。斑晶斜长石为自形 - 半自形结构，聚片双晶，有跳跃式环带构造，一般具有强烈绢云母化；石英斑晶多受基质的熔蚀，因而结晶主要以双锥状的高温石英为主，自形程度比较高；板状黑云母边界及解理缝多发生绢云母化和绿泥石化[图 3 - 4(c)、(d)]。副矿物有锆石、磁铁矿、褐帘石、凝灰石等。

船肚岩体为全晶质的似斑状结构，基质较粗，其物质成分与大宝山岩体大致相同，岩石遭受后期的热液蚀变发生广泛的面状蚀变，主要为伊利石 - 水白云母化，钾长石 - 黑云母化，云英岩化及石英 - 绢云母化等。前人通过年龄测试该岩体的侵位年龄为全岩 K - Ar 法 97 Ma~101 Ma(刘姤群，1985)，全岩 Rb - Sr 等时线法(155±23)Ma（蔡锦辉，1993）和 156 Ma(裴太昌，1994)，认为其为燕山期岩浆活动产物。

3) 脉岩

(1)辉绿岩(βμ)：呈岩脉状沿 NNW 及 NEE 断裂侵入，主要分布于矿区西部[图 3 - 4(e)、(f)]，次英安斑岩墙的下盘。岩石基质呈灰绿结构，斑晶为辉石、斜长石、橄榄石等，基质中辉石晶体长为 0.48~0.80 mm，斜长石含量占70%，辉石组成三角形，其中充填绿泥石。橄榄石为半自形粒状结构，柱状裂纹较发育，粒度为 0.4~1 mm，局部形成聚晶。方解石为次生充填物，多成圆形。辉石为自形八面体及短柱状结构，粒度为 0.2~0.3 mm。岩石受绿泥石化、碳酸岩化、黄铁矿化，局部见黄铜矿化。

(2)霏细岩(Vπ)：见于钻孔中，呈层状产出，主要成分为石英 15%~20%，霏细矿物质(长英质)70%~75%，绿泥石占5%，黏土矿物占2%~3%，碳酸岩、黄铁矿、磷灰石少量。该岩石具有霏细结构，主要由霏细状长英质组成，未见到斑晶，可见少量绿泥石混杂分布，有高岭石类黏土矿物充填，石英脉穿插频繁，岩石受绿泥石化及硅化作用，有时可见菱铁矿化。

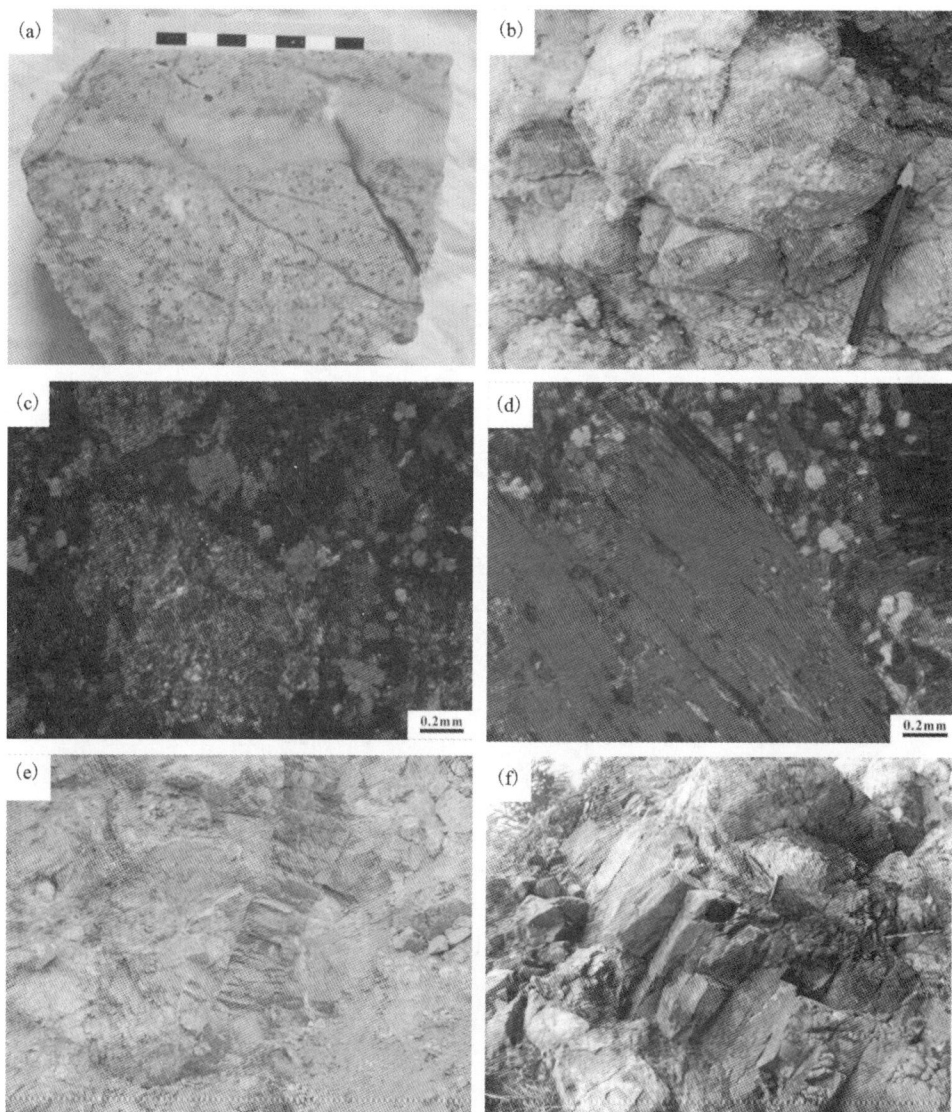

图 3-4　大宝山地区主要岩石类型（彩图见附录）

（a）具广泛的钾化的花岗闪长斑岩；（b）采自大宝山花岗闪长斑岩体中，岩体硅化强烈，局部已
蚀变为石英岩；（c）花岗闪长斑岩显微镜下照片，其中的钾长石斑晶基本上被蚀变形成的绢云
母、泥质所取代，仅保留晶型轮廓；（d）花岗闪长斑岩显微镜下照片，其中的板状黑云母斑晶
（Bi）沿边缘和解理缝发生绿泥石（Cal）化、绢云母（Ser）化；（e）矿区采场北部的辉绿岩脉；
（f）矿区东南部铁矿床外围的辉绿岩脉

（3）玄武岩（β）：见于钻孔中，往往充填在次英安斑岩中，为岩脉活动最晚期的产物，往往切穿矿体，一般宽度 1～3 m，具气孔构造，辉绿结构，矿物成分为拉长石 53%，古铜辉石（主）、普通辉石（少量）30%，玻璃质 15%，碳酸盐 2%。岩石由基性斜长石（$Np^{\wedge 010}$ 为 31°～33°，属拉长石）和辉石、玻璃质组成。基质中辉石类以古铜辉石为主（平行消光，最高干涉色一级黄），普通辉石少量，且其粒度小于前者。基性斜长石新鲜面很清晰，板条状杂乱无章分布，组成不规则的孔隙，并为辉石或黑灰色的玻璃质所充填，气孔发育，被黄绿色玻璃质充填，有少量玻璃质受去玻化作用。有些辉石和少量基性斜长石在岩石中变现为斑晶分布，碳酸盐交代少量辉石。此类岩脉的侵入时代，原有资料划为燕山五期，但根据区域资料应该划为喜山期。

3.3.2　岩浆岩年代学研究

许多研究学者对粤北大宝山多金属矿床的成岩成矿时代做过测试工作，同位素年龄数据可见表 3-2。从表 3-2 上可见，成岩时代分析测试方法分别为全岩 K-Ar 法、全岩 Rb-Sr 等时线法以及锆石 U-Pb 稀释法。对粤北大宝山花岗闪长斑岩的测年，刘姤群等[33] 采用的是 K-Ar 法，测定的年龄为 97 Ma～101 Ma；蔡锦辉等[34] 采用全岩 Rb-Sr 等时线法获得年龄值为 155 Ma±23 Ma；裴太昌等报道的全岩 Rb-Sr 等时线年龄为 156 Ma。对次英安斑岩的测年，刘姤群等[33] 采用的是 K-Ar 法，测定的年龄为 163 Ma～166 Ma；蔡锦辉等[34] 采用全岩 Rb-Sr 等时线法，获得岩石年龄为弱蚀变岩体年龄和强蚀变岩体分别为 135.5 Ma±5.7 Ma 和 195.5 Ma±11 Ma；裴太昌等获得的全岩 Rb-Sr 等时线年龄为 168 Ma；葛朝华等[17] 采用单颗粒锆石 U-Pb 稀释法，所获得的岩石年龄为（441±19）Ma。

表 3-2　粤北大宝山多金属矿区前人学者成岩成矿年龄数据

矿区岩体岩	测试矿物	测试方法	年龄/Ma	资料来源
次英安斑岩	全岩	K-Ar 法	163～166	刘姤群等，1985[33]
	锆石	U-Pb 法	441±19	葛朝华等，1987[17]
	强蚀变岩	Rb-Sr 等时线	135.3±5.7	蔡锦辉等，1993[34]
	强蚀变岩	Rb-Sr 等时线	195.5±11	蔡锦辉等，1993[34]
	全岩	Rb-Sr 等时线	168	裴太昌等，1994[40]
花岗闪长斑岩	全岩	K-Ar 法	97～101	刘姤群等，1985[33]
	全岩	Rb-Sr 等时线	155±23	蔡锦辉等，1993[34]
	全岩	Rb-Sr 等时线	156	裴太昌等，1994[40]

续表 3 - 2

矿区岩体岩	测试矿物	测试方法	年龄/Ma	资料来源
次英安斑岩	含矿石英脉	Rb - Sr 等时线	168.7 ±5.7	蔡锦辉等, 1993[34]
花岗闪长斑岩	含矿石英脉	Rb - Sr 等时线	136.3 ±6.2	蔡锦辉等, 1993[34]
花岗闪长斑岩	强蚀变全岩	Rb - Sr 等时线	135.3 ±5.7	蔡锦辉等, 1993[34]
似层状铜矿体	辉钼矿	Re - Os 模式年龄	164.7 ±3	毛景文, 2004[36]

但根据分析, 因为 Rb - Sr 同位素体系测年和 K - Ar 法封闭温度较低, 所以容易受后期构造 - 热事件的影响从而导致其获得岩石年龄值偏低, 而且由于本区出露岩体都受到不同程度的蚀变, 所以上述方法获得的年龄未必可信。另外, 由于该地区岩体有较多的继承老锆石, 而单颗粒锆石 U - Pb 稀释法无法准确区分锆石性质, 获得的年龄可能为混合锆石年龄。

总而言之, 不同的研究者的测定结果以及采用不同方法测定的同一岩体的结果存在较大的差异, 从而导致了对矿床成岩时代的认识上的争议, 这也是对粤北大宝山成矿模式和矿床成因很难达成共识的一个重要原因。

3.4 典型矿体地质特征

大宝山铜多金属矿床矿种多, 矿体大, 形态复杂, 成分复杂, 矿床类型较多, 不同类型矿床在空间展布规律主要有: ①铜多金属矿床产于碳酸盐岩之中, 并沿次英安斑岩上盘分布, 矿体呈上下叠置, 呈整合状产出, 并且与地层的产状一致; 尤其在向斜轴部、断裂两侧和不同岩性界面上矿体变厚、变富; ②菱铁矿矿床主要在东岗岭上亚组泥质粉砂岩与凝灰岩、页岩互层中。菱铁矿矿层主要赋存于大宝山向斜部位, 多与黄铁矿层互层产出; ③中高温热液充填交代型脉状铜多金属矿床以赋存于大宝山次英安斑岩岩墙下盘为主; ④风化淋滤型褐铁矿矿床出露的面积大约为 1.6 km², 为氧化矿褐铁矿铁帽; ⑤矽卡岩型钨钼矿床属于天子岭灰岩与船肚岩体南缘接触交代形成的石榴石矽卡岩带, 矿体产在内接触带花岗闪长岩和矽卡岩中, 分别形成斑岩型钼矿床和矽卡岩钨钼矿床; ⑥斑岩型钼钨矿床的成矿母岩是花岗闪长斑岩, 矿体产状被接触带控制(图 3 - 5)[120]。

主要包括的有矽卡岩型钨钼矿体, 斑岩型钨钼矿体、硫矿体、铅锌矿体和黄铜矿体、风化淋滤型铁矿体。

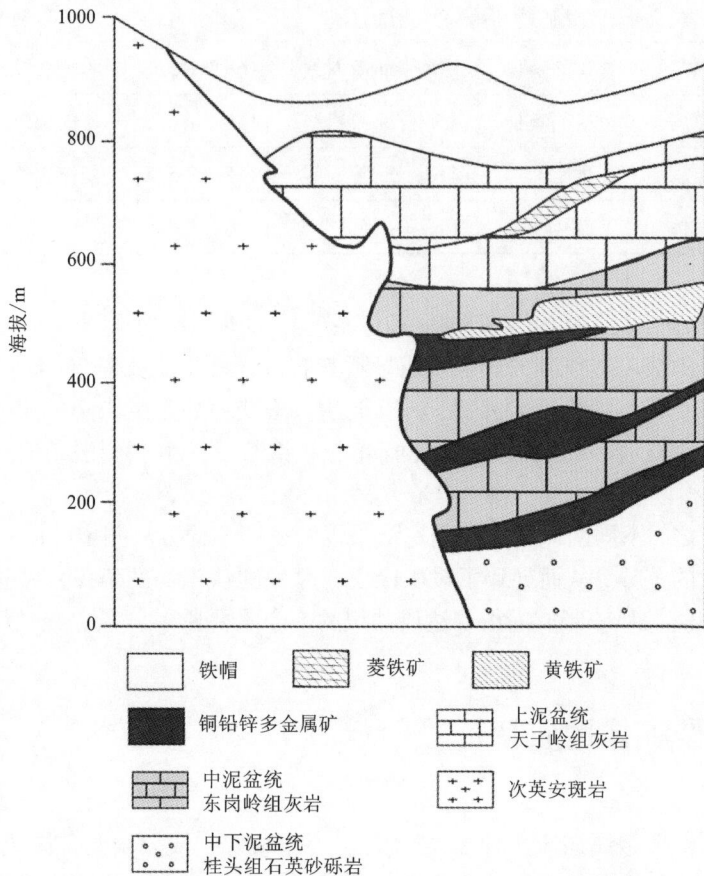

图 3 - 5　大宝山铁铜铅锌钼多金属矿床矿体类型及产出位置关系图(据毛伟等[120])

　　需要特别说明的是，有一薄层状菱铁矿床产出在褐铁矿床与铜铅锌硫化矿床之间的沉凝灰岩中。该矿体长 1300 m，宽 30 ~ 500 m，厚几米至 50 m。矿石矿物主要是菱铁矿，及少量菱锌矿、黄铁矿和闪锌矿。非金属矿物主要为石英、黏土矿物、绢云母和绿泥石等。矿石主要以致密块状的黄褐色菱铁矿石为主，青灰色的菱铁矿次之，普遍见到铜硫多金属细脉穿插在其中，FeO^T 的平均品位为28.30%。由于其规模相对较小且矿体形态相对单一，矿石成分相对简单，故在此未做详细论述。

3.4.1　斑岩型钨钼矿体

1）矿体特征

斑岩型钼钨矿床主要产在大宝山花岗闪长斑岩体和船肚之内外接触带上（图3-6）。该矿体主要围绕着大宝山花岗闪长斑岩体存在并呈环状分布，工业矿体赋在花岗闪长斑岩的接触带，整个矿化面积大约为 0.44 km²，圈定的工业矿体有9个。船肚斑岩钼（钨）矿体主要赋存在北部接触带的内侧和船肚花岗闪长斑岩体，岩体整个都赋存矿体，其中比较富集的矿化面积大约 0.51 km²。工业矿体几乎全部由含钼的石英细网脉所构成，浸染状的矿石次之；矿石结构自上而下沿垂直方向见大脉、小脉、细脉、微脉及浸染状的分带现象；该矿床见面状的蚀变，以花岗闪长斑岩为中心，分带序列分别为：未蚀变岩-黑云母钾长石化带-伊利石水云母化带-石英绢云母化带。

研究区斑岩型钼钨矿床，矿床空间产出受产状的严格控制。矿体赋存在次英安斑岩与花岗闪长斑岩体的接触带部位，产状与斑岩体相对一致，富集的空间紧密围绕分布在斑岩体的四周，同时构成了同心环状，在平面上可以圈定南、东、北三个方向的矿带。由于斑岩体西端受 Fa^{12} 所切断，因而目前并未发现工业矿体。矿化面积东西长大约 800 m，整个面积大约为 0.44 km²，南北宽大约为 550 m，其中以 1、2、3 号矿体为最主要矿体。各个矿带及矿体分布规模见表 3-3。

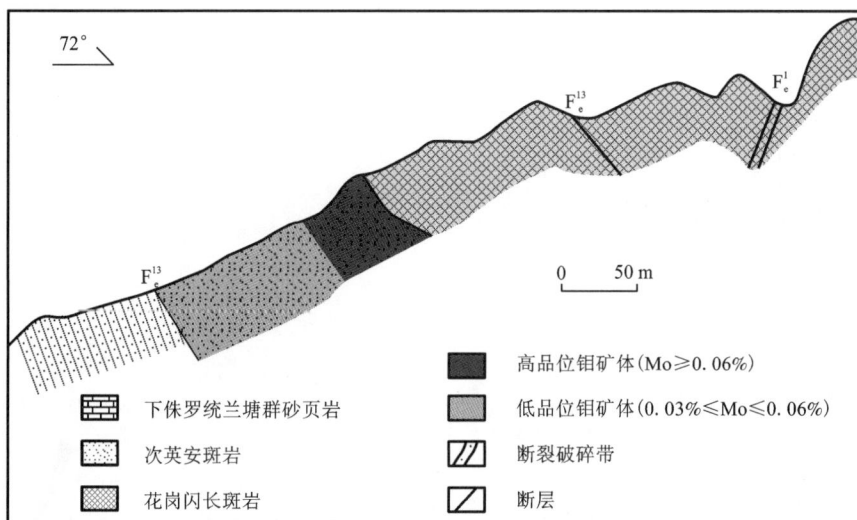

图 3-6　粤北大宝山铜铅锌钼多金属矿床 47 线剖面图（据王磊[55]）

表3-3 钼钨矿体产状及规模一览表

矿带名称	矿体号	工业类型	矿体产状 走向	倾向/倾角	矿体地表出露长度/m 表内	表外	矿体地表最大宽度/m 表内	表外	矿体最大厚度/m 表内	表外	矿体平均宽度/m 表内	表外	矿体最大露出标高/m	工业矿体实际延伸/m	工程控制深度	地表平均品位/% 表内	表外	矿体储量/t 平衡表内	平衡表外	备注
东矿带	1	表内	S-N	E/35°~88°	670								1015	755		0.073	0.037	22373.3	20029.1	
	1-1	表内	335°	NE/75°	地下120				5						120			23.2		未出露地面
	1-2	表外	S-N	E/75°		地下600				17					320		0.037		470.5	
	1-3	表内	S-N	E/68°	地下60				2						70			8.8		
	1-4	表外	S-N	E/25°	地下120					3					55		0.037		2.6	
北矿带	2	表内	EW-SN	E/68°~85° E/75°~90°	680	920	110	100	70	70	40	86	780		350	0.064	0.037	14672.4	18097.9	
	2-1	表内	35°~295°	NE-E/68°~75°	400	400	25	40			20	30	825		350	0.061	0.037	1085.1	2405.5	
	2-2	表外(为主)	35°~295°	NE-E/68°~75°		800		65				57	850		400		0.037		2945.3 11102.2	
	4	表内	310°	SW/87°	140	660	20	24			10	10	800		350	0.060	0.053	370.6	1622.6	
南矿带	3	表内	55°~290°	NE-NW/79°	800	80	125	100			60	60	980		500	0.067	0.034	14195.9	27042.8	
	3-1	表内	290°	NE/不明	300	500	30	80			23	70	900			0.062	0.039	803.2	8961.3	
	3-2	表内	55°~290°	NE-NW/不明	240	500	32	50			20	35	950			0.066	0.038	121.1	3000.1	

2）矿带特征

（1）东矿带 1 号矿体

该矿体是本区内已知资源储量规模最大的矿带，赋存在花岗闪长斑岩体的东部，宽度大约 200 m，南北走向长约 700 m，南端由南矿与 Fa^3 带分界，北端以北矿带和 1 号矿体下盘夹石分界，本矿带的分布范围北至 61 线，南至 39 线。

1 号矿体南北延长约 700 m，地表露头约 116 m，向北端逐渐尖灭。矿体最大倾向延伸为 755 m，最大出露的海拔标高为 1015 m，矿体最大厚度在 500 ~ 700 m，沿倾伏向呈扁豆状产出，深部分支逐渐变小，厚度最大可达 115 m，平均厚度大约 40 m。是本矿带规模最大的矿体，钼的平均品位可达 0.076%。矿体在地表的走向由南往北，由 NNE – SN – NNW。矿体倾向东，在浅部沿 Fa^3 与 Fa^4 两断层带矿化，并刺穿了东岗岭组覆盖层，故倾角较陡，一般为 60° ~ 65°。往下延伸离开断层带后，矿体受上复沉积岩阻挡，产状变缓，一般为 35°，再往下延伸由于岩体变陡，矿体倾角几乎近直立。在 51 线以北矿体主要受岩脉及断层控制，产状沿倾向变化较少，倾角约为 75°。

（2）北矿带 2 号矿体

该矿体主要赋存在花岗闪长斑岩体北部接触带上，在平面上呈一弧形分布，地表最大出露的宽度 250 m，延长大约 920 m，矿体的最大出露标高为 850 m，最大的工程控制深度为 330 m。

北矿带 2 号矿体是本矿带的主矿体之一，最大地表出露的宽度为 110 m，地表走向延长大约 680 m，钼的平均品位可达 0.064%。矿化富集受岩体所制约，矿体往深部有分支的现象，工业矿体最大厚度在 780 m 标高处，真厚度可达 76 m，平均矿体厚度为 40 m，本矿体往西受 Fa^4 断层切穿，并被沿断裂充填的矽卡岩体所切穿，沿矽卡岩体有一工业矿体与船肚矽卡岩带相衔接。矿体产状密切受控于岩体接触带，在两端由于岩体走向近东西，矿体也做东西延长，至 640 坑道西口，岩体往南北向急剧转弯，矿体也相应转为南北走向。该矿体总体的倾向北，中部的倾角变缓大约 68°，两端得倾角却变陡大约 85°，北端则近乎直立而稍微向东侧倾斜。在深部由于受 Fa^{12} 的限制，呈往东倾斜之势，而北端则往北倾伏。

（3）南矿带 3 号矿体

该矿体赋存在花岗闪长斑岩体南部接触带上，延长约 800 m，呈 NWW 至近 EW 分布，地表最大的出露宽度 300 m，而矿体最大的出露标高 980 m，工程控制的最大深度为 450 m。

该矿体也是本矿带主矿体之一，地表最大的出露宽度约 125 m，走向延长约 800 m，矿体在西端的厚度较大并且完整，往东则渐趋分散，矿体中夹有较多的表外矿体，往深部分散变小，工业矿体最大厚度出现于近地表部分，宽度大约 125 m，平均厚度 60 m，钼的平均品位为 0.067%。矿体产状会随岩体接触带变化而发生改变,在东部向北倾,倾角约79°。

3)矿石结构构造

斑岩型矿石中金属硫化物(图3-7)主要为黄铁矿、辉钼矿和少量黄铜矿、黑钨矿、方铅矿和闪锌矿等。非金属矿物主要为碳酸盐矿物和硅酸盐矿物,如石英、长石及少量的绿泥石、方解石和绢云母等。

钨钼矿体中矿石的结构构造相对比较简单,与岩体的结构构造相似,矿石的结构主要是他形晶粒半自形片状、他形晶粒状、穿插交代、熔蚀交代、破碎、胶状结构和网格状。

矿石的主要构造是浸染状、网脉状构造,还有蜂窝状、条带状角砾状及空隙状。其上部是含钼的大脉,而下部则为小脉。从上而下形成细脉至微脉的垂直分带。

4)矿石组成

矿石矿物成分比较简单,金属矿物主要有白钨矿、辉钼矿和黄铁矿以及少量黄铜矿;非金属矿物主要是长石、石英、绢云母和方解石等。其中,白钨矿为微细粒状,辉钼矿大部分呈片状的集合体。矿石多呈石英细网脉状、石英细脉状以及浸染状。钨与钼呈共生和伴生关系,主要组分钼、钨分布较均匀,未见明显的跳跃式变化,有用组分富集规律似乎有钨上富下贫,而钼则相反,具上贫下富的趋势,两者为负相关,矿石中的有益有害组分待进一步查明,与云英岩化矿化最为密切,次为黄铁矿化和硅化。

主要金属矿物的特征分述如下:

辉钼矿:可以分两期,主要以石英-辉钼矿的形式存在,大多产在云英岩化的花岗闪长斑岩内,在这其中一种是以浸染状粒状分布在花岗闪长斑岩中,另一种呈叶片状或鳞片状个体或者集合体,大多产自石英硫化物脉。石英脉中,可见黄铁矿包含及溶蚀辉钼矿,同时辉钼矿亦白云母和绢云母(图3-8)。

白钨矿:多呈半自形和他形粒状结构,有时可见立方锥的自形晶体。粒度一般为0.2~1 mm,偶见大者为8 mm左右。颜色常为乳白或淡褐色,有时亦呈黄棕色,后者主要是由于周围铁氧化物(如赤铁矿、褐铁矿等)染色所致。白钨矿与石英、黄铁矿、萤石共生,白钨矿常被黄铁矿包含并镶嵌,也常被绢云母石英、交代和熔蚀。

除石英以外,绢云母、水黑云母、伊利石、金红石、锆石等为围岩的原有成分外,其余各类矿物都依一定的成矿阶段构成不同的共生组合。

5)矿石类型

原生含辉钼矿的石英网脉状构造的钼矿石经过氧化而形成,氧化钼含量大于10%,根据金属矿物的含量及其共生组合特征、工业利用的难易程度及矿石结构构造可划分为四个类型:

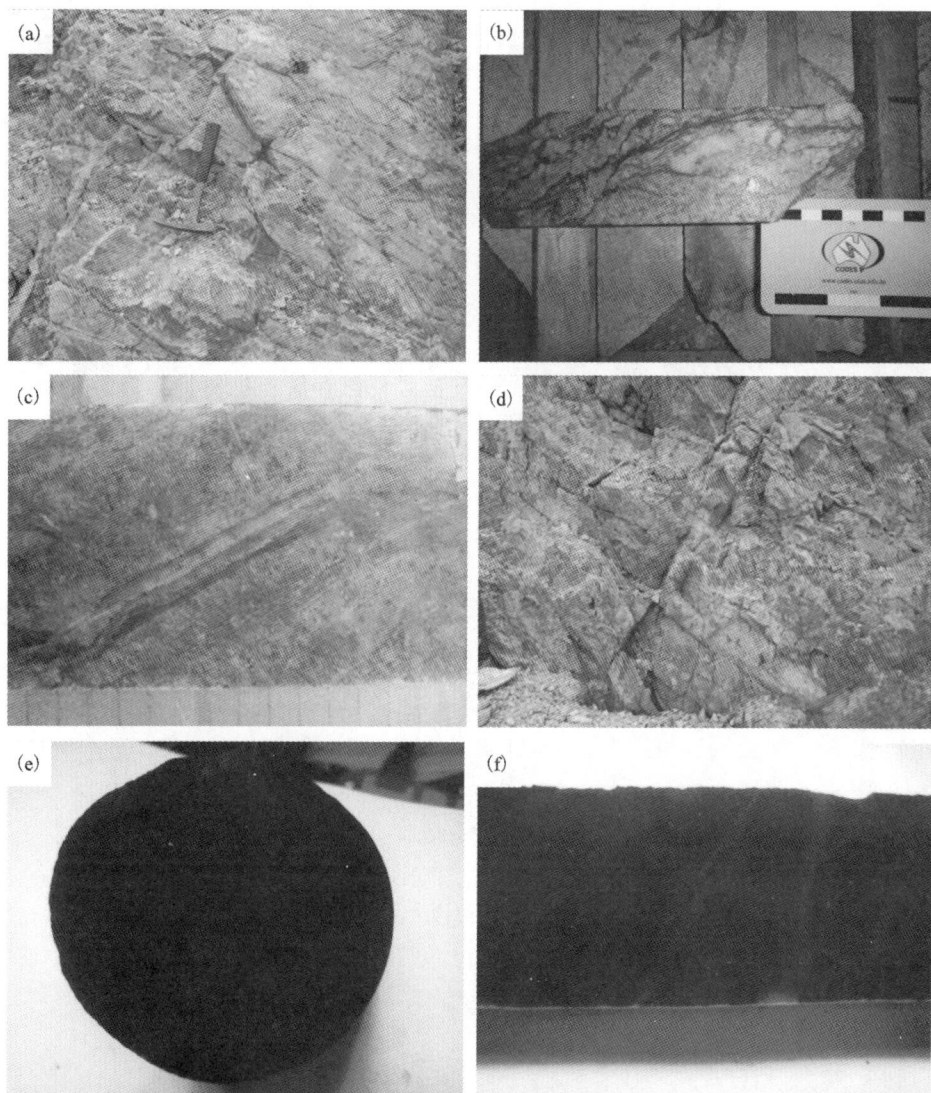

图 3-7 粤北大宝山多金属矿床中的斑岩型钨钼矿体(彩图见附录)

(a)斑岩型矿体在野外的出露,明显呈受定向断裂控制;(b)钻孔中产于次英安斑岩中的钨钼矿体;(c)钻孔中的石英-辉钼矿脉,见其两侧有顺层黄铁矿脉平行产出;(d)钨钼矿体在野外产状,呈网脉状产出;(e)紫外灯下斑岩型矿石岩芯,可见有明显的白钨矿;(f)紫外灯下斑岩型矿石岩芯断面,亦可见有浸染状白钨矿零星分布

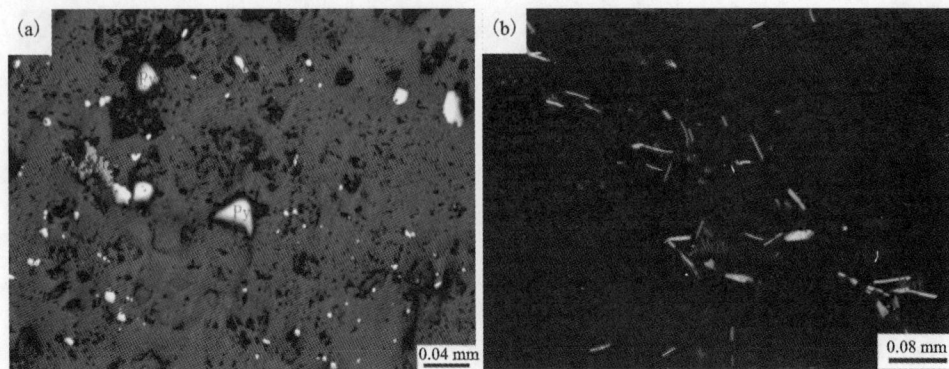

图 3 - 8　斑岩型钨钼矿矿体内辉钼矿的产出特征
(a)鳞片状辉钼矿(Mot)和半自形、不规则状黄铁矿(Py)呈浸染状分布；
(b)发育于石英硫化物脉中的纤维状、针状辉钼矿(Mot)

(1)氧化钼矿石

在氧化矿中，氧化钼含量大于10%，由于矿石的品位低，加之混合矿石带并不发育，故未划出混合矿石，而将少量混合矿石全部划为氧化矿石，其围岩多是侵入岩或碎屑岩类。该类矿石分布于次英安斑岩及花岗闪长斑岩体近地表的风化壳部分，最大风化深度可达150 m(如39线)，一般为50～60 m，最小为10 m(如55线)。

(2)氧化钼铁矿石

指黄铁矿矿石和原生辉钼矿经过氧化而成，并且依据物相分析，氧化钼含量大于10%的，此类矿石往往作为褐铁矿石以利用，一般含铁 >35%，其围岩往往是矽卡岩化灰岩，经硫化物交代而成。分布在接近地表的铁帽区内，最大氧化深度可以达到120～130 m，在这其中有部分是属于斑岩脉穿插风化而形成的氧化钼矿石，其工业利用问题也尚未解决，此次未单独圈出，与氧化钼矿石合并计算。

(3)辉钼矿石

指产于侵入岩、碎屑岩或少部分产于灰岩中，由富含辉钼矿的石英细脉所组成，伴生硫的含量小于8%的矿石，黄铁矿经常以近乎平行的浸染状或者细脉状产出。是本区最主要的矿石，主要分布于侵入岩体与部分砂页岩中，一般位于地表50～60 m之下，根据品位间隔将钼矿石划分为高品位与低品位矿石。

(4)辉钼矿 - 黄铁矿矿石

指含硫量大于8%的矿石，在辉钼矿中的硫矿石常以石英大脉型或以细脉浸染状穿插叠加，辉钼矿除了和石英连生之外，还与黄铜矿和黄铁矿等连生，一般多产在矽卡岩化的灰岩当中，矿石以稠密浸染黄铁矿矿石或致密块状黄铁矿矿石

为主体。该类型的矿石其成因是属于叠生作用所形成的复合矿石。主要分布于
43～47 线矿体的上部。由于钼矿体沿 F_a^3－F_a^4 断层带分布，刺穿了上覆的东岗岭
组岩层，因而产生了与铜硫矿体共生的钼硫矿石，一般分布于钼铁矿石的下部，
其分布标高为 800 m，在 43 线部分的矿石可延伸至 600 m 的标高。但是其分布严
格受岩性的控制。

6）围岩蚀变

本区围岩蚀变强烈，与斑岩型的钼矿床有关围岩蚀变主要为面型，再叠加带
状蚀变。蚀变类型主要划分为六种，可见表 3－4。各种类型相互穿插交代、过
渡，并且互相叠加，呈现了多期次、多阶段蚀变的特征[20]。空间上以次英安斑岩
与斑岩的接触带为中心，两侧对称出现，围绕着斑岩体形成同心环状（表 3－4 和
图 3－9）。

表 3－4 大宝山矿床蚀变特征

蚀变带	蚀变类型	侵入岩体
内蚀变带	未蚀变中心相	花岗闪长斑岩
	钾长石－黑云母化	
	伊利石－水白云母化	
接触带	石英－绢云母化	
外接触带	绿泥石－绿帘石碳酸盐化	次英安斑岩

3.4.2 硫铁、黄铜和铅锌矿体

1）矿体特征

大宝山铜、硫、铅、锌多金属矿床实际上为一个连续而完整的扁平矿化带。
该矿床主要赋存的地层为东岗岭的下亚组，南至 34 线，北起 69 线，长 3100 m 左
右，矿化的面积为 1.24 km²，均宽 400 m，构成了粤北大宝山矿床复杂的铅、锌、
铜、硫多金属矿床。该矿体总体向东侧倾伏，局部有的地段向西侧倾伏。矿体的
垂直展布如图 3－10 所示，矿体为多层状展布，单个矿体的形态为似层状、层状
和透镜状，分支复合现象较多见，主要沿着走向和倾向，或具有铜硫矿体互相过
渡的特征。此矿化带是由主次分明、大小不等的 33 个矿体所组成，各矿体之间规
模相差比较大，其中 1、2、3、16 四个主矿体占据主要的资源储量。1 号矿体的资
源储量规模最大，其次为 2 号、3 号、16 号矿体，其他都是零星的小矿体。铜矿体分
布的地方主要在 0 线以北，铅锌矿体分布的地方主要在 0 线以南。此外，在粤北大
宝山次英安斑岩体内可见有方铅矿、闪锌矿化和细脉浸染状铜矿化。

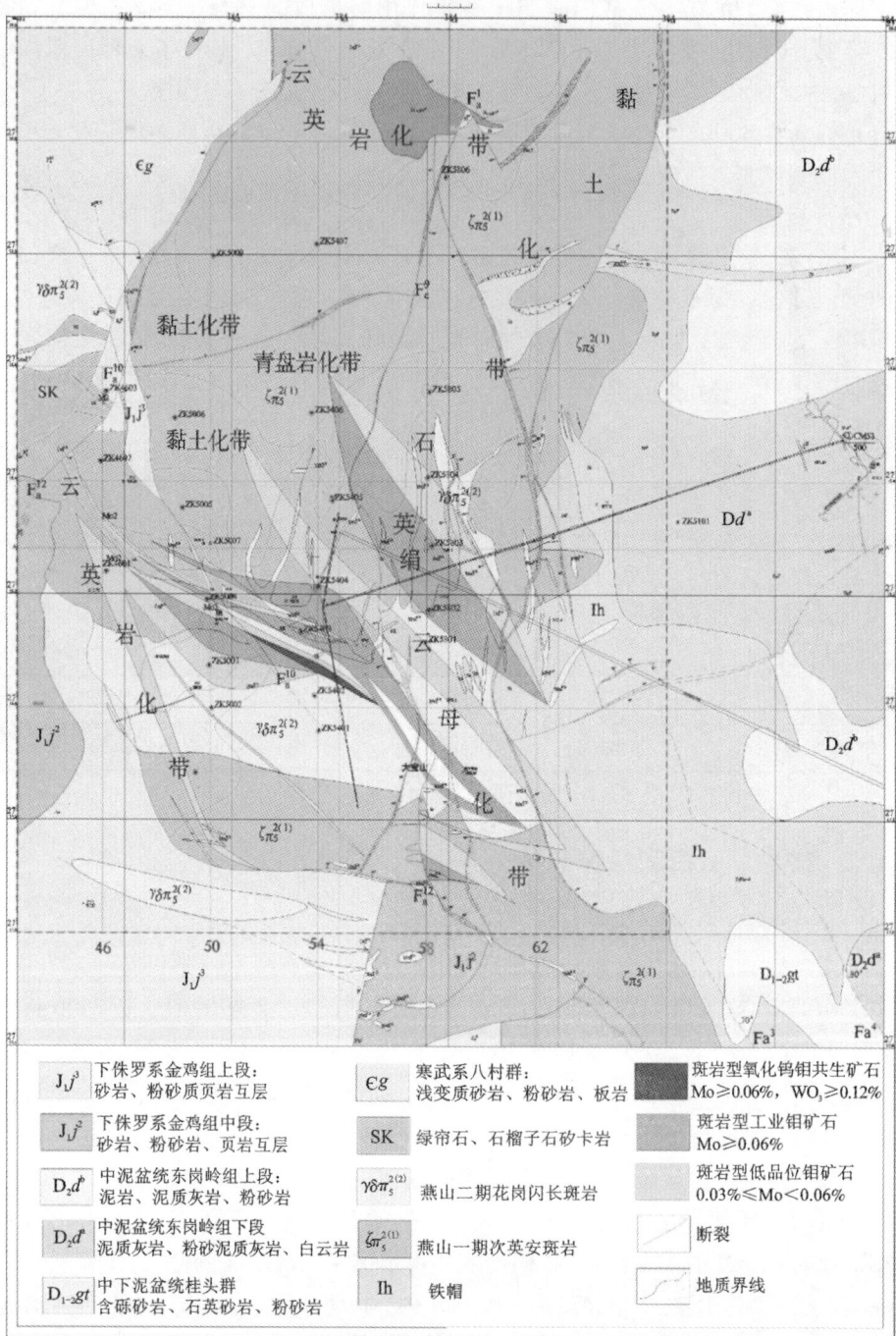

图 3-9　粤北大宝山多金属矿区围岩蚀变的分带图

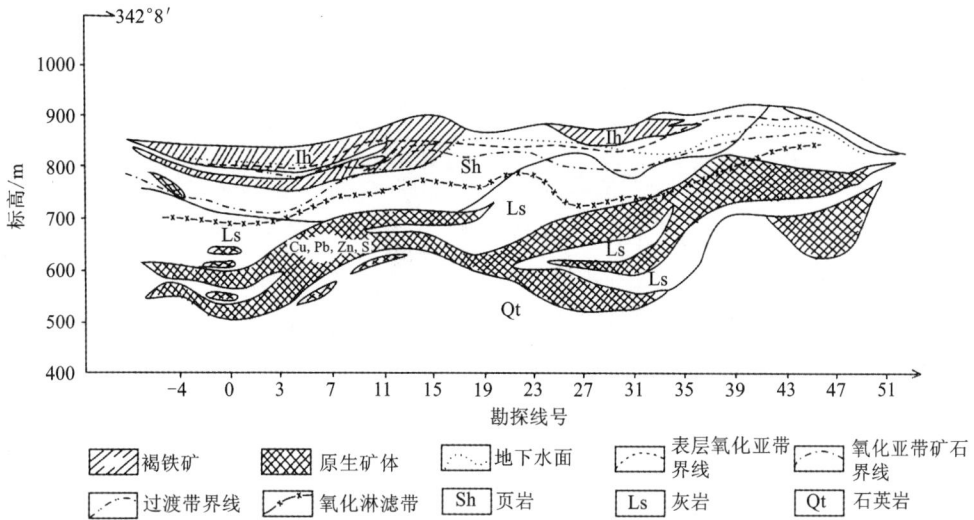

图 3 - 10　粤北大宝山矿床铜硫矿体垂直分布的示意图(资料来源于大宝山矿山; 2007)

东侧似层状的铜多金属矿床产于 Fa^1 断裂带上盘一向斜控制的碳酸盐岩中，以铜硫矿体为主，其次为铅锌矿体，矿体的产状与地层的基本一致，大多为层状，部分呈脉状。主矿体的下部是次英安斑岩，岩体成矿元素 Cu、W、Sn、Bi 等的丰度值高，在这其中铜含量高出克拉克值的 4~8 倍。

该矿床圈定的矿体有四十多个并且大小不一，其中有 11 个主矿体，都赋存在东岗岭组下亚组(D_2d^a)内的碳酸盐岩地层内，矿体的形态主要呈似层状、层状和透镜状，和岩层的产状较为一致，大部分铜 - 硫矿体与铅 - 锌矿体伴生，在剖面上形成 3 层厚的多金属主矿层(图 3 - 11)。

2)矿石结构构造

铜铅锌矿床氧化矿石有乳浊状、环带状与残余层凝灰结构类型；矿石构造类型主要为致密块状与土状构造，其次为网状构造、斑点构造和角砾构造及交错构造等。原生矿石结构为交代残余、粒状及交代次生文象结构；矿石构造为条带状、脉状、致密块状与斑点状构造[图 3 - 12(a)、(b)]。

3)矿石组成

铜铅锌矿床主要的矿石矿物为[图 3 - 12(c)、(d)、(e)、(f)]黄铁矿、黄铜矿、闪锌矿和方铅矿，次要矿石矿物有白钨矿、黑黝铜矿、毒砂、黑钨矿、碲金矿、辉银矿和辉铋矿等；脉石矿物有石英、钾长石、绢云母、黑云母、透辉石、透闪石、阳起石、石榴石和绿泥石等。矿石类型有明显水平分带的特点：沿矿带走

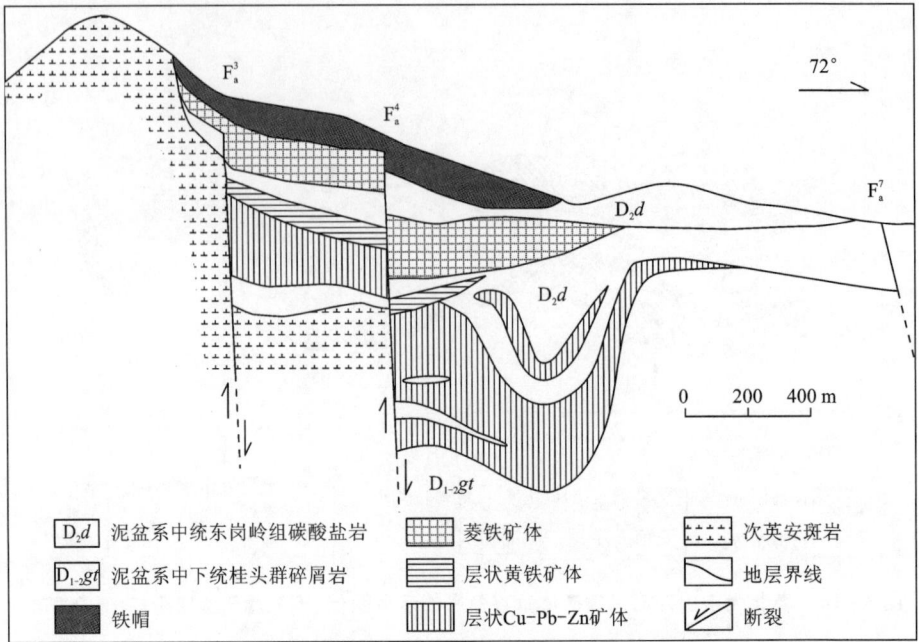

图例：

D_2d 泥盆系中统东岗岭组碳酸盐岩	菱铁矿体	次英安斑岩
$D_{1-2}gt$ 泥盆系中下统桂头群碎屑岩	层状黄铁矿体	地层界线
铁帽	层状Cu-Pb-Zn矿体	断裂

图 3 – 11   粤北大宝山多金属矿床上 7 线剖面图

向，自南向北为铅锌矿石 – 含铜磁黄铁矿石 – 含铜黄铁矿石。

除石英的一部分，绢云母、水黑云母、伊利石、金红石、锆石等为围岩的原有成分外，其余各类矿物都依一定的成矿阶段构成不同的共生组合。

4）矿石类型

铜多金属矿体矿石类型较为复杂，主要为磁铁矿型矿石、黄铁矿型铜矿石和黄铁矿型硫矿石，其次是铅锌矿石及磁铁矿型硫矿石[图 3 – 12(g)、(h)]。矿石中铜硫元素含量比较均匀，其他伴生有益元素除银外，含量低且相对分散。矿石以致密块状和浸染状为主。

依据粤北大宝山多金属硫化物矿石的相对含量、矿物组合、结构和构造等基本特征，将本矿区的硫化物矿石划分为含白钨矿黄铁矿石、黄铁矿 – 辉钼矿矿石、铅锌矿石、含黄铜矿磁黄铁矿矿石等 4 大类型[28, 38]。

依据所含矿物含量和种类，每个大类又分为若干个亚类：含白钨矿黄铁矿石分为含白钨矿黄铜黄铁矿石和含白钨矿黄铁矿石。含黄铜矿磁黄铁矿可划分为含黄铜矿磁黄铁、含黄铜矿黄铁矿磁黄铁矿与磁黄铁矿矿石。铅锌矿石可划分为含铜铅锌黄铁矿磁黄铁矿、含闪锌矿磁黄铁矿与铅锌矿石[28, 38]。

图 3 – 12　大宝山多金属矿床硫化物矿体产出状态(彩图见附录)

(a)层状、似层状硫化物矿石;(b)层状硫化物矿石被后期硫化物脉所切;(c)具碎裂结构的黄铁矿(Py);(d)黄铁矿(Py)被赤铁矿(Hem)沿边部交代,形成不规则的交代熔蚀残余体;(e)黄铁矿矿石:矿物成分以黄铁矿为主,致密块状构造;(f)黄铜矿 – 黄铁矿矿石:矿物成分主要为黄铁矿和黄铜矿,具块状构造;(g)黄铜矿 – 磁黄铁矿矿石:矿物成分主要为磁黄铁矿,黄铜矿以团块状、浸染状分布于矿石中,致密块状构造;(h)层纹状黄铜矿 – 磁黄铁矿矿石

5）围岩蚀变

粤北大宝山铜多金属矿床中和铜铅锌相关的围岩蚀变主要有：①石英－钾长石化；②透闪石－阳起石化；③透辉石矽卡岩化及透闪石矽卡岩化；④绿泥石化；⑤绢云母化；⑥硅化；⑦黑云母－绿帘石化；⑧石英绢云母化。该类矿体围岩蚀变类型随围岩岩性不同而有所变化，如东岗岭组上部岩石主要为灰岩，表现的热液蚀变类型相对比较复杂，有钾长石化、矽卡岩化、绢云母化、硅化等，其中钾长石化，绢云母化与硅化跟矿化关系密切，一起叠加在早期的蚀变矿物（如钾长石和矽卡岩矿物等）之上。当围岩是硅钼质岩石时主要为硅化、钾化、绿泥石化和绢云母化等。其中绿泥石化是粤北大宝山多金属矿床中寻找铅锌矿的重要找矿标志[25]。

3.4.3 风化淋滤型铁矿体

1）矿体特征

大宝山多金属矿床中的风化淋滤型铁矿体包括两种类型，一种为规模较大的多金属硫化物及其风化淋滤型铁帽矿体[39]，该矿体的原生矿体产于中泥盆统东岗岭组的灰岩和钙质、砂质页岩中，由产状较平缓的似层状多个矿体叠加，沿层成矿。矿石主要以黄铁矿和磁黄铁矿为主，由于该矿体出露于大宝山向斜西翼东部约为 850 m 地带，后经剥蚀风化作用而形成以褐铁矿为主的铁帽。其次是由菱铁矿层经过风化淋滤作用后形成的铁帽。

本区出露的褐铁矿（图 3 - 13）主要有三种产状：①原地产出的残积褐铁矿；②大约 650 m 产在缓坡地带内的坡积褐铁矿；③呈零星状产在溪沟内的冲积型的褐铁矿。该褐铁矿体的形态为透镜状、似层状。在这其中最大的矿体为西侧的铁帽，长度大约 2.3 km，厚度在 50 ~ 60 m，宽平均为 400 m，主要以赤铁矿和褐铁矿所组成的富铁矿石为主。当中全铁（TFe）含量占 50%，含主要成矿元素及不同量的 Sn、W、Ag、Au、Ti 和 Ga 等元素。褐铁矿氧化带比较发育，具有很好的垂直分带现象，可划分为氧化矿石带、半氧化矿石过渡带和原生矿石带。氧化矿石带又可分为三个亚带：

①表层氧化亚带：其氧化的程度相对比较深，由赤铁矿和针铁矿组成的块状与多孔状的褐铁矿富矿石，平均深度可达 30 ~ 40 m；②氧化淋滤亚带：由于地下水下渗，SO_4^{2-} 及 Fe、Cu、Zn 等元素淋滤作用，造成其酸度增大，从而形成一些富含盐类矿物的碎屑和土状的褐铁矿石。本亚带很少产出，仅出现于地下水面较深的局部地段。在地下 30 ~ 60 m；③氧化矿石亚带：处于整个氧化剖面下部，其形成含有多种表生硫酸根和碳酸盐斑点状分布的氧化铁矿石，并伴有少量残留的原生硫化物，深度 50 ~ 70 m。

图 3-13 粤北大宝山多金属矿床可见的风化淋滤型铁矿体(铁帽)(彩图见附录)

半氧化矿石过渡带主要为原生硫化物并夹有不同量褐铁矿的过渡带,往下进入原生矿石带,其间没有次生硫化物富集带的发育,大概是因为地势高,地形较陡,由于地下水下降快,造成波动位置较深,不能在地下水面以下的原生硫化物矿石中,形成承受下降溶液的稳定还原环境条件。

半氧化矿石过渡带的下面是原生硫化物的矿石带。各个过渡带之间存在着连续过渡的关系,并无明显的分界。从风化剖面来看,铁帽矿床为近代风化作用的产物。本区位于亚热带山区,全年气候为温湿气候,具较长高温暴雨季节的特征,植被发育,氧化作用强烈,有利于风化淋滤型铁矿的形成。

2)矿石结构构造

铁帽是因为表生交代等作用与淋滤胶体沉淀而形成的褐铁矿石的组合体。主要具有皮壳状、蜂窝状、胶体条带状、土状及海绵状等构造。

3.4.4 矽卡岩型的钨钼矿体

1)矿体特征

粤北大宝山铜铅锌钼多金属矿床中的矽卡岩型钨钼矿体,大部分产在天子岭组灰岩接触交代的石榴石矽卡岩带与船肚花岗闪长斑岩体南缘中。在东岗岭组灰岩接触带与次英安斑岩中还存着矽卡岩型的铜多金属矿体,但是由于其规模相对来说较小,故在此不做过多说明。粤北大宝山多金属矿床矽卡岩型的钨钼矿带宽40~100 m,东西长约2200 m,圈定的工业矿体共有6个,大多呈囊状、透镜体和不规则形态(如图3-14所示)。矿体的上部是花岗闪长斑岩,其中围岩蚀变为绢云母化;矿体的下部是大理岩或矽卡岩。

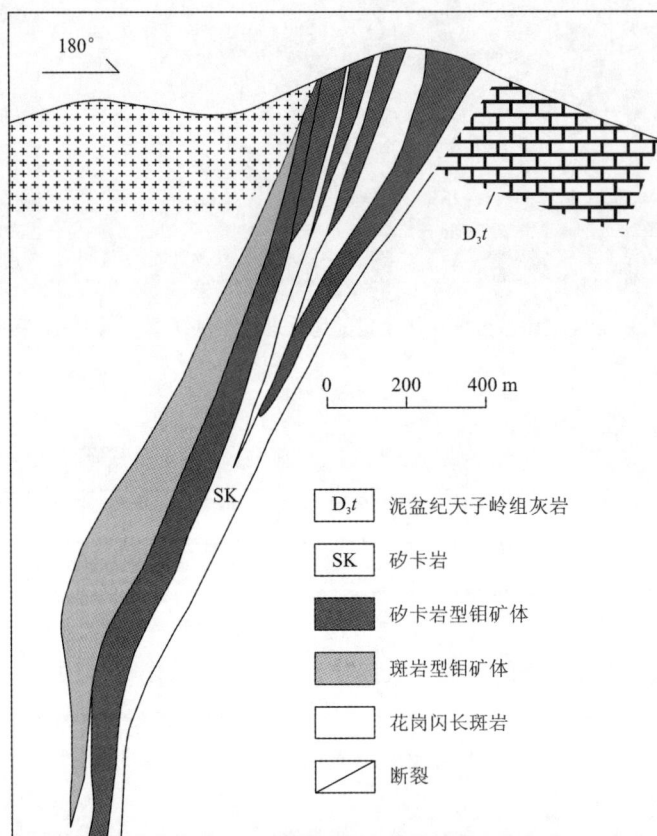

图3-14 粤北大宝山多金属矿床14线的剖面图[37]

2）矿石结构构造

矿石结构主要有交代熔蚀结构、粒状结构、压力结构、固溶体分离结构等，其中又以交代溶蚀结构、粒状结构、压力结构最为发育。矿石构造主要有块状构造、被膜状构造、晶洞及浸染状构造(图 3 - 15)。

3）矿石组成

矿石矿物主要为黄铁矿、辉钼矿和黄铜矿等，脉石矿物主要是少量的石英、长石和一些矽卡岩的矿物，如透辉石、石榴子石、透闪石等。主要的矿石矿物特征如下：

辉钼矿：在手标本上，辉钼矿常呈鳞片状、浸染状或微细粒分布在矽卡岩中，呈角砾状矿石，局部可见与黄铜矿、黄铁矿共生以细脉浸染状产在矽卡岩中的石英脉内，如图 3 - 15(a)；有少量的辉钼矿呈自形的片状产在矽卡岩的晶洞中；大部分辉钼矿以细脉浸染状产于一个侧面上呈被膜状分布，如图 3 - 15(b)。

黄铁矿：主要产在矽卡岩的石英脉及晶洞的两旁。大多呈稀疏浸染状构造，晶形比较好，黄铁矿颗粒大小一般为 0.01 ~ 2 mm。立方体晶形比较常见，很少有五角十二面体的晶形，多呈半自形 - 他形晶集合体，细脉状、浸染状或不规则状出现。

黄铜矿：大多为半自形 - 他形晶粒状集合体，呈不规则状，颗粒大小大多为 0.05 ~ 1 mm，最大的 2 mm 左右。主要产于矽卡岩晶洞以及矽卡岩中石英硫化物脉的两侧，常与黄铁矿共生。

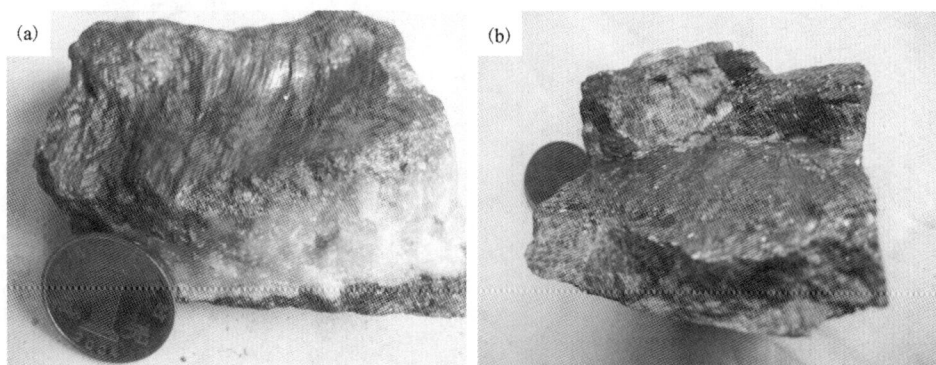

图 3 - 15 粤北大宝山多金属矿中船肚矿区辉钼矿的结构构造

(a)为石英 - 辉钼矿呈脉状产出；(b)为薄层辉钼矿呈被膜状产出

4）矿石类型

矿卡岩型的矿石是围岩中碳酸盐地层与岩浆气水热液发生接触交代作用形成的。矿石金属矿物主要有白钨矿、辉钼矿、磁铁矿和黄铁矿等；非金属矿物主要有斜长石、钾长石、石英以及少量透辉石、石榴子石、绿泥石、阳起石、方解石和绢云母等（图 3 – 16）。

图 3 – 16 船肚矽卡岩型辉钼矿主要的结构及构造（彩图见附录）

（a）辉钼矿呈石英辉钼矿细脉产出；（b）辉钼矿以鳞片状产于一个侧面上呈被膜状分布；（c）石英辉钼矿细脉，两侧为辉钼矿，中间为石英脉；（d）矽卡岩中的辉钼矿呈细脉状产出；（e）矽卡岩中的辉钼矿呈角砾状产出；（f）斑岩中的辉钼矿呈石英 – 硫化物形式产出

依据矿石的构造特征，我们可以将矽卡岩型的矿石分为稠密浸染状矿石、（不规则）团块状（角砾状）矿石、块状矿物，再者还有细脉浸染状矿石及细脉状矿石。细脉浸染状矿石和细脉状矿石的类型基本与斑岩型的钼矿相似，但是脉型矿石厚度较大，浸染状辉钼矿的颗粒也明显比较大，该类型的矿石品位明显偏高。

5）围岩蚀变

粤北大宝山铜铅锌多金属矿床中矽卡岩型的钨钼矿体上部的花岗闪长斑岩中主要发育有绢云母化，而矿体的下部的大理岩或矽卡岩中，有硬石膏化、绿泥石化及透闪石化等。主要的蚀变类型有硅化、绢云母化、阳起石和透闪石化、钾长石化、矽卡岩化、绿泥石化、高岭土化及云英岩化，其次是白云石化、绿帘石化、方解石化、滑石化、重晶石化和萤石化。矽卡岩化主要赋存于外接触带的沉积岩。主要围岩蚀变特征如下：

（1）矽卡岩化：主要包括透闪石－石榴石－阳起石－绿泥石－透辉石－白云石－绿帘石等蚀变矿物的集合体，分布较为广泛，大多在矿体周围的地层内出现。矽卡岩形成时间较早，多受后期的热液蚀变交代的改造从改变了原有特征。

矽卡岩类岩石的颜色伴随着矿物成分含量变化而变化，多呈灰绿色、灰色、绿色、肉红色、棕红色和棕褐色，局部可出现墨绿色至黑色。岩石的颜色越深，则其中透辉石和石榴石含量越高；浅色的主要以透闪石为主，黄绿色的为含绿帘石和绿泥石等。该岩石为致密块状构造，较为坚硬，密度较大。矽卡岩中除了石榴石、透辉石和透闪石等外，还发育有绿帘石、阳起石和呈浸染状分布的金属矿物如黄铜矿和黄铁矿。在矽卡岩化过程中，透辉石、石榴石及绿帘石等都有多个世代，其中后期石榴石为细脉状或集合体状。

（2）碳酸盐化：该类岩石颜色由灰色至深灰色，块状结构，条带状构造，主要矿物有方解石，其次是白云石、透闪石和次生石英等。方解石的粒径一般为0.1~0.2 mm，大者可达1 mm，常见双晶。碳酸盐化主要是由灰岩经重结晶而形成，故此其常见于灰岩中，且产状与灰岩较一致，多呈似层状、透镜状和不规则状，并断断续续出现。在碳酸盐化的大理岩内一般没有矿。

（3）绢云母化：该类岩石的颜色由浅灰到暗绿色，经过风化作用之后则呈杂色。绢云母化广泛存在于矿体两侧的围岩和砂泥质页岩，主要是热液蚀变交代质和区域变质作用的结果。

（4）绿泥石化：该类岩石的颜色由暗绿色至墨绿色，岩石比较软，油脂光泽，普遍呈块状。绿泥石化有两个世代，较早的绿泥石化颜色相对较浅，而相对较晚的绿泥石化呈绿色、墨绿色。绿泥石化和铅锌矿之间关系密切。

（5）高岭土化：岩石颜色多种，呈土状集合体，质地比较弱，有黏性且泡水，主要的成分是高岭土、绢云母和石英及残余矿物黄铁矿等。而高岭土化主要是风化产物,广泛分布于浅部绢云母泥质页岩和次英安斑岩中。

3.4.5 菱铁矿矿体

1)矿体特征

大宝山中菱铁矿矿床在空间上处于风化淋滤型褐铁矿矿床和铜硫矿床之间的泥盆系地层中,岩系上统佘田桥组的一套包括有粉砂岩、页岩和火山碎屑岩并夹透镜状灰岩的岩石组合。据前人研究,菱铁矿矿床的走向范围从勘探线35线至6线,延伸长达1000多 m。其中33～21线为主矿段,并位于F_4^1上盘,主矿体厚40～50 m,其余矿段厚度多数约5 m。矿体形态多为透镜状、似层状和层状,其产状较平缓,与围岩呈整合接触(图3-5)。菱铁矿矿体受层位的严格控制,与顶底部的围岩呈过渡变化的关系。矿层和火山碎屑岩及砂页岩在剖面上多重复叠置出现,并且常和黄铁矿矿体、铜矿体及铅锌矿体伴生,多常见与黄铁矿伴生的现象。菱铁矿体东部尖灭矿段与19～7线菱铁矿矿层变薄并逐渐尖灭矿段,兼出现含锰的层状凝灰岩和砂页岩沉积现象。

2)矿石类型及结构构造

粤北大宝山铜铅锌多金属矿中菱铁矿矿石主要由灰白色菱铁矿矿石、青灰色菱铁矿矿石和角砾状的菱铁矿矿石三种矿石组成。其中:

(1)灰白色菱铁矿矿石新鲜面为灰白色,具有粉砂状结构、块状构造。菱铁矿多呈基底式胶结在石英砂中。它与该矿区的高岭土化凝灰岩很难判别,仅在密度上区分,还有就是该矿石极易发生氧化,如新打开的灰白色新鲜面,经几天晾晒后就氧化成为黄褐色,基本变为褐铁矿。

(2)青灰色菱铁矿矿石新鲜面为青灰色,具有隐晶质结构、层纹状和块状构造,其中最为常见的为层纹状构造。显微镜下见鲕粒状结构,鲕核为泥晶质菱铁矿,鲕壳多呈多层(有的单层),为隐晶质的菱铁矿,鲕粒之间为泥晶菱铁矿胶结形成。

(3)角砾状的菱铁矿矿石,角砾的主要成分为菱铁矿,角砾外形呈棱角状,大小混杂,没有可分选性。其胶结物可分两种,第一种为粒级更细小的菱铁矿,另一种则为已经高岭土化的火山碎屑物,这种最为普通。

总体来说,上述的三种矿石类型之中角砾状的菱铁矿矿石含量最多。另外,还有两种较为少见的矿石,一种是米黄色矿石,另一种是葡萄状矿石。

矿石的金属矿物主要为菱铁矿,其次是黄铁矿,少见磁铁矿和闪锌矿;脉石矿物主要为高岭土、石英,偶尔可见红柱石、透闪石及有机质(炭质)。

4　岩矿石地球化学特征

4.1　岩石主量元素地球化学

4.1.1　花岗岩类主量元素地球化学

大宝山铜多金属矿区花岗侵入岩岩石主量元素测试分析结果及通过计算获取的参数见表4-1、表4-3、表4-4。从表4-1中可看出，本次测试岩石样品（20个）的 SiO_2 含量为38.8% ~81.5%，平均值是69.55%；Al_2O_3 含量范围为7.24% ~15.75%，平均值是13.06%；$Na_2O + K_2O$ 含量为2.35% ~8.61%，平均值为5.71%；与前人的测试结果对比，其 SiO_2 变化分布在64.9% ~72.88%，平均值为67.50%，平均值略高；低于前人的测试结果14.88%（Al_2O_3 变化分布在12.10% ~16.43%），$Na_2O + K_2O$ 变化范围为3.08% ~8.52%，平均值为5.55%。

大宝山铜多金属矿区花岗侵入岩类岩石分异系数（DI）为14.28 ~92.35，平均值为68.81。侵入岩类 $K_2O - SiO_2$ 关系图[122]（图4-1）中样品多数落在"钾玄岩系列和高钾钙碱性系列"内，少部分落在"钙碱性系列、低钾系列"范围内。投影在侵入岩类 $AR - SiO_2$ 图解[123]（图4-2）内样品大多数落在"钙碱性岩区"内，少数部分投影在碱性岩区内，这表示岩浆源岩具有多样性，也就是说，存在着不同的原岩岩浆混合作用。

再与中国花岗岩 SiO_2 平均值（SiO_2 含量71.27%）[124]进行比较，大宝山 SiO_2 的含量偏低，即大宝山矿区花岗岩更偏基性。该岩石的里特曼指数 σ 变化范围在0.1 ~1.64，应该属于钙碱性岩。岩石（$K_2O + Na_2O$）含量略微低于花岗岩平均值，但是含量 $K_2O > Na_2O$，因而属于富钾花岗岩。含铝的指数 A/CNK 在0.65 ~7.09，分别属于准铝质花岗岩和过铝质花岗岩；岩石中分异指数（DI）为14.28 ~92.35，与中国花岗岩平均值接近，表明研究区侵入岩岩体分异程度较好，而固结程度较低，更加有利于钨、铜的矿化。固结指数（SI）变化范围为3.0 ~60.4，平均值16.5，大多数低于40，根据邱家骧研究，一般来讲，SI 值低于40的多是幔源原生岩浆经过分异或同化而形成的。

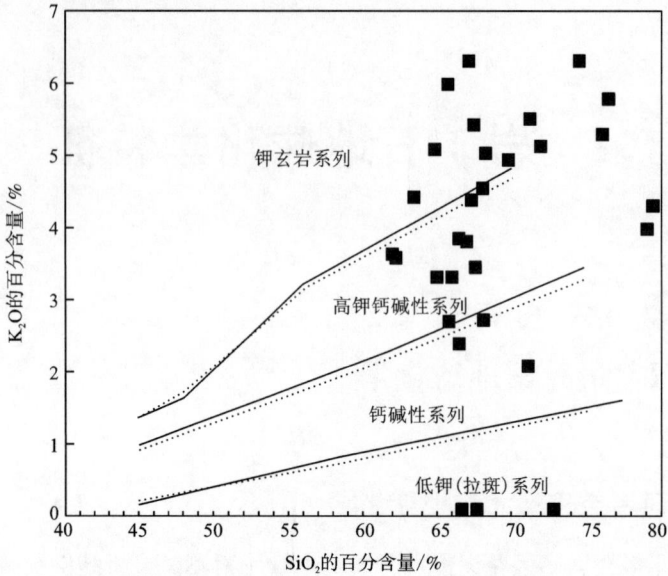

图 4-1 大宝山矿区侵入岩类 $w(K_2O) - w(SiO_2)$ 关系图(据 Rickwood[122])

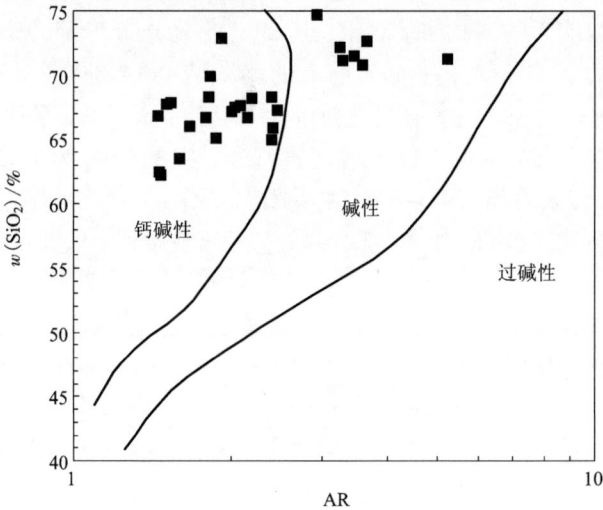

图 4-2 AR - $w(SiO_2)$ 图解[123]

依据主量元素含量之间的相关关系,其中 SiO_2 与 TFe(全铁)、TiO_2、MgO、Al_2O_3、CaO 均为负相关关系,而与 $Na_2O + K_2O$ 呈正相关关系(图 4-3)。较好的线性关系也表明大宝山铜多金属矿床的花岗岩具有较为相似的特征,即成因和演化趋势。因为 TiO_2 和 TFe(全铁)主要存在 Ti - Fe 氧化物中,而 Al、Ca 等元素主要赋存于斜长石中,因此表明该地区花岗岩成分变化可能与斜长石的分离结晶和 Ti - Fe 氧化物之间密切相关。但 $Na_2O + K_2O$ 含量随分异程度的增大而升高,因此可知碱性长石分离结晶的可能性比较小。

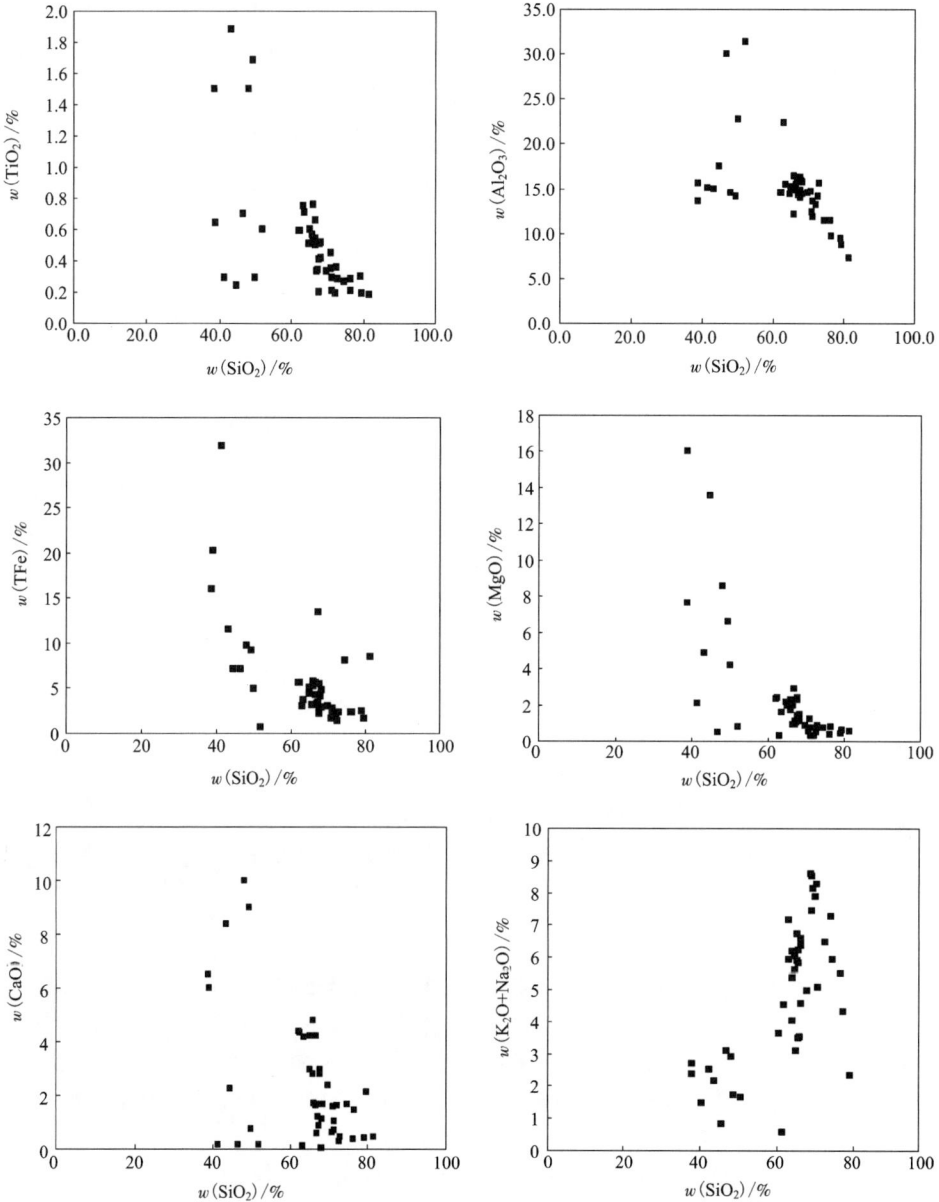

图 4 - 3 花岗侵入岩主量元素 Hark 图解

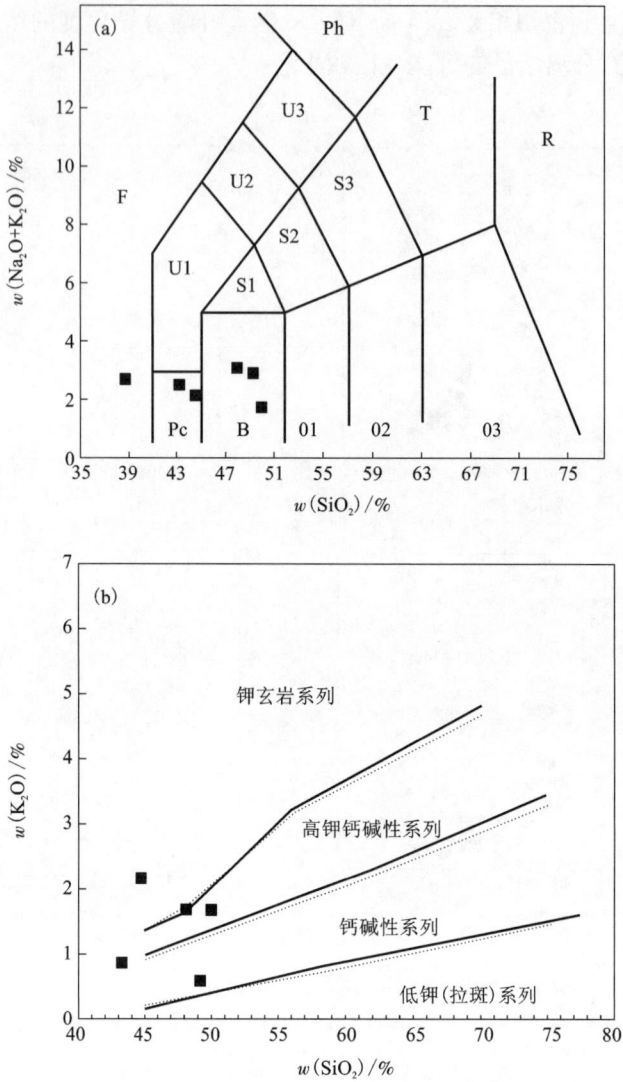

图 4-4　大宝山矿区火山岩分类图解

（a）大宝山矿区火山岩的 TAS 图（据 Le Bass M J, et al[125]）

F—副长石岩；Pc—苦橄玄武岩；B—玄武岩；O_1—玄武安山岩；O_2—安山岩；O_3—英安岩；

R—流纹岩；S_1—粗面玄武岩；S_2—玄武质粗安岩；S_3—粗面安山岩；T—粗面岩；U_1—碧玄岩（碱玄岩）；

U_2—响岩质碱玄岩；U_3—碱玄质响岩；A—碱性系列；S—亚碱性系列

（b）火山岩的 $w(SiO_2) - w(K_2O)$ 图（据 LeMaitre et al[126]）

4.1.2 火山岩主量元素地球化学

研究区火山岩类岩石主量元素的分析结果和得到的参数见表 4 - 2、表 4 - 3。从表 4 - 2 和表 4 - 3 中可看出，前人研究样品(6 个)的 SiO_2 含量范围为 38.62% ~ 49.93%，平均值是 45.59%；Al_2O_3 含量范围为 13.54% ~ 22.78%，平均值是 16.25%；$Na_2O + K_2O$ 含量范围是 1.71% ~ 3.10%，其中 Na_2O 质量分数偏低，为 0.02% ~ 2.36%；而 K_2O 质量分数较高，范围为 0.55% ~ 2.65%。投影在 TAS 图[125][图 4 - 4(a)]上，获得本区火山岩的岩石类型分别为玄武岩、苦橄玄武岩、副长石岩等。投影在火山岩 $w(SiO_2) - w(K_2O)$ 的图解[126][图 4 - 4(b)]表明，该地区火山岩主要属于中钾钙碱性系列、钙碱性系列。

4.1.3 围岩主量元素地球化学

本区围岩主量元素含量结果列于表 4 - 5，其中本次研究测试 10 个样品，引用前人 19 个样品。从表 4 - 5 中可看出：

(1)变质岩有 4 个样品，其中 SiO_2 含量分布在 16.32% ~ 91.22%，变化范围大，Al_2O_3 含量范围分布在 1.41% ~ 6.91%，$Na_2O + K_2O$ 变化为 0.02% ~ 3.29%，其中 Na_2O 质量分数偏低，为 0.01% ~ 0.11%；而 K_2O 质量分数偏高，为 0.01% ~ 3.20%。

(2)沉积岩中 25 个样品，其中 SiO_2 含量范围分布在 6.30% ~ 89.00%，平均值 55.05%，变化范围大；Al_2O_3 含量分布在 1.40% ~ 31.37%，平均值 17.24%；MgO 含量范围分布在 0.30% ~ 5.80%，平均值 2.15%；CaO 含量范围分布在 0.03% ~ 50.00%，平均值 5.02%；$Na_2O + K_2O$ 变化范围为 0.02% ~ 11.06%，其中 Na_2O 质量分数偏低，为 0.01% ~ 1.78%，平均值 0.45%；而 K_2O 质量分数偏高，为 0.01% ~ 9.28%，平均值 3.95%；TFe 含量分布在 0.27% ~ 53.52%，平均值 9.16%，Fe_2O_3 含量分布在 0.20% ~ 45.51%，平均值 5.97%；FeO 含量范围分布在 0.07% ~ 8.01%，平均值 1.83%。

(3)沉积岩中 Na_2O 含量 < K_2O 含量，这是因为沉积岩中含钾矿物较多，并且黏土矿物易于吸附钾；Na_2O 的溶解度比较大，更容易溶解进入海洋。Fe_2O_3 含量 > FeO 含量，这是由于铁属于变价元素，沉积岩形成于地表层，有充足的氧使铁转变为高价铁。

(4)镁铝含量比值 m 为 1.34 ~ 69.67，平均值为 17.39，参数 m 是利用沉积岩层中氧化物 MgO 含量的亲海性以及 Al_2O_3 含量的亲陆性特征，而模拟的一个比值关系。邱家骧等研究认为，在不同类型的沉积环境中，m 值的含量范围主要分为以下的四类：①在淡水沉积环境下 $m < 1$；②在陆海过渡性沉积环境中 $1 < m < 10$；③在海水沉积环境下 $10 < m < 500$；④在陆表海环境下 $m > 500$。通过上述分析本区沉积岩沉积环境应为陆海过渡性沉积环境和海水沉积环境。

表 4-1 花岗侵入岩类岩体的主量元素含量表

单位（%）

编号	原样品号	特征	SiO$_2$	TiO$_2$	Al$_2$O$_3$	Fe$_2$O$_3$	FeO	MnO	MgO	CaO	K$_2$O	Na$_2$O	P$_2$O$_5$	CO$_2$	H$_2$O	烧失量	总量	资料来源
1	1	花岗闪长斑岩	67.46	0.20	16.19	1.73	1.64	0.13	1.05	0.87	4.36	1.46	0.29	0.06	4.40		99.84	刘姑群等，1985
2	2	花岗闪长斑岩	67.09	0.33	16.27	1.45	1.81	0.06	0.95	1.22	3.79	2.11	0.32	0.09	4.23		99.72	刘姑群等，1985
3	3	花岗闪长斑岩	68.28	0.52	14.34	1.39	1.54	0.04	1.10	1.66	5.02	1.58					95.47	刘姑群等，1985
4	船32	黏土化花岗闪长斑岩	72.88	0.28	15.57	1.60	0.77	0.06	0.89	0.44	0.08	5.00	0.03		2.76		100.36	古菊云，1984
5	船420-26	花岗闪长斑岩	71.22	0.29	11.79	1.56	1.20	0.06	0.72	0.72	2.01	6.51	0.11		1.11		97.30	古菊云，1984
6	船420-21	花岗闪长斑岩	68.12	0.42	15.82	2.23	1.86	0.07	1.22	1.13	2.69	3.67	0.26		4.23		101.72	古菊云，1984
7	DR-4	大宝山花岗闪长斑岩	76.6	0.21	9.74	1.88	0.4	0.07	0.81	1.44	5.79	0.14	0.1			2.22	99.40	本次
8	DR-5	大宝山花岗闪长斑岩	74.6	0.27	11.5	1.45	6.67	0.05	0.71	1.66	6.3	0.18	0.12			2.35	105.86	本次
9	G-101	大宝山花岗闪长斑岩	68.2	0.52	15.75	4.75	0.1	0.06	1.45	0.03	4.51	0.06	0.07			3.36	98.86	本次
10	ZK5403-6	大宝山石英闪长斑岩	71.1	0.45	12.4	1.43	0.44	0.02	1.24	1.58	7.25	0.21	0.1			2.3	98.52	本次
11	CDL-1	船肚花岗闪长斑岩	72.6	0.36	14.2	0.88	0.43	0.01	0.5	0.29	7.48	0.8	0.18			1.25	98.98	本次
12	CDL-2	船肚花岗闪长斑岩	70.8	0.35	14.65	1.17	0.49	0.02	0.56	0.61	8.1	0.51	0.15			1.72	99.13	本次
13	GD-1	桂东花岗闪长斑岩	72.1	0.19	13.2	1.86	0.07	0.04	0.3	1.62	5.11	2.75	0.11			1.04	98.39	本次
14	GD-2	桂东花岗闪长斑岩	71.4	0.21	13.65	1.91	0.1	0.05	0.33	1.06	5.47	2.65	0.09			1.38	98.30	本次
15	GD-3	桂东花岗闪长斑岩	79.1	0.3	9.48	2.31	0.09	0.03	0.41	0.4	3.95	1.56	0.03			0.96	98.62	本次

续表 4-1

编号	原样品号	特征	SiO$_2$	TiO$_2$	Al$_2$O$_3$	Fe$_2$O$_3$	FeO	MnO	MgO	CaO	K$_2$O	Na$_2$O	P$_2$O$_5$	CO$_2$	H$_2$O	烧失量	总量	资料来源
16	GD-3	桂东花岗闪长斑岩	76.3	0.28	11.5	2.22	0.11	0.03	0.38	0.36	5.28	2	0.03			0.89	99.38	本次
17	4	次英安斑岩	66.01	0.76		2.07	3.72	0.07	1.90	1.71	3.29	0.74					80.27	刘姤群等,1985
18	5	次英安斑岩	65.92	0.53	16.43	1.23	3.97	0.09	1.75	4.79	2.65	2.72					100.08	刘姤群等,1985
19	R2-1	大宝山次英安斑岩	38.8	0.64	15.55	13.1	7.14	0.25	16	6	2.22	0.17	0.05			6.68	106.60	本次
20	DR-2	大宝山次英安斑岩	81.5	0.18	7.24	3.56	4.95	0.07	0.58	0.44	2.29	0.06	0.09			2.59	103.55	本次
21	DR-17	大宝山次英安斑岩	63.5	0.71	15.5	2.68	1.05	0.08	1.6	4.18	4.39	0.14	0.2			5.61	99.64	本次
22	MF-2	大宝山次英安斑岩	67.2	0.34	14.25	3.01	10.4	0.05	1.1	1.68	6.3	0.42	0.16			3.34	108.25	本次
23	ZK5403-1	大宝山炭质次英安斑岩	79.6	0.19	8.72	0.68	0.96	0.01	0.63	2.13	4.28	0.04	0.08			1.89	99.21	本次
24	ZK5407-2	大宝山次英安斑岩	62.2	0.59	14.5	5.41	0.2	0.11	2.36	4.37	3.59	0.04	0.14			5.6	99.11	本次
25	ZK5407-2	大宝山次英安斑岩	62.4	0.59	14.55	5.45	0.21	0.11	2.39	4.32	3.58	0.04	0.14			5.62	99.40	本次
26	ZK6004-15	大宝山次英安斑岩	69.8	0.33	14.55	1.51	1.56	0.02	0.87	2.36	4.94	0.02	0.16			4.13	100.25	本次
27	D-03	大宝山次英安斑岩	66.6	0.54	14.8	5.36	0.25	0.11	1.99	1.64	3.84	2.19	0.13			2.16	99.61	本次
28	D-04	大宝山次英安斑岩	66.6	0.66	15.45	4.04	0.18	0.07	0.91	4.21	2.35	3.27	0.1			1.52	99.36	本次
35	D-2	拓坝英安岩	65.00	0.60	15.27	1.03	4.02	0.100	1.97	4.19	3.30	2.64	0.15	0.11			98.38	葛朝华等,1987
36	D2005-300	大宝山英安岩	64.90	0.51	14.36	0.30	4.14	0.083	2.13	2.94	5.05	2.10	0.18	0.37			97.06	葛朝华等,1987

续表 4-1

编号	原样品号	特征	SiO₂	TiO₂	Al₂O₃	Fe₂O₃	FeO	MnO	MgO	CaO	K₂O	Na₂O	P₂O₅	CO₂	H₂O	烧失量	总量	资料来源
37	D2005-400	大宝山英安岩	67.60	0.51	14.83	0.70	1.98	0.045	2.28	2.81	5.43	0.80	0.15	0.17			97.31	葛朝华等,1987
38	D1050-393	英安岩	67.64	0.41	13.94	1.83	0.36	0.023	1.41	2.94	3.43	0.06	0.19	2.53			94.76	葛朝华等,1987
39	D1050-547	英安岩	65.84	0.57	12.10	2.18	1.01	0.035	2.27	2.81	6.00	0.18	0.17	3.76			96.93	葛朝华等,1987
40	ZK3012	黏土化次英安斑岩	66.73	0.50	15.84	1.50	4.03	0.08	2.90	0.58	0.08	3.00	0.13		5.30		100.67	古菊云,1984
41	ZK3012	绿泥石化次英安斑岩	67.76	0.51	16.28	2.72	2.75	0.03	2.38	0.06	0.08	3.43	0.13		5.14		101.27	古菊云,1984
			71.27	0.25	14.25	1.24	1.62	0.08	0.80	1.62	4.03	3.79	0.16	0.56	0.33			邱家骧,1991

表 4-2　火山岩主量元素的含量表

单位(%)

编号	原样号	产状	SiO₂	TiO₂	Al₂O₃	Fe₂O₃	FeO	MnO	MgO	CaO	K₂O	Na₂O	P₂O₅	CO₂	总量	资料来源
1	D1030-327	玄武岩	49.30	1.68	14.20	1.95	7.24	0.120	6.60	9.00	0.55	2.36	0.18	4.16	97.34	葛朝华等,1987
2	D1030-326	玄武岩	43.24	1.88	15.00	5.20	6.32	0.078	4.84	8.38	0.85	1.67	0.19	3.52	91.17	葛朝华等,1987
3	D2050-123	玄武岩	49.93	0.29	22.78	4.37	0.60	0.016	4.19	0.74	1.68	0.03	0.07	0.00	84.70	葛朝华等,1987
4	D2035-172	玄武岩	47.94	1.50	14.53	2.50	7.15	0.190	8.59	10.00	1.66	1.44	0.16	0.65	96.31	葛朝华等,1987
5	D2035-183	玄武岩	38.62	1.50	13.54	8.13	7.87	0.110	7.66	6.50	2.65	0.04	0.14	3.98	90.74	葛朝华等,1987
6	D5245-95	玄武岩	44.50	0.24	17.47	5.14	1.94	0.019	13.55	2.27	2.13	0.02	0.11	0.00	87.39	葛朝华等,1987

表 4-3　粤北大宝山铜多金属矿床岩浆岩 CIPW 分析表

单位：(%)

样号	石英(Q)	钙长石(An)	钠长石(Ab)	正长石(Or)	刚玉(C)	紫苏辉石(Hy)	钛铁矿(Il)	磁铁矿(Mt)	磷灰石(Ap)	合计
1	40.37	2.54	12.96	27.03	8.58	5.48	0.4	1.95	0.7	100.01
2	37.94	4.15	18.72	23.48	7.6	4.77	0.66	1.9	0.78	100
3	35.66	8.63	14.01	31.08	3.45	4.34	1.03	1.8	0	99.99
舩32	41.62	2.04	43.38	0.48	6.7	3.89	0.55	1.28	0.07	100.01
舩420-26	25.7	0	51.43	12.35	0	3.04	0.57	0	0.27	100.01
舩420-21	32.66	4.01	31.87	16.32	5.58	5.72	0.82	2.4	0.62	100
DR-4	50.43	6.69	1.22	35.25	0.89	3.57	0.41	1.31	0.24	100.01
DR-5	38.93	7.2	1.47	35.97	1.6	12.04	0.5	2.03	0.27	100.01
G-101	49.29	0	0.53	28	11.31	7.29	1.04	2.44	0.17	100.07
ZK5403-6	38.42	7.47	1.85	44.56	1.64	3.75	0.89	1.18	0.24	100
CDL-1	39.27	0.27	6.93	45.24	4.8	1.49	0.7	0.87	0.43	100
CDL-2	35.87	2.1	4.43	49.16	4.41	1.87	0.68	1.12	0.36	100
GD-1	33.43	7.53	23.93	31.05	0.48	1.73	0.37	1.22	0.26	99.99
GD-2	33.17	4.82	23.16	33.39	1.71	1.82	0.41	1.29	0.22	100
GD-3	54.27	1.83	13.54	23.94	2.03	2.41	0.58	1.33	0.07	100
GD-3	43.43	1.62	17.2	31.72	1.94	2.05	0.54	1.43	0.07	100
4	66.89	0	0	0	0	8.87	1.8	0.05	0	100
5	24.53	23.74	23	15.65	0.38	9.92	1.01	1.78	0	100.01
R2-1	0	29.71	0.56	13.24	2.1	0	1.23	7	0	100.01
DR-2	66.5	1.58	0.5	13.42	4.04	9.62	0.34	3.8	0.12	100.01
DR-17	36.29	20.7	1.26	27.63	3.62	6.67	1.44	1.9	0.49	100

续表 4-3

样号	石英(Q)	钙长石(An)	钠长石(Ab)	正长石(Or)	刚玉(C)	紫苏辉石(Hy)	钛铁矿(Il)	磁铁矿(Mt)	磷灰石(Ap)	合计
MF-2	27.17	6.95	3.39	35.49	3.88	18	0.62	4.16	0.35	100.01
ZK5403-1	58.78	10.32	0.35	25.99	0.35	2.76	0.37	0.88	0.19	99.99
ZK5407-2	36.21	22.3	0.36	22.78	3.15	11.05	1.2	2.59	0.35	99.99
ZK5407-2	36.41	21.97	0.36	22.65	3.31	11.15	1.2	2.6	0.35	100
ZK6004-15	45.71	11.1	0.18	30.38	5.48	4.45	0.65	1.67	0.39	100
D-03	32.37	7.5	19.08	23.37	4.5	8.74	1.06	3.07	0.31	100
D-04	28.11	20.73	28.35	14.23	0.11	4.71	1.28	2.23	0.24	100
D1030-327	4.67	28.47	21.43	3.49	0	20.27	3.42	3.03	0.45	100
D1030-326	3.54	35.37	16.16	5.75	0	20.92	4.08	4.82	0.5	100
D2050-123	39.58	3.81	0.3	11.77	23.39	18.34	0.65	1.97	0.19	100
D2035-172	0	29.56	12.74	10.26	0	22.5	2.98	3.79	0.39	100.02
D2035-183	0	33.52	0.39	18.14	0	24.59	3.3	6.66	0.38	100.02
D5245-95	9.24	12.11	0.19	14.46	12.94	47.43	0.52	2.8	0.29	99.99
D-2	23.32	20.16	22.73	19.85	0.1	10.82	1.16	1.52	0.35	100.01
D2005-300	22.08	13.87	18.38	30.86	0.54	12.38	1	0.45	0.43	99.99
D2005-400	33.07	13.34	6.97	33.04	2.97	8.21	1	1.04	0.36	100
D1050-393	49.57	14.49	0.55	22	5.69	5.33	0.85	1.05	0.48	100.01
D1050-547	34.58	13.79	1.64	38.1	0.65	7.77	1.16	1.89	0.42	99.99
ZK3012	43.28	2.13	26.62	0.5	10.56	13.32	1	2.28	0.32	100
ZK3012	43.66	0	30.22	0.49	10.99	10.81	1.01	2.62	0.31	100.11

表4-4 粤北大宝山铜多金属矿床岩浆岩主要的参数

	分异指数(DI)	密度 g/cm³	液相密度 g/cm³	A/CNK	SI	AR	σ43	σ25	R1	R2	F1	F2	F3	A/MF	C/MF
1	80.36	2.77	2.42	1.86	10.3	2.04	1.34	0.81	3001	485	0.77	-0.99	-2.48	2.25	0.22
2	80.14	2.77	2.42	1.662	9.41	2.02	1.4	0.84	2870	521	0.75	-1.06	-2.51	2.38	0.33
3	80.75	2.72	2.41	1.298	10.37	2.4	1.68	1.03	2852	538	0.74	-0.95	-2.49	2.13	0.45
船32	85.48	2.75	2.4	1.709	10.77	1.93	0.86	0.55	3066	407	0.75	-1.49	-2.6	2.89	0.15
船420-26	89.48	2.69	2.39	0.831	6.01	5.27	2.53	1.6	1957	358	0.67	-1.38	-2.62	2.14	0.24
船420-21	80.85	2.76	2.43	1.438	10.51	2.2	1.58	0.95	2552	505	0.72	-1.22	-2.54	1.85	0.24
DR-4	86.9	2.68	2.37	1.068	9.08	3.26	1.04	0.69	3744	397	0.78	-0.82	-2.36	1.94	0.52
DR-5	76.37	2.77	2.46	1.135	4.64	2.94	1.35	0.83	3094	424	0.77	-0.81	-2.27	0.88	0.23
G-101	77.82	2.83	2.43	3.128	13.74	1.82	0.8	0.49	3500	404	0.82	-0.93	-2.41	1.59	0.01
ZK5403-6	84.83	2.68	2.39	1.121	11.8	3.29	1.95	1.23	3023	493	0.76	-0.7	-2.44	2.22	0.51
CDL-1	91.44	2.68	2.37	1.429	4.97	3.67	2.29	1.46	2825	342	0.78	-0.69	-2.48	4.74	0.18
CDL-2	89.46	2.68	2.38	1.367	5.19	3.59	2.63	1.64	2659	391	0.78	-0.63	-2.48	4.06	0.31
GD-1	88.41	2.66	2.38	1.015	3	3.26	2.1	1.33	2650	460	0.73	-0.97	-2.52	4.08	0.91
GD-2	89.72	2.67	2.38	1.118	3.19	3.46	2.29	1.44	2561	411	0.74	-0.93	-2.52	4	0.56
GD-3	91.75	2.69	2.35	1.252	5.01	3.52	0.84	0.57	3817	255	0.79	-1.02	-2.4	2.3	0.18
GD-3	92.35	2.67	2.36	1.19	3.85	4.18	1.58	1.04	3122	288	0.77	-0.93	-2.46	2.91	0.17
4	66.89	2.83	2.41	0	16.23	-2.47	0.64	0.44	3974	345	0.71	-1.05	-2.18	0	0.24
5	63.18	2.76	2.49	1.024	14.2	1.68	1.26	0.7	2648	921	0.66	-1.24	-2.5	1.41	0.75
R2-1	14.28	3.2	2.84	1.144	42.33	1.25	-1.51	0.41	1475	1757	0.51	-1.44	-2.22	0.23	0.16
DR-2	80.42	2.82	2.42	2.144	5.11	1.88	0.14	0.1	4599	216	0.83	-1.12	-2.16	0.56	0.06

续表 4-4

样品编号	分异指数 (DI)	密度 g/cm³	液相密度 g/cm³	A/CNK	SI	AR	σ43	σ25	R1	R2	F1	F2	F3	A/MF	C/MF
DR-17	65.18	2.77	2.47	1.232	16.47	1.6	0.95	0.55	3237	885	0.71	-0.97	-2.44	1.73	0.85
MF-2	66.05	2.89	2.54	1.349	5.18	2.46	1.95	1.05	2364	490	0.75	-0.84	-2.21	0.67	0.14
ZK5403-1	85.12	2.67	2.36	1.017	9.57	2.32	0.51	0.35	4354	442	0.78	-0.96	-2.35	2.28	1.01
ZK5407-2	59.35	2.81	2.5	1.219	21.02	1.48	0.64	0.36	3364	933	0.7	-1.05	-2.38	1.1	0.6
ZK5407-2	59.42	2.81	2.5	1.234	21.16	1.47	0.63	0.36	3369	927	0.7	-1.05	-2.38	1.09	0.59
ZK6004-15	76.27	2.75	2.42	1.504	9.82	1.83	0.9	0.56	3535	605	0.77	-0.9	-2.41	2.29	0.68
D-03	74.82	2.79	2.46	1.378	14.96	2.16	1.51	0.88	2682	581	0.72	-1.09	-2.46	1.21	0.24
D-04	70.69	2.73	2.46	0.992	8.67	1.8	1.31	0.77	2666	818	0.67	-1.26	-2.53	2	0.99
D1030-327	29.59	2.99	2.67	0.681	35.29	1.29	0.98	0.35	2172	1684	0.48	-1.54	-2.45	0.48	0.56
D1030-326	25.45	3.02	2.7	0.794	25.95	1.24	1.29	0.34	1984	1637	0.5	-1.46	-2.39	0.54	0.55
D2050-123	51.65	3.04	2.53	7.089	39.73	1.16	0.25	0.12	3304	870	0.81	-1.22	-2.54	1.34	0.08
D2035-172	23	3.02	2.69	0.65	40.25	1.29	1.48	0.42	2084	1862	0.46	-1.44	-2.42	0.41	0.52
D2035-183	18.53	3.11	2.77	0.918	29.54	1.31	5.62	0.49	1712	1553	0.53	-1.25	-2.22	0.33	0.29
D5245-95	23.89	3.14	2.64	2.702	60.4	1.24	0.75	0.23	2607	1445	0.64	-1.38	-2.5	0.4	0.09
D-2	65.9	2.76	2.49	0.983	15.2	1.88	1.58	0.89	2510	860	0.66	-1.18	-2.49	1.27	0.63
D2005-300	71.32	2.74	2.47	1.007	15.52	2.41	2.27	1.3	2338	726	0.68	-0.99	-2.48	1.23	0.46
D2005-400	73.08	2.73	2.44	1.205	20.38	2.09	1.55	0.92	2948	725	0.72	-0.92	-2.47	1.57	0.54
D1050-393	72.12	2.76	2.42	1.522	20.22	1.52	0.47	0.3	3924	714	0.76	-1.04	-2.43	2.17	0.83
D1050-547	74.32	2.72	2.43	1.017	19.67	2.42	1.59	0.96	3031	699	0.72	-0.82	-2.42	1.21	0.51
ZK3012	70.4	2.88	2.47	2.607	25.2	1.46	0.39	0.23	3352	542	0.76	-1.46	-2.49	1.06	0.07
ZK3012	74.37	2.87	2.46	2.788	21.13	1.55	0.48	0.29	3247	462	0.76	-1.46	-2.51	1.22	0.01

表4-5　围岩主量元素含量表

%

编号	原样号	产状	w(SiO$_2$)	w(TiO$_2$)	w(Al$_2$O$_3$)	w(Fe$_2$O$_3$)	w(FeO)	w(MnO)	w(MgO)	w(CaO)	w(K$_2$O)	w(Na$_2$O)	w(P$_2$O$_5$)	w(CO$_2$)	w(H$_2$O)	烧失量	总量	资料来源
1	D2004-158	石英岩	83.34	0.40	6.91	0.25	1.89	0.038	1.34	0.45	3.20	0.09	0.13	0.16			98.20	葛朝华等，1987
2	D2004-217	石英岩	91.22	0.16	3.86	0.69	1.09	0.020	0.26	0.38	1.26	0.02	0.18	0.10			99.24	葛朝华等，1987
3	D2039-55	大理岩	20.66	0.18	3.52	0.32	1.60	0.134	1.88	39.50	0.74	0.11	0.06	31.13			99.83	葛朝华等，1987
4	D863-21	大理岩	16.32	0.08	1.41	0.76	1.68	0.324	1.52	42.34	0.01	0.01	0.05	34.51			99.01	葛朝华等，1987
5	R8-1	大宝山含石英脉的灰岩	63.1	0.75	18	6.73	0.22	0.02	1.46	0.06	5.75	0.11	0.06			3.2	99.46	本次
6	CD-1	大宝山白云岩中磁黄铁	6.3	0.07	1.4	1.6	2.78	0.03	0.78	50	0.51	0.01	0.02			36.95	100.45	本次
7	南采场	英安质凝灰岩	41.22	0.29	15.11	30.36	1.51	0.04	2.07	0.17	0.06	1.43	0.35		7.81		100.42	古菊云，1984
8	南采场	英安质凝灰熔岩	51.93	0.60	31.37	0.50	0.20	0.03	0.81	0.17	0.05	1.60	0.05		12.20		99.51	古菊云，1984
9	0线	流纹质凝灰熔岩	46.50	0.70	30.00	6.88	0.22	0.02	0.49	0.17	0.05	0.78	0.12		13.53		99.46	古菊云，1984
10	0线	流纹质凝灰熔岩	63.16	0.75	22.36	2.55	0.51	0.01	0.30	0.11	0.01	0.56	0.15		10.16		100.63	古菊云，1984
11	D1027-206	热液沉积岩	71.40	0.68	12.85	3.64	0.65	0.013	0.91	0.63	4.00	0.09	0.21	0.16			95.23	葛朝华等，1987
12	D2049-78	热液沉积岩	49.67	0.61	15.12	7.53	8.01	0.140	2.30	0.75	5.68	0.09	0.16	0.07			90.13	葛朝华等，1987
13	D2038-100	页岩	51.53	0.75	13.94	0.20	3.34	0.138	5.11	11.71	4.20	0.22	0.10	7.53			98.77	葛朝华等，1987
14	D2038-139	页岩	50.44	0.76	19.14	2.80	3.59	0.850	4.16	4.54	9.28	0.41	0.16	0.71			96.83	葛朝华等，1987

续表 4 - 5

编号	原样号	产状	w(SiO$_2$)	w(TiO$_2$)	w(Al$_2$O$_3$)	w(Fe$_2$O$_3$)	w(FeO)	w(MnO)	w(MgO)	w(CaO)	w(K$_2$O)	w(Na$_2$O)	w(P$_2$O$_5$)	w(CO$_2$)	w(H$_2$O)	烧失量	总量	资料来源
15	D2026-391	页岩	59.06	0.85	20.30	0.36	1.92	0.028	2.03	2.69	7.90	1.11	0.26	0.18			96.69	葛朝华等,1987
16	D2002-288	页岩	65.32	0.97	30.65	0.21	1.63	0.023	0.65	0.35	5.30	0.28	0.13	0.07			105.59	葛朝华等1987
17	D2004-384	页岩	53.78	0.87	28.43	0.58	1.68	0.023	1.11	0.30	7.10	0.30	0.13	0.04			94.34	葛朝华等,1987
18	DR-1	炭质石英砂页岩	60.5	0.67	18.85	7.58	0.43	0.1	1.48	0.3	4.08	0.2	0.18			4.97	99.34	本次
19	ZK5606-17	炭质砂页岩	19.65	0.17	4.88	45.51	2.58	0.13	3.4	1.68	0.03	0.06	0.2			22.86	101.15	本次
20	CDL-10	含有黄铁矿的黑色页岩	66.9	0.5	14.6	3.91	2.85	0.06	1.78	3.75	4.88	0.62	0.12			1.73	101.70	本次
21	D-01	测水系黑色页岩	57.7	0.93	18.35	7.15	0.43	0.12	2.11	0.72	3.88	1.04	0.18			6.22	98.83	本次
22	D-02	细砂岩	84.9	0.43	7.77	1.38	0.07	0.01	0.35	0.08	0.97	1.78	0.03			1.16	98.93	本次
23	G-99	钙质泥页岩	52.7	0.9	26.5	3.47	0.2	0.01	1.54	0.03	9	0.08	0.05			4.3	98.78	本次
24	D2041-247	砂岩	89.00	0.70	14.30	2.79	2.02	0.050	1.23	0.30	5.05	0.08	0.14	0.07			115.73	葛朝华等1987
25	R10	桂头群紫红色砂岩	86.5	0.61	4.79	3.31	0.08	0.12	0.36	0.03	1.56	0.04	0.05			0.88	98.33	本次
26	G-100	板岩	54.8	0.71	19.2	8.97	0.4	0.12	4.2	0.03	4.96	0.07	0.1			5.53	99.09	本次
27	D2039-33	凝灰岩	46.13	0.67	16.45	0.45	2.87	0.126	5.51	12.05	5.89	0.18	0.21	7.20			97.74	葛朝华等1987
28	D2039-37	凝灰岩	42.90	0.52	14.00	0.20	4.51	0.141	5.80	16.05	3.75	0.13	0.20	10.14			98.34	葛朝华等1987
29	D2005-75	凝灰岩	41.06	0.52	12.63	0.62	2.95	0.056	3.84	18.82	4.75	0.09	0.11	13.98			99.43	葛朝华等1987

4.2　岩石稀土元素地球化学

4.2.1　岩浆岩稀土元素地球化学

本书对广东大宝山铜多金属矿床范围内岩浆岩进行稀土元素分析(表4-6)，并将分析结果进行球粒陨石标准化。

32个岩浆岩样品的$\sum$REE为$51.20 \times 10^{-6} \sim 443.84 \times 10^{-6}$，平均值为$167.26 \times 10^{-6}$，HREE为$5.91 \times 10^{-6} \sim 39.86 \times 10^{-6}$，平均值为$17.40 \times 10^{-6}$，而LREE为$35.16 \times 10^{-6} \sim 403.98 \times 10^{-6}$，平均值为$149.87 \times 10^{-6}$，LREE/HREE比值范围为$2.19 \sim 18.84$，平均值为9.27，表示轻稀土强烈富集，相反重稀土严重亏损，δEu变化范围在$0.27 \sim 1.02$，平均值为0.72，具有弱正铕异常到中等的负铕异常的特点，$(La/Yb)_N$变化范围为$1.46 \sim 30.01$，平均值为11.51，$(La/Sm)_N$范围在$0.99 \sim 6.85$，平均值为4.01，$(Sm/Nd)_N$范围在$0.39 \sim 0.89$，平均值为0.54，Y范围在$8.80 \times 10^{-6} \sim 58.96 \times 10^{-6}$，平均值为$24.73 \times 10^{-6}$，稀土元素的标准化配分模式是轻稀土富集、重稀土亏损的右倾的标准化配分模型[127]（可见图4-5～图4-8）。

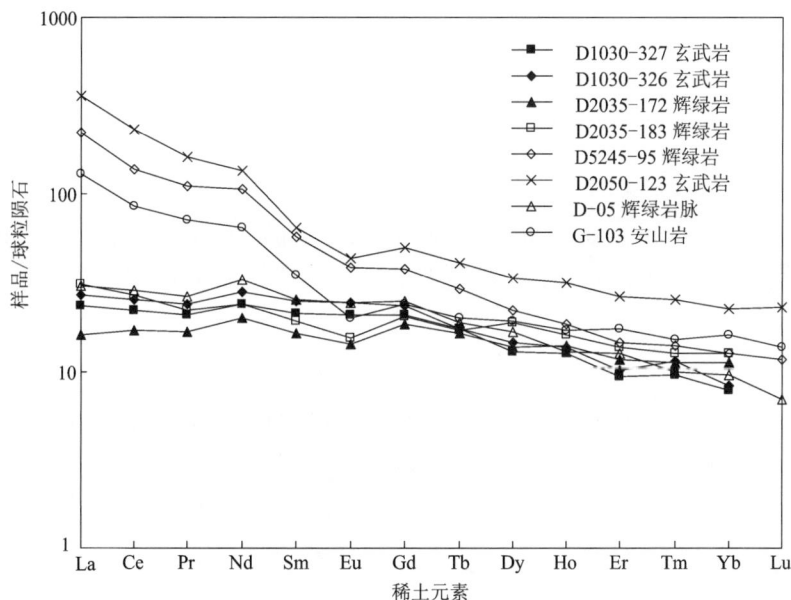

图4-5　粤北大宝山铜多金属矿床辉绿岩、玄武岩、安山岩稀土元素的标准化曲线

表4-6 粤北大宝山铜多金属矿床岩浆岩稀土元素的含量表(10^{-6})及主要的参数

样品号	岩性产状	La	Ce	Pr	Nd	Sm	Eu	Gd	Tb	Dy	Ho	Er	Tm	Yb	Lu	ΣREE	ΣLREE	ΣHREE	ΣLREE/ΣHREE	δEu	(La/Yb)$_N$	(La/Sm)$_N$	(Sm/Nd)$_N$	Y	资料来源
D1030-327	玄武岩	7.31	17.66	2.52	12.00	4.17	1.53	5.43	0.82	4.12	0.90	1.97	0.31	1.63		60.37	45.19	15.18	2.98	0.98	3.02	1.10	0.89	19.69	葛朝华等,1987
D1030-326	玄武岩	8.37	20.44	2.90	14.06	4.81	1.80	6.06	0.82	4.63	0.99	2.13	0.37	1.74		69.12	52.38	16.74	3.13	1.02	3.24	1.09	0.88	22.29	葛朝华等,1987
D2035-172	辉绿岩	5.02	13.89	2.03	9.98	3.20	1.04	4.77	0.77	4.36	1.00	2.46	0.36	2.32		51.20	35.16	16.04	2.19	0.81	1.46	0.99	0.82	23.03	葛朝华等,1987
D2035-183	辉绿岩	9.65	21.73	2.70	12.06	3.77	1.14	5.31	0.80	6.10	1.15	2.85	0.41	2.64		70.31	51.05	19.26	2.65	0.78	2.46	1.61	0.80	26.44	葛朝华等,1987
D5245-95	辉绿岩	69.77	111.70	13.69	53.19	11.27	2.84	9.76	1.38	7.14	1.32	3.05	0.45	2.62	0.39	288.57	262.46	26.11	10.05	0.81	17.95	3.89	0.54	29.20	葛朝华等,1987
D2050-123	玄武岩	111.70	188.20	19.76	68.41	12.71	3.20	12.90	1.94	10.85	2.28	5.55	0.82	4.75	0.77	443.84	403.98	39.86	10.13	0.76	15.85	5.53	0.48	58.96	葛朝华等,1987
D-2	坩坝英安岩	33.65	67.48	7.62	27.93	6.28	1.47	6.14	0.78	5.26	1.22	2.90	0.47	2.94		164.14	144.43	19.71	7.33	0.72	7.72	3.37	0.58	27.92	葛朝华等,1987
D2005-300	大宝山英安岩	35.51	71.36	7.98	29.48	6.54	1.37	6.37	0.78	5.62	1.31	3.12	0.51	3.13		173.08	152.24	20.84	7.31	0.64	7.65	3.42	0.57	29.26	葛朝华等,1987
D2005-400	大宝山英安岩	37.60	72.97	8.14	29.82	6.63	1.48	6.62	0.82	5.68	1.33	3.18	0.50	3.29		178.06	156.64	21.42	7.31	0.68	7.71	3.57	0.57	31.11	葛朝华等,1987
D1050-393	英安岩	40.79	72.96	8.15	29.25	5.28	1.16	4.48	0.46	3.44	0.81	1.97	0.26	1.70	0.26	170.97	157.59	13.38	11.78	0.71	16.18	4.86	0.46	16.96	葛朝华等,1987
D1050-547	英安岩	33.80	62.97	7.16	25.07	4.95	1.12	4.87	0.59	4.40	0.90	2.83	0.42	2.68	0.43	152.19	135.07	17.12	7.89	0.69	8.50	4.30	0.51	24.18	葛朝华等,1987
DR-2	次英安斑岩	31.60	53.10	5.35	17.80	2.90	0.59	2.09	0.31	1.50	0.27	0.78	0.15	0.71	0.10	117.25	111.34	5.91	18.84	0.7	30.01	6.85	0.42	8.80	本次

续表4-6

样品号	岩性产状	La	Ce	Pr	Nd	Sm	Eu	Gd	Tb	Dy	Ho	Er	Tm	Yb	Lu	$\sum$REE	$\sum$LREE	$\sum$HREE	$\sum$LREE/$\sum$HREE	δEu	(La/Yb)$_N$	(La/Sm)$_N$	(Sm/Nd)$_N$	Y	资料来源
DR-4	花岗闪长斑岩	31.30	53.90	5.63	19.10	3.49	0.79	2.50	0.36	1.79	0.33	1.12	0.18	1.11	0.15	121.75	114.21	7.54	15.15	0.78	19.01	5.64	0.47	11.80	本次
DR-5	花岗闪长斑岩	22.40	40.10	4.37	15.40	3.03	0.85	2.56	0.39	1.96	0.41	1.21	0.20	1.13	0.17	94.18	86.15	8.03	10.73	0.91	13.36	4.65	0.50	13.00	本次
DR-17	含辉钼矿绢英岩化英安斑岩	40.80	83.00	9.05	33.40	7.01	1.46	6.13	0.92	5.37	1.04	3.36	0.50	3.32	0.50	195.86	174.72	21.14	8.26	0.67	8.29	3.66	0.54	32.20	本次
MF-2	磨坊含黄铁矿化绢英岩化英安斑岩	41.30	76.30	8.02	28.30	5.31	1.07	3.99	0.60	3.27	0.64	2.02	0.30	1.92	0.29	173.33	160.30	13.03	12.30	0.68	14.50	4.89	0.48	20.70	本次
ZK5407-2	次英安斑岩	37.30	73.80	8.25	31.00	6.26	1.37	5.56	0.85	5.32	1.07	3.12	0.58	3.02	0.52	178.02	157.98	20.04	7.88	0.7	8.33	3.75	0.52	27.70	本次
ZK6004-15	次英安斑岩	41.40	78.50	8.32	29.60	4.62	1.10	3.68	0.48	3.01	0.51	1.55	0.28	1.55	0.27	174.87	163.54	11.33	14.43	0.79	18.01	5.64	0.40	15.90	本次
D-03	次英安斑岩	37.30	72.50	8.43	32.70	6.69	1.22	6.56	1.04	6.89	1.37	4.17	0.63	3.85	0.52	183.87	158.84	25.03	6.35	0.56	6.53	3.51	0.52	39.90	本次
D-04	次英安斑岩	41.50	70.10	8.24	32.40	6.49	1.72	6.39	0.99	6.15	1.17	3.50	0.50	3.33	0.48	182.96	160.45	22.51	7.13	0.81	8.40	4.02	0.51	33.00	本次
CDL-1	船肚花岗闪长斑岩	46.40	88.40	9.14	33.80	5.63	1.35	4.23	0.51	3.61	0.68	2.02	0.29	2.00	0.26	198.32	184.72	13.60	13.58	0.81	15.64	5.18	0.43	19.60	本次
CDL-2	船肚花岗闪长斑岩	40.60	74.50	8.02	28.60	4.85	1.18	3.59	0.46	3.02	0.58	1.83	0.26	1.88	0.27	169.64	157.75	11.89	13.27	0.83	14.56	5.27	0.43	17.50	本次

续表 4-6

样品号	岩性产状	La	Ce	Pr	Nd	Sm	Eu	Gd	Tb	Dy	Ho	Er	Tm	Yb	Lu	ΣREE	ΣLREE	ΣHREE	ΣLREE/ΣHREE	δEu	(La/Yb)$_N$	(La/Sm)$_N$	(Sm/Nd)$_N$	Y	资料来源
GD-1	桂东花岗闪长斑岩	37.70	77.40	8.49	30.80	5.71	0.50	5.35	0.79	5.01	0.88	2.72	0.40	2.69	0.37	178.81	160.60	18.21	8.82	0.27	9.45	4.15	0.48	26.70	本次
GD-2	桂东花岗闪长斑岩	32.30	66.50	7.04	25.00	4.92	0.52	4.19	0.68	4.10	0.75	2.12	0.31	2.26	0.30	150.99	136.28	14.71	9.26	0.34	9.64	4.13	0.50	22.80	本次
GD-3	桂东花岗闪长斑岩	71.40	132.00	14.15	48.80	8.98	1.05	7.17	1.03	6.28	1.10	2.79	0.40	2.58	0.31	298.04	276.38	21.66	12.76	0.39	18.66	5.00	0.47	27.60	本次
G-101	大宝山花岗闪长斑岩	41.10	67.50	8.33	30.70	5.47	1.26	4.69	0.71	4.54	0.88	2.65	0.41	2.66	0.36	171.26	154.36	16.90	9.13	0.74	10.42	4.73	0.46	24.00	本次
ZK5403-6	石英闪长斑岩	28.40	56.40	6.13	22.50	4.29	1.07	3.62	0.50	3.49	0.63	1.81	0.25	1.90	0.22	131.21	118.79	12.42	9.56	0.81	10.08	4.16	0.49	18.60	本次
ZK5403-1	含碳质次英安斑岩	23.30	43.30	4.75	17.40	2.67	0.70	2.15	0.24	1.66	0.24	0.87	0.09	0.70	0.09	98.16	92.12	6.04	15.25	0.87	22.44	5.49	0.39	9.80	本次
D-05	辉绿岩脉	9.50	23.10	3.24	16.60	5.00	1.81	6.40	0.90	5.43	0.93	2.66	0.32	1.98	0.23	78.10	59.25	18.85	3.14	0.98	3.23	1.20	0.77	25.30	本次
G-103	安山岩	40.60	70.00	8.78	32.70	6.79	1.48	6.25	0.94	6.17	1.23	3.65	0.49	3.34	0.45	182.87	160.35	22.52	7.12	0.68	8.20	3.76	0.53	33.10	本次
ZK5407-2	次英安斑岩	37.30	74.60	8.19	31.30	6.44	1.36	5.58	0.89	5.51	1.03	2.99	0.44	2.89	0.39	178.91	159.19	19.72	8.07	0.68	8.70	3.64	0.53	28.30	本次
GD-3	桂东花岗闪长斑岩	65.20	121.00	13.05	44.30	7.80	1.02	6.54	0.93	5.54	1.03	2.65	0.36	2.30	0.29	272.01	252.37	19.64	12.85	0.43	19.11	5.26	0.45	25.90	本次
推荐值		0.31	0.808	0.122	0.5	0.195	0.0735	0.259	0.0474	0.322	0.0718	0.21	0.0324	0.209	0.0332										赵振华,1997

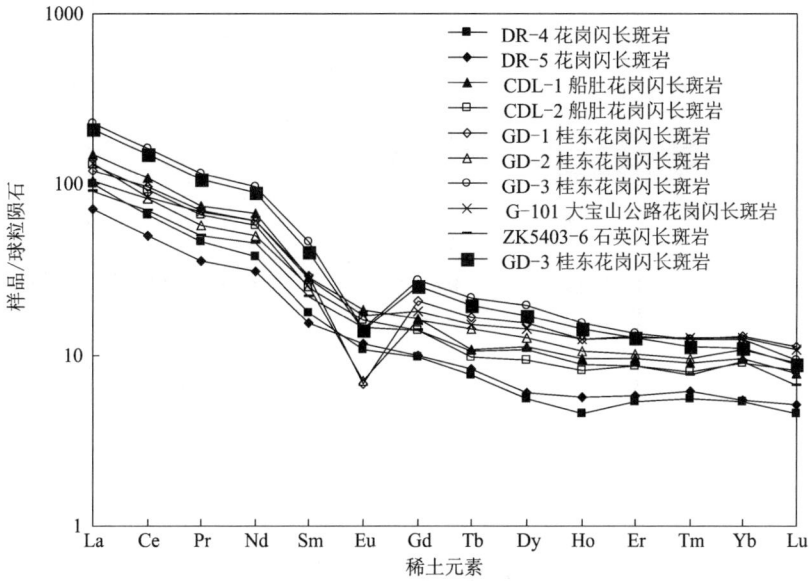

图 4 - 6　粤北大宝山铜多金属矿床花岗岩类岩石稀土元素的标准化曲线

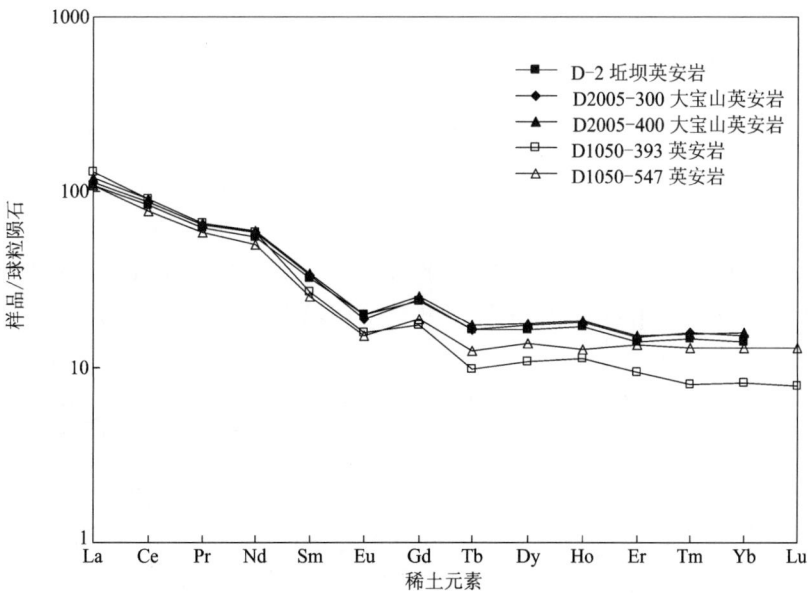

图 4 - 7　粤北大宝山铜多金属矿床英安岩类岩石稀土元素的标准化曲线

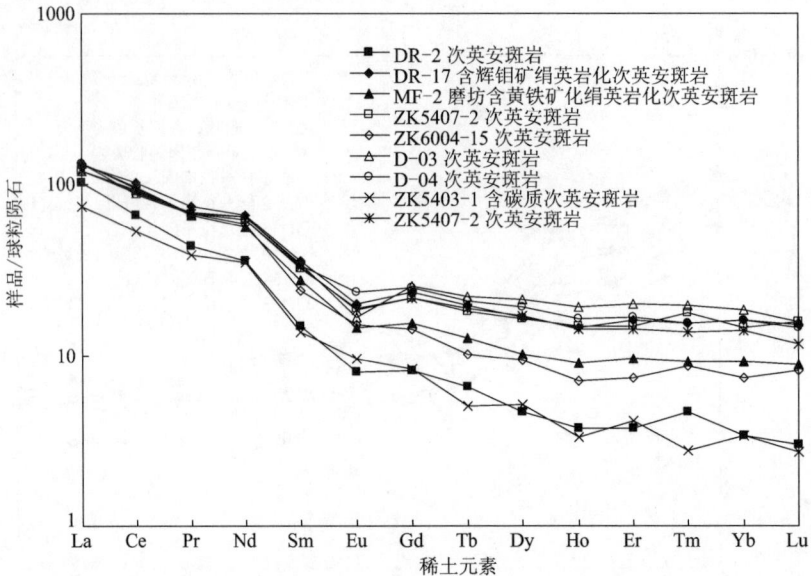

图 4-8　粤北大宝山铜多金属矿床次英安岩类岩石稀土元素的标准化曲线

运用稀土元素来做成矿物质来源的示踪[128-135]，花岗岩、玄武岩、英安岩和花岗闪长岩的稀土配分曲线趋势较相似，大多数有中等的负铕异常，轻、重稀土的分馏程度差异较明显。这些说明本区的岩浆岩来源较为一致。

4.2.2　围岩稀土元素地球化学特征

30 个围岩（表 4-7）的 $\sum$ REE 为 $6.47 \times 10^{-6} \sim 430.33 \times 10^{-6}$，平均值为 175.60×10^{-6}，LREE 为 $5.31 \times 10^{-6} \sim 392.24 \times 10^{-6}$，平均值为 157.29×10^{-6}，HREE 为 $1.16 \times 10^{-6} \sim 51.38 \times 10^{-6}$，平均值是 18.3×10^{-6}，LREE/HREE 比值范围为 $1.98 \sim 10.87$，平均值为 8.42，表明围岩的轻稀土富集，重稀土亏损。δEu 变化为 $0.43 \sim 1.74$，平均值为 0.67，而其中只有一个样品的 δEu 为 1.74，表示有中等负铕异常的特征。$(La/Yb)_N$ 范围在 $0.36 \sim 15.88$，平均值为 10.09，$(La/Sm)_N$ 范围在 $0.17 \sim 6.07$，平均值为 3.71，$(Sm/Nd)_N$ 范围在 $0.40 \sim 0.87$，平均值为 0.54，Y 范围在 $3.60 \times 10^{-6} \sim 93.50 \times 10^{-6}$，平均值是 27.16×10^{-6}，稀土元素的配分模型大多显示呈轻稀土富集的右倾配分模型[127]（如图 4-9、图 4-10、图 4-11）。

运用稀土元素进行成矿物质来源示踪，大宝山矿区围岩中页岩、砂岩、矽卡岩、大理岩和凝灰岩中的稀土标准化曲线较为相似，大多数有中等的负铕异常特征，且轻、重稀土的分馏程度差异很明显。这些说明本区岩浆岩来源较为一致。

表 4-7　粤北大宝山铜多金属矿床围岩稀土元素的含量表（10⁻⁶）及主要的参数

样号	产状	La	Ce	Pr	Nd	Sm	Eu	Gd	Tb	Dy	Ho	Er	Tm	Yb	Lu	∑REE	∑LREE	∑HREE	∑LREE/∑HREE	δEu	$(La/Yb)_N$	$(La/Sm)_N$	$(Sm/Nd)_N$	Y	资料来源
D2039-33	凝灰岩	37.30	74.46	8.62	30.62	6.48	1.45	5.88	0.72	4.54	1.08	2.55	0.46	2.66		176.82	158.93	17.89	8.88	0.71	9.45	3.62	0.54	23.59	葛朝华等,1987
D2039-37	凝灰岩	34.45	66.60	7.66	26.70	5.51	1.11	4.98	0.58	3.86	0.91	2.16	0.38	2.21		157.11	142.03	15.08	9.42	0.64	10.51	3.93	0.53	19.88	葛朝华等,1987
D2005-75	凝灰岩	27.86	54.68	5.84	19.98	3.93	0.74	3.32	0.37	2.68	0.66	1.50	0.29	1.58		123.43	113.03	10.40	10.87	0.61	11.89	4.46	0.50	13.28	葛朝华等,1987
D1027-206	热液沉积岩	36.31	73.17	7.96	30.17	6.55	0.95	5.43	0.62	4.46	1.15	2.58	0.53	2.79		172.67	155.11	17.56	8.83	0.47	8.77	3.49	0.56	23.43	葛朝华等,1987
D2049-78	热液沉积岩	37.44	72.78	8.16	30.24	5.73	0.95	5.23	0.70	4.20	0.92	2.50	0.45	2.64	0.51	172.45	155.30	17.15	9.06	0.52	9.56	4.11	0.49	22.27	葛朝华等,1987
D2041-247	砂岩	58.65	104.10	12.10	44.84	9.29	1.90	7.23	0.65	5.59	1.41	3.57	0.48	3.50		253.31	230.88	22.43	10.29	0.68	11.30	3.97	0.53	28.57	葛朝华等,1987
D2039-55	大理岩	16.02	32.53	3.91	14.56	3.15	0.74	3.01	0.37	2.45	0.58	1.27	0.23	1.12		79.94	70.91	9.03	7.85	0.72	9.64	3.20	0.55	12.74	葛朝华等,1987
D863-21	大理岩	19.98	38.16	4.78	17.34	3.91	0.79	3.76	0.50	3.13	0.71	1.59	0.24	1.29		96.18	84.96	11.22	7.57	0.62	10.44	3.21	0.58	17.16	葛朝华等,1987
D2038-100	页岩	60.68	117.91	12.81	44.84	9.14	1.50	7.82	0.87	6.11	1.42	3.26	0.57	3.26		270.19	246.88	23.31	10.59	0.53	12.55	4.18	0.52	31.12	葛朝华等,1987
D2038-139	页岩	52.37	100.43	11.23	39.31	7.08	1.32	6.41	0.80	5.67	1.31	3.14	0.52	3.26		232.85	211.74	21.11	10.03	0.59	10.83	4.65	0.46	29.87	葛朝华等,1987
D2026-391	页岩	60.53	120.44	13.55	48.42	10.21	1.97	8.92	1.10	7.26	1.67	3.71	0.63	3.64		282.06	255.13	26.93	9.47	0.62	11.21	3.73	0.54	35.50	葛朝华等,1987

续表 4-7

样号	产状	La	Ce	Pr	Nd	Sm	Eu	Gd	Tb	Dy	Ho	Er	Tm	Yb	Lu	ΣREE	ΣLREE	ΣHREE	ΣLREE/ΣHREE	δEu	$(La/Yb)_N$	$(La/Sm)_N$	$(Sm/Nd)_N$	Y	资料来源
D2002-288	页岩	58.04	113.29	12.42	43.30	8.80	1.60	7.73	1.00	6.66	1.60	3.52	0.61	3.42		261.99	237.45	24.54	9.68	0.58	11.44	4.15	0.52	34.86	葛朝华等, 1987
D2004-384	页岩	76.64	146.30	16.43	59.19	12.28	2.36	10.39	1.32	8.10	1.78	3.84	0.61	3.59		342.83	313.20	29.63	10.57	0.62	14.39	3.93	0.53	38.69	葛朝华等, 1987
CK5-2	脉石	47.00	94.93	10.44	38.83	10.04	1.60	8.48	1.55	9.46	1.69	3.89	0.57	2.01		230.49	202.84	27.65	7.34	0.52	15.76	2.94	0.66	33.09	葛朝华等, 1987
D2004-158	石英岩	31.97	60.04	6.96	24.06	5.00	0.68	4.43	0.62	3.42	0.73	1.72	0.30	1.63		141.56	128.71	12.85	10.02	0.43	13.22	4.02	0.53	17.92	葛朝华等, 1987
D2004-217	石英岩	20.28	38.22	4.38	15.31	2.77	0.58	2.27	0.32	1.89	0.52	1.25	0.17	1.16		89.12	81.54	7.58	10.76	0.69	11.79	4.61	0.46	9.28	葛朝华等, 1987
R8-1	含石英脉的灰岩	56.00	103.50	11.20	39.20	7.80	1.51	7.02	1.11	6.29	1.26	4.08	0.58	3.69	0.54	243.78	219.21	24.57	8.92	0.61	10.23	4.52	0.51	35.60	本次
R10	桂头群紫红色砂岩	34.50	65.20	7.27	26.00	5.80	1.37	6.11	0.98	5.42	1.02	3.17	0.44	2.70	0.39	160.37	140.14	20.23	6.93	0.7	8.61	3.74	0.57	27.50	本次
DR-1	炭质石英砂页岩	40.00	81.70	9.19	34.20	7.31	1.49	6.76	1.05	6.12	1.24	4.14	0.61	3.74	0.55	198.10	173.89	24.21	7.18	0.64	7.21	3.44	0.55	38.00	本次
CDL-10	含有黄铁矿的黑色页岩	29.20	60.30	6.53	24.40	4.67	0.97	4.29	0.69	4.68	0.91	2.66	0.38	2.58	0.36	142.62	126.07	16.55	7.62	0.65	7.63	3.93	0.49	24.60	本次
D-01	测水系黑色页岩	53.10	106.00	11.90	46.00	8.86	1.90	8.52	1.27	7.72	1.49	4.49	0.62	3.97	0.53	256.37	227.76	28.61	7.96	0.66	9.02	3.77	0.49	41.80	本次

续表4-7

样号	产状	La	Ce	Pr	Nd	Sm	Eu	Gd	Tb	Dy	Ho	Er	Tm	Yb	Lu	ΣREE	ΣLREE	ΣHREE	ΣLREE/ΣHREE	δEu	(La/Yb)$_N$	(La/Sm)$_N$	(Sm/Nd)$_N$	Y	资料来源
D-02	细砂岩	27.60	56.00	5.96	21.90	3.84	0.73	3.12	0.45	2.91	0.54	1.70	0.24	1.57	0.20	126.76	116.03	10.73	10.81	0.63	11.85	4.52	0.45	15.90	本次
G-99	钙质泥页岩	101.50	163.50	21.90	85.00	17.10	3.24	13.00	1.86	10.55	1.96	5.16	0.67	4.31	0.58	430.33	392.24	38.09	10.30	0.64	15.88	3.73	0.52	48.50	本次
G-100	板岩	99.10	81.00	19.70	75.60	15.00	3.16	16.65	2.34	14.90	2.78	7.58	0.97	5.39	0.77	344.94	293.56	51.38	5.71	0.61	12.40	4.16	0.51	93.50	本次
主-5	围岩	1.20	2.33	0.27	1.12	0.24	0.15	0.29	0.04	0.35	0.07	0.17	0.03	0.19	0.02	6.47	5.31	1.16	4.58	1.74	4.26	3.15	0.55		宋世明,2011
大-3	大采场蚀变凝灰岩	23.64	47.54	5.21	19.69	3.92	0.65	3.22	0.45	2.87	0.64	2.01	0.28	1.99	0.35	112.46	100.65	11.81	8.52	0.54	8.01	3.79	0.51		宋世明,2011
ZK5606-17	炭质砂页岩	20.40	35.50	4.00	16.30	3.25	0.82	3.14	0.43	2.60	0.48	1.44	0.17	1.31	0.17	90.01	80.27	9.74	8.24	0.78	10.50	3.95	0.51	15.10	本次
CD-2	石榴子石砂卡岩	0.70	5.20	1.11	7.70	2.60	0.64	2.58	0.35	2.52	0.49	1.44	0.21	1.32	0.15	27.01	17.95	9.06	1.98	0.75	0.36	0.17	0.87	13.90	本次
CD-3	石榴子石砂卡岩	0.60	5.30	1.06	6.30	1.95	0.58	2.02	0.27	1.95	0.36	1.12	0.16	1.04	0.13	22.84	15.79	7.05	2.24	0.89	0.39	0.19	0.79	11.20	本次
CD-1	大理岩中见磁黄铁	5.60	10.00	1.00	3.70	0.58	0.16	0.63	0.06	0.61	0.07	0.33	0.04	0.28	0.01	23.07	21.04	2.03	10.36	0.81	13.48	6.07	0.40	3.60	本次
推荐值		0.31	0.808	0.122	0.5	0.195	0.0735	0.259	0.0474	0.322	0.0718	0.21	0.0324	0.209	0.0332										赵振华,1997

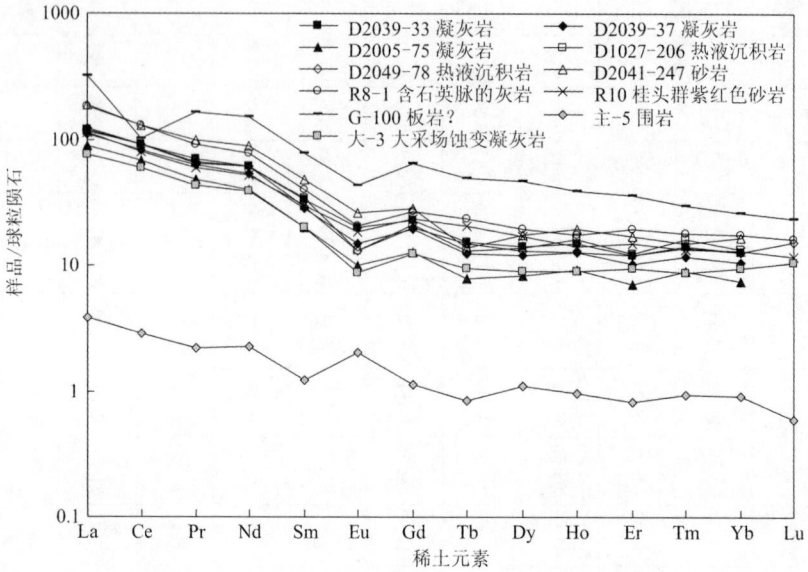

图 4 - 9 粤北大宝山铜多金属矿床凝灰岩和沉积岩稀土元素的标准化曲线

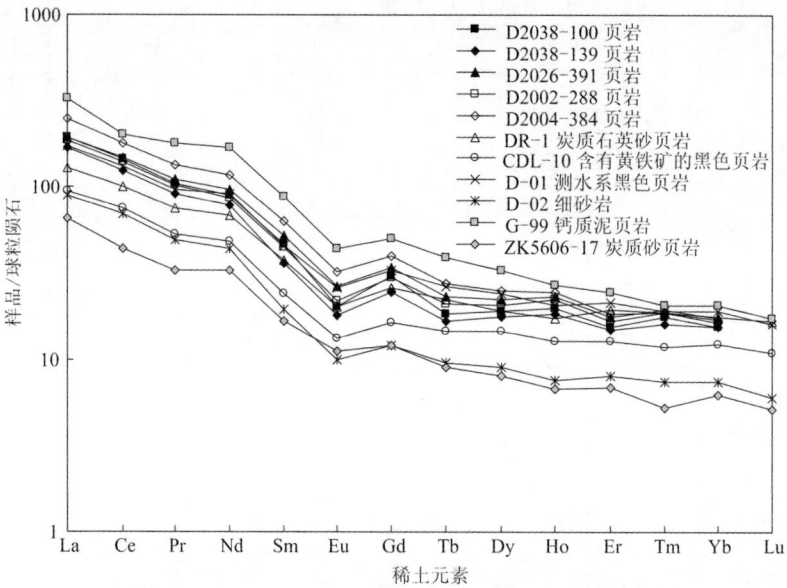

图 4 - 10 粤北大宝山铜多金属矿床页岩稀土元素的标准化曲线

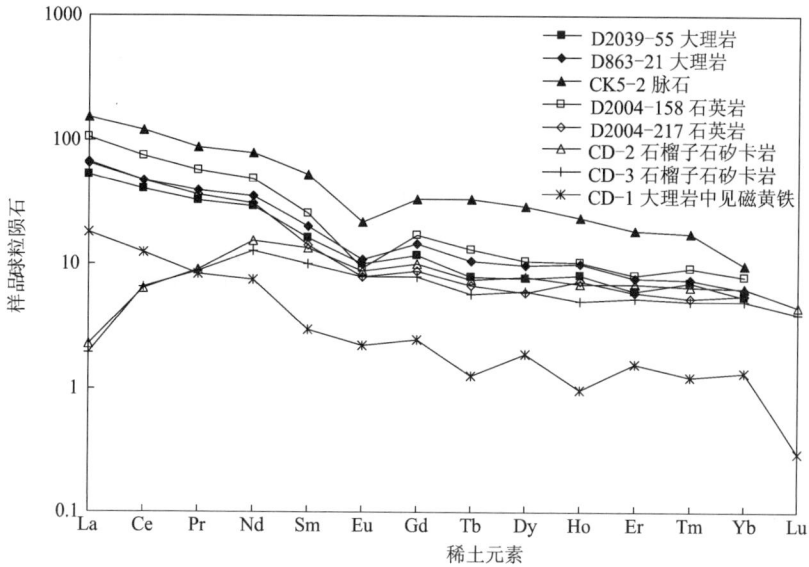

图4-11 大宝山多金属矿床石英岩、大理岩、矽卡岩稀土元素标准化曲线

4.2.3 矿石稀土元素地球化学特征

5个矿石(表4-8)的 $\sum$REE 范围在 $71.01 \times 10^{-6} \sim 159.48 \times 10^{-6}$，平均值为 103.92×10^{-6}，LREE 范围在 $62.57 \times 10^{-6} \sim 141.28 \times 10^{-6}$，平均值为 92.77×10^{-6}，HREE 范围在 $8.26 \times 10^{-6} \sim 18.20 \times 10^{-6}$，平均值为 11.15×10^{-6}，LREE/HREE 比值范围在 $7.15 \sim 11.27$，平均值为 8.35，表明重稀土亏损，而轻稀土富集。δEu 范围在 $0.50 \sim 1.05$，其平均值为 0.67，有中等负铕异常的特点。$(La/Yb)_N$ 范围在 $6.45 \sim 15.34$，其平均值为 10.19，$(La/Sm)_N$ 范围在 $3.11 \sim 5.00$，平均值为 3.80，$(Sm/Nd)_N$ 范围在 $0.48 \sim 0.63$，平均值为 0.55，Y 范围在 $11.18 \times 10^{-6} \sim 20.78 \times 10^{-6}$，平均值为 15.56×10^{-6}，稀土元素的配分标准化模型大多为轻稀土富集右倾曲线的标准化模型[127]（见图4-12）。

利用 REE 来做成矿物质来源示踪，粤北大宝山矿区菱铁矿、铜矿和黄铁矿的稀土配分曲线趋势非常相似，大多数有中等负铕异常，并且轻、重稀土的分馏程度差异也很明显。这些都说明本区岩浆岩来源较为一致。

表4-8 粤北大宝山铜多金属矿矿床矿石稀土元素的含量表（10⁻⁶）及主要的参数

样品号	岩性产状	La	Ce	Pr	Nd	Sm	Eu	Gd	Tb	Dy	Ho	Er	Tm	Yb	Lu	ΣREE	ΣLREE	ΣHREE	ΣLREE/ΣHREE	δEu	$(La/Yb)_N$	$(La/Sm)_N$	$(Sm/Nd)_N$	Y	资料来源
D5240-183	菱铁矿矿石	19.32	39.64	4.35	15.73	3.44	0.74	3.34	0.40	2.67	0.67	1.55	0.31	1.47		93.63	83.22	10.41	7.99	0.66	8.86	3.53	0.56	17.17	葛朝华等，1987
D5240-180	菱铁矿矿石	14.35	29.82	3.27	12.14	2.63	0.54	2.58	0.28	2.19	0.53	1.22	0.24	1.22		71.01	62.75	8.26	7.60	0.63	7.93	3.43	0.56	12.75	葛朝华等，1987
D2050-186	菱铁矿矿石	14.45	29.34	3.55	12.51	2.33	0.39	2.41	0.12	2.15	0.60	1.47	0.21	1.51	0.28	71.32	62.57	8.75	7.15	0.5	6.45	3.90	0.48	11.18	葛朝华等，1987
CK5-1	原生条带状黄铁矿矿石	32.98	66.24	7.30	27.03	6.66	1.07	5.50	1.00	5.97	1.09	2.47	0.37	1.80		159.48	141.28	18.20	7.76	0.53	12.35	3.11	0.63	20.78	葛朝华等，1987
R2-1	云英岩化次英安斑岩+铜矿体	29.80	54.40	5.67	19.20	3.75	1.21	3.11	0.51	2.71	0.51	1.53	0.25	1.31	0.19	124.15	114.03	10.12	11.27	1.05	15.34	5.00	0.50	15.90	本次
推荐值		0.31	0.808	0.122	0.5	0.195	0.0735	0.259	0.0474	0.322	0.0718	0.21	0.0324	0.209	0.0332										赵振华，1997

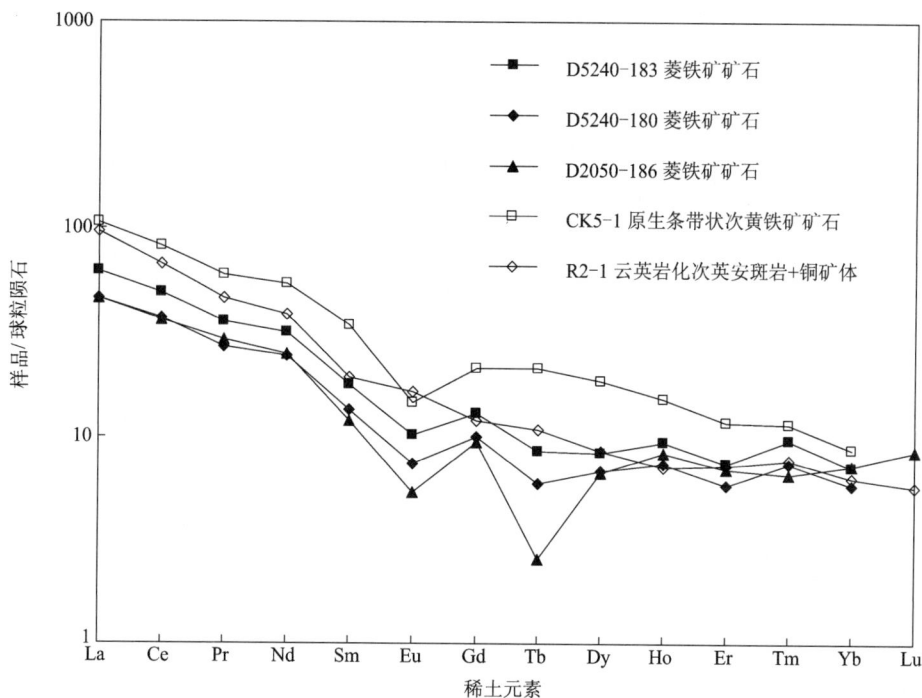

图 4 - 12　粤北大宝山铜铅锌多金属矿床矿石稀土元素的标准化曲线

4.2.4　单矿物稀土元素地球化学特征

19 个单矿物(表 4 - 9)的 $\sum$ REE 范围在 $0.68 \times 10^{-6} \sim 89.81 \times 10^{-6}$,平均值为 19.49×10^{-6},LREE 范围在 $0.59 \times 10^{-6} \sim 85.10 \times 10^{-6}$,平均值为 16.67×10^{-6},HREE 范围在 $0.09 \times 10^{-6} \sim 9.29 \times 10^{-6}$,平均值为 2.82×10^{-6},LREE/HREE 比值变化范围为 $1.47 \sim 24.74$,平均值为 6.30,表明重稀土亏损,而轻稀土富集。δEu 范围在 $0.08 \sim 2.02$,其平均值是 0.84,有中等负铕异常的特点。$(La/Yb)_N$ 范围在 $0.33 \sim 128.47$,平均值是 13.66,$(La/Sm)_N$ 范围在 $0.28 \sim 5.29$,平均值为 2.35,$(Sm/Nd)_N$ 范围在 $0.37 \sim 1.28$,平均值为 0.66,Y 范围在 $9.00 \times 10^{-6} \sim 14.70 \times 10^{-6}$,平均值为 11.85×10^{-6},稀土元素配分模型大多显示的是轻稀土富集,平缓右倾的配分模型[127](如图 4 - 13、图 4 - 14)。

表 4 – 9　矿物稀土元素含量表（10⁻⁶）及主要参数

样品号	岩性产状	La	Ce	Pr	Nd	Sm	Eu	Gd	Tb	Dy	Ho	Er	Tm	Yb	Lu	ΣREE	ΣLREE	ΣHREE	ΣLREE/ΣHREE	δEu	(La/Yb)N	(La/Sm)N	(Sm/Nd)N	Y	资料来源
CD-6	辉钼矿	3.20	12.30	2.62	13.40	2.06	0.67	1.87	0.24	1.71	0.26	0.84	0.11	0.76	0.09	40.13	34.25	5.88	5.82	1.03	2.84	0.98	0.39	9.00	本书
CD-7	辉钼矿	3.90	10.00	2.04	12.70	2.68	0.70	2.40	0.38	2.59	0.50	1.47	0.21	1.55	0.19	41.31	32.02	9.29	3.45	0.83	1.70	0.92	0.54	14.70	本书
凤-3	黄铁矿	0.67	1.18	0.15	0.62	0.13	0.05	0.18	0.02	0.16	0.03	0.06	0.01	0.05	0.01	3.32	2.80	0.52	5.38	1	9.03	3.24	0.54		宋世明,2011
负-3	黄铁矿	0.16	0.74	0.17	1.69	0.36	0.03	0.39	0.07	0.63	0.14	0.40	0.06	0.33	0.04	5.21	3.15	2.06	1.53	0.24	0.33	0.28	0.55		宋世明,2011
内-4	黄铁矿	7.45	13.84	1.53	5.68	1.27	0.16	1.29	0.17	1.17	0.23	0.63	0.08	0.42	0.05	33.97	29.93	4.04	7.41	0.38	11.96	3.69	0.57		宋世明,2011
主5-1	黄铁矿	0.14	0.23	0.03	0.14	0.03	0.02	0.03		0.02	0.01	0.01		0.02		0.68	0.59	0.09	6.56	2.02	4.72	2.94	0.55		宋世明,2011
主-10	黄铁矿	0.18	0.50	0.08	0.47	0.17	0.03	0.17	0.03	0.16	0.02	0.05	0.01	0.06	0.01	1.94	1.43	0.51	2.80	0.53	2.02	0.67	0.93		宋世明,2011
1-1	黄铁矿	2.78	5.79	0.70	3.28	1.04	0.32	1.62	0.31	2.59	0.60	1.82	0.28	1.74	0.23	23.10	13.91	9.19	1.51	0.75	1.08	1.68	0.81		宋世明,2011
1-2	黄铁矿	0.64	1.41	0.18	0.84	0.26	0.07	0.30	0.04	0.28	0.05	0.13	0.01	0.08	0.01	4.30	3.40	0.90	3.78	0.76	5.39	1.55	0.79		宋世明,2011
2-2	黄铁矿	0.89	1.68	0.19	0.71	0.15	0.04	0.14	0.02	0.13	0.02	0.08	0.01	0.06	0.01	4.13	3.66	0.47	7.79	0.83	10.00	3.73	0.54		宋世明,2011
5-1	黄铁矿	0.76	1.52	0.22	0.96	0.34	0.10	0.53	0.08	0.59	0.11	0.29	0.05	0.27	0.04	5.86	3.90	1.96	1.99	0.72	1.90	1.41	0.91		宋世明,2011

续表 4-9

样品号	岩性产状	La	Ce	Pr	Nd	Sm	Eu	Gd	Tb	Dy	Ho	Er	Tm	Yb	Lu	ΣREE	ΣLREE	ΣHREE	ΣLREE/ΣHREE	δEu	(La/Yb)$_N$	(La/Sm)$_N$	(Sm/Nd)$_N$	Y	资料来源
5-8	黄铁矿	1.20	2.39	0.30	1.29	0.34	0.17	0.33	0.05	0.35	0.07	0.17	0.03	0.18	0.03	6.90	5.69	1.21	4.70	1.53	4.49	2.22	0.68		宋世明,2011
5-11	黄铁矿	0.49	1.14	0.14	0.51	0.13	0.05	0.13	0.03	0.24	0.05	0.17	0.02	0.15	0.02	3.27	2.46	0.81	3.04	1.16	2.20	2.37	0.65		宋世明,2011
6-1	黄铜矿	0.57	1.77	0.33	1.94	0.97	0.24	1.08	0.19	1.30	0.23	0.57	0.08	0.45	0.05	9.77	5.82	3.95	1.47	0.71	0.85	0.37	1.28		宋世明,2011
6-2	黄铜矿	2.07	3.72	0.40	1.43	0.25	0.06	0.20	0.03	0.14	0.02	0.05	0.01	0.06	0.01	8.45	7.93	0.52	15.25	0.79	23.26	5.21	0.45		宋世明,2011
2-1	黄铜矿	0.14	0.25	0.04	0.21	0.03	0.02	0.07	0.01	0.06	0.01	0.04	0.01	0.04	0.01	0.94	0.69	0.25	2.76	1.28	2.36	2.94	0.37		宋世明,2011
3-1	磁黄铁矿	23.20	39.40	4.13	14.95	2.76	0.66	2.25	0.22	1.13	0.20	0.47	0.05	0.34	0.05	89.81	85.10	4.71	18.07	0.79	46.00	5.29	0.47		宋世明,2011
3-2	闪锌矿	1.11	2.63	0.35	1.66	0.66	0.13	0.80	0.16	1.21	0.26	0.78	0.11	0.84	0.13	10.83	6.54	4.29	1.52	0.55	0.89	1.06	1.02		宋世明,2011
3-3	闪锌矿	17.15	35.80	3.84	13.96	2.67	0.06	1.78	0.16	0.63	0.08	0.20	0.02	0.09	0.01	76.45	73.48	2.97	24.74	0.08	128.47	4.04	0.49		宋世明,2011
推荐值		0.31	0.808	0.122	0.5	0.195	0.0735	0.259	0.0474	0.322	0.0718	0.21	0.0324	0.209	0.0332										赵振华,1997

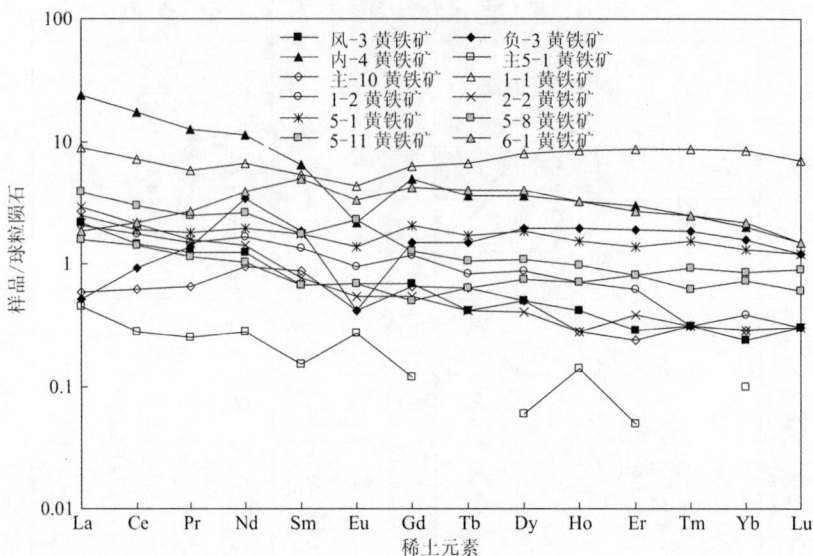

图 4-13 粤北大宝山铜铅锌多金属矿床黄铁矿矿物稀土元素的标准化曲线

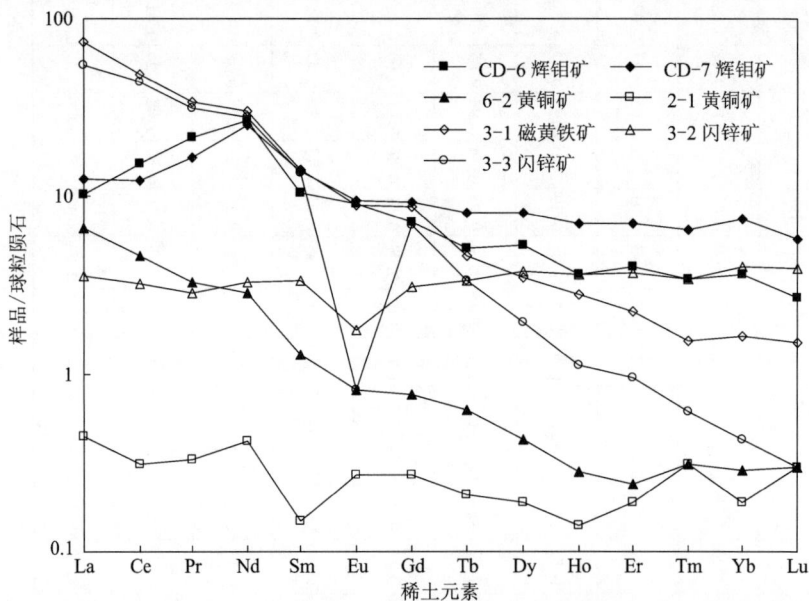

图 4-14 粤北大宝山铜铅锌多金属矿床矿物稀土元素的标准化曲线

4.3　岩石微量元素地球化学特征

4.3.1　岩浆岩内微量元素地球化学特征

　　粤北大宝山铜铅锌多金属矿区岩浆岩微量元素测试结果可见表 4 – 10，其中本次研究有 19 个，测试微量元素为 Ba、Cr、Cs、Ga、Hf、Nb、Rb、Sn、Sr、Ta、Th、Tl、U、V、W 和 Zr 等 16 个，引用前人研究成果 9 个。岩浆岩的原始地幔标准化蛛网图如图 4 – 15、图 4 – 16、图 4 – 17，从表 4 – 10、图 4 – 15、图 4 – 16、图 4 – 17 可看出：

　　（1）Ba 含量范围为 $110 \times 10^{-6} \sim 1550 \times 10^{-6}$，平均值为 685×10^{-6}；Cr 含量范围为 $10 \times 10^{-6} \sim 280 \times 10^{-6}$，平均值为 57×10^{-6}；Ga 含量范围为 $7.80 \times 10^{-6} \sim 22.10 \times 10^{-6}$，平均值为 16.22×10^{-6}；Hf 含量范围为 $2.50 \times 10^{-6} \sim 6.50 \times 10^{-6}$，平均值为 4.86×10^{-6}；Rb 含量范围为 $15 \times 10^{-6} \sim 496 \times 10^{-6}$，平均值为 211×10^{-6}；Sr 含量范围为 $4.90 \times 10^{-6} \sim 332.00 \times 10^{-6}$，平均值为 141.59×10^{-6}；Th 含量范围为 $8.01 \times 10^{-6} \sim 47.80 \times 10^{-6}$，平均值为 18.53×10^{-6}；U 含量范围为 $1.22 \times 10^{-6} \sim 27.70 \times 10^{-6}$，平均值为 5.60×10^{-6}；V 含量范围为 $11 \times 10^{-6} \sim 230 \times 10^{-6}$，平均值为 78×10^{-6}；Zr 含量范围为 $88 \times 10^{-6} \sim 230 \times 10^{-6}$，平均值为 161×10^{-6}；从以上统计结果来看，岩浆岩中各微量元素含量变化范围较大，与上地壳丰度比较，Ba、Ga、Hf、Rb、Th、U、Zr 含量高于该值，Cr、Sr、V 含量低于该值。

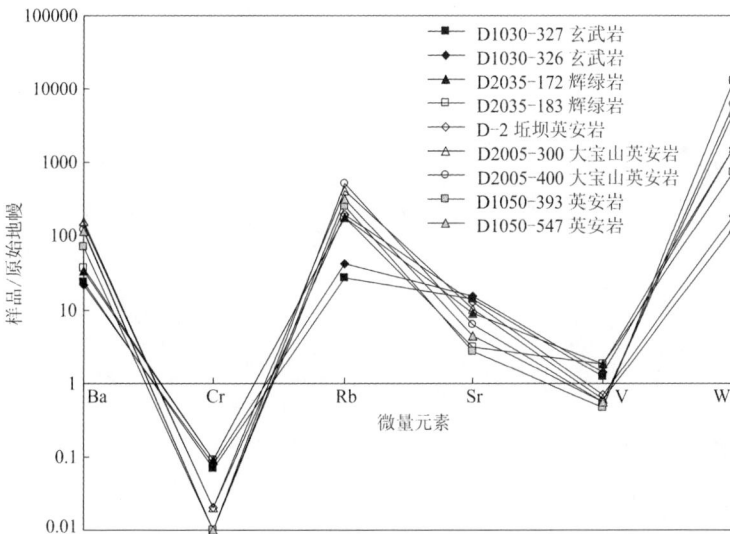

图 4 – 15　粤北大宝山铜铅锌多金属矿床辉绿岩、玄武岩、英安岩微量元素的标准化蛛网图

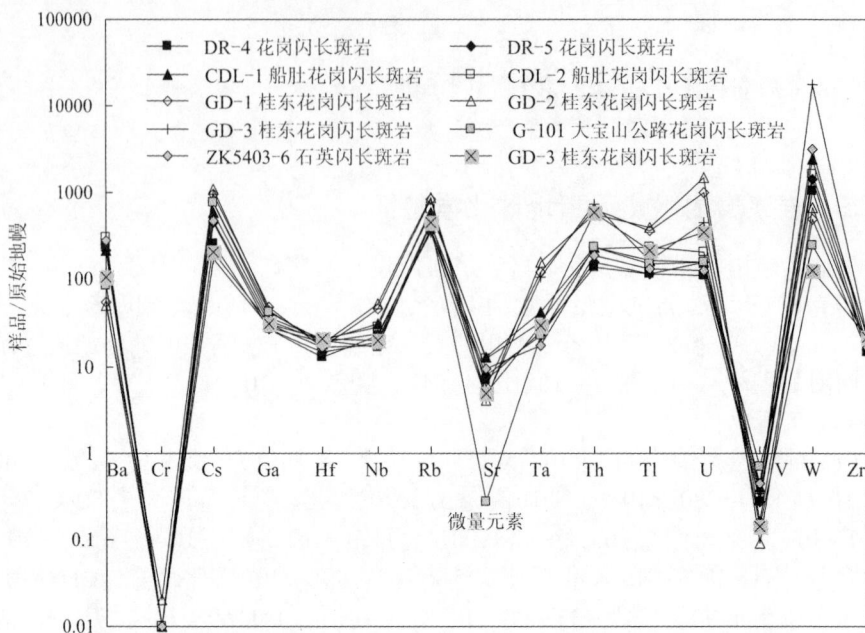

图 4-16 粤北大宝山铜铅锌多金属矿床花岗岩微量元素的标准化蛛网图

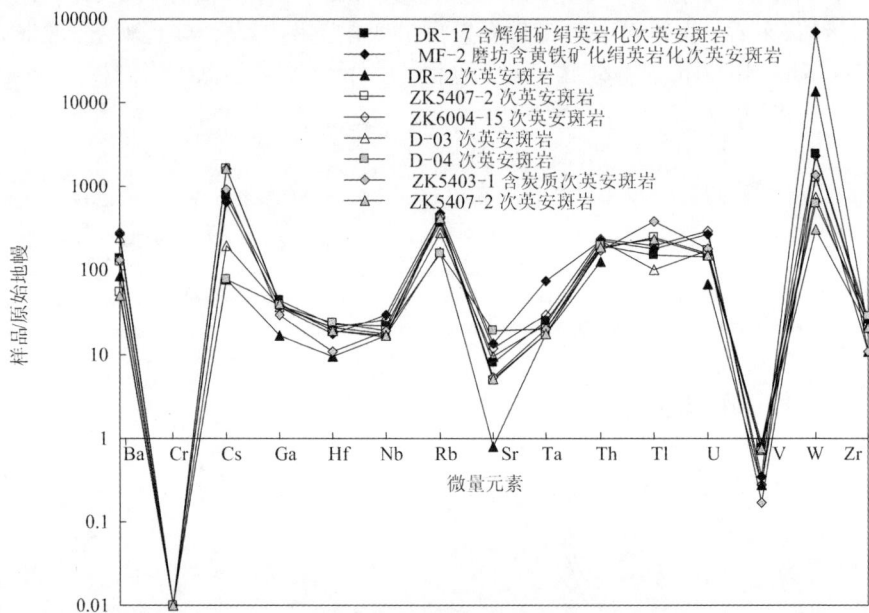

图 4-17 粤北大宝山铜铅锌多金属矿床次英安斑岩微量元素的标准化蛛网图

表4-10 岩浆岩微量元素含量表(10^{-6})

样号	产状	Ba	Cr	Cs	Ga	Hf	Nb	Rb	Sn	Sr	Ta	Th	Tl	U	V	W	Zr	资料来源
D1030-327	玄武岩	120.00	210.00					15.00	<2	250.00					160.00	<2		葛朝华等，1987
D1030-326	玄武岩	110.00	230.00					23.00	<2	270.00					180.00	25.00		葛朝华等，1987
D2035-172	辉绿岩	170.00	260.00					100.00	<2	160.00					230.00	25.00		葛朝华等，1987
D2035-183	辉绿岩	190.00	280.00					100.00	12.00	56.00					230.00	12.00		葛朝华等，1987
D-2	坦坝英安岩	740.00	45.00					110.00	3.00	230.00					89.00	3.00		葛朝华等，1987
D2005-300	大宝山英安岩	820.00	45.00					230.00	2.00	180.00					79.00	2.00		葛朝华等，1987
D2005-400	大宝山英安岩	620.00	31.00					290.00	2.00	110.00					70.00	97.00		葛朝华等，1987
D1050-393	英安岩	370.00	22.00					140.00	2.00	49.00					59.00	210.00		葛朝华等，1987
D1050-547	英安岩	590.00	20.00					180.00	3.00	79.00					71.00	76.00		葛朝华等，1987
DR-4	花岗闪长斑岩	1265.00	20.00	4.70	12.20	3.50	12.90	205.00	3.00	124.50	1.00	8.94	0.70	2.01	35.00	17.00	119.00	本书
DR-5	花岗闪长斑岩	1085.00	20.00	8.28	12.60	3.90	10.80	213.00	2.00	142.00	0.90	10.05	0.70	2.80	36.00	23.00	131.00	本书
DR-17	含辉钼矿绢英岩化次英安斑岩	720.00	30.00	13.95	20.30	6.00	12.40	202.00	3.00	137.50	1.00	12.75	0.90	2.61	97.00	39.00	217.00	本书
MF-2	磨坊含黄铁矿化绢英岩化次英安斑岩	1350.00	20.00	11.90	17.00	4.80	16.50	261.00	3.00	236.00	3.00	14.25	1.10	4.92	44.00	1130.00	163.00	本书

续表 4-10

样号	产状	Ba	Cr	Cs	Ga	Hf	Nb	Rb	Sn	Sr	Ta	Th	Tl	U	V	W	Zr	资料来源
DR-2	次英安斑岩	441.00	30.00	1.42	7.80	2.50	9.30	90.10	9.00	14.10	0.70	8.01	<0.5	1.22	34.00	224.00	88.00	本次
ZK5407-2	次英安斑岩	277.00	30.00	29.50	18.30	5.10	9.10	228.00	4.00	87.00	0.70	11.60	1.50	2.91	111.00	20.00	170.00	本次
ZK6004-15	次英安斑岩	1435.00	20.00	29.50	17.80	5.50	14.30	233.00	2.00	211.00	1.20	15.35	1.20	5.23	34.00	37.00	190.00	本次
D-03	次英安斑岩	1250.00	30.00	3.61	16.90	5.50	9.80	152.00	3.00	167.00	0.90	14.45	0.60	3.18	95.00	12.00	180.00	本次
D-04	次英安斑岩	649.00	30.00	1.38	17.90	6.50	10.70	85.70	3.00	332.00	0.80	12.70	<0.5	3.13	90.00	10.00	230.00	本次
CDL-1	船肚花岗闪长斑岩	1115.00	20.00	10.85	15.80	5.40	17.60	334.00	8.00	224.00	1.70	15.00	1.00	2.83	53.00	40.00	180.00	本次
CDL-2	船肚花岗闪长斑岩	1550.00	20.00	13.75	16.70	5.70	16.20	355.00	4.00	216.00	1.30	14.45	1.40	3.66	41.00	26.00	190.00	本次
GD-1	桂东花岗闪长斑岩	281.00	20.00	17.55	22.10	4.50	25.50	475.00	17.00	101.50	4.80	42.20	2.20	18.45	20.00	8.00	120.00	本次
GD-2	桂东花岗闪长斑岩	251.00	70.00	19.95	20.30	4.90	29.90	496.00	20.00	72.70	6.30	36.30	2.40	27.70	11.00	11.00	150.00	本次
GD-3	桂东花岗闪长斑岩	458.00	20.00	3.18	13.00	5.20	13.20	197.00	5.00	76.40	4.20	47.80	1.00	8.20	44.00	290.00	180.00	本次
G-101	大宝山公路花岗闪长斑岩	445.00	20.00	14.15	19.30	5.30	9.50	241.00	3.00	4.90	0.90	15.30	0.90	2.84	89.00	4.00	170.00	本次
ZK5403-6	石英闪长斑岩	1425.00	20.00	8.50	14.30	4.50	9.80	241.00	4.00	167.00	0.70	11.90	0.80	2.30	56.00	51.00	140.00	本次
ZK5403-1	含炭质次英安斑岩	671.00	10.00	16.70	13.60	2.90	10.80	246.00	1.00	92.90	0.80	11.20	2.30	3.21	22.00	22.00	90.00	本次
ZK5407-2	次英安斑岩	255.00	20.00	29.60	18.30	5.10	9.40	230.00	3.00	89.60	0.70	12.25	1.40	2.75	99.00	5.00	170.00	本次
GD-3	桂东花岗闪长斑岩	538.00	10.00	3.64	13.90	5.50	11.30	248.00	4.00	84.30	1.20	37.60	1.30	6.36	18.00	2.00	180.00	本次
	上地壳	265.00	180.00		3.40	3.00		50.00		240.00		5.70		1.50	195.00		125.00	赵振华, 1997
	原始地幔	5.10	3000.00	0.018	0.459	0.27	0.56	0.55	<1	17.80	0.04	0.064	0.006	0.018	128.00	0.016	8.30	赵振华, 1997

（2）从原始地幔标准化[58]蛛网图图4-15、图4-16、图4-17可看出：微量元素 Ba、Cr、Rb、U、W 富集，而 Cs、Hf、Sr、V 和 Zr 亏损。大离子亲石元素 Rb、Ba 富集；Cs、Sr 亏损；高场强元素 Zr、Hf 亏损。

（3）综上所述，可以总结本区岩浆岩中，花岗闪长岩、次英安岩、玄武岩等微量元素具有相似的蛛网图曲线趋势，表明该区岩浆岩有相同的物质来源。

4.3.2　围岩微量元素地球化学特征

粤北大宝山多金属矿区围岩和地层微量元素的测试结果可见表4-11，此次研究的有 14 个，测试微量元素为 Ba、Cr、Cs、Ga、Hf、Nb、Rb、Sn、Sr、Ta、Th、Tl、U、V、W 和 Zr 等16个，引用前人研究成果14个。围岩原始地幔的标准化蛛网图如图4-18、图4-19，分析表4-11、图4-18、图4-19可看出：

（1）Ba 含量范围为 $10.20 \times 10^{-6} \sim 1230 \times 10^{-6}$，平均值为 534.97×10^{-6}，Cr 含量范围为 $10 \times 10^{-6} \sim 290 \times 10^{-6}$，平均值为 108×10^{-6}，Ga 含量范围为 $2.30 \times 10^{-6} \sim 37.70 \times 10^{-6}$，平均值为 21.13×10^{-6}，Hf 含量范围为 $0.50 \times 10^{-6} \sim 12.10 \times 10^{-6}$，平均值为 4.51×10^{-6}，Rb 含量范围为 $0.50 \times 10^{-6} \sim 410 \times 10^{-6}$，平均值为 176.36×10^{-6}，Sr 含量范围为 $7.90 \times 10^{-6} \sim 348.00 \times 10^{-6}$，平均值为 96.56×10^{-6}，Th 含量范围为 $1.32 \times 10^{-6} \sim 26.20 \times 10^{-6}$，平均值为 11.48×10^{-6}，U 含量范围为 $0.26 \times 10^{-6} \sim 6.61 \times 10^{-6}$，平均值为 2.81×10^{-6}，V 含量范围为 $9 \times 10^{-6} \sim 171 \times 10^{-6}$，平均值为 105×10^{-6}，Zr 含量范围为 $20 \times 10^{-6} \sim 463 \times 10^{-6}$，平均值为 158×10^{-6}，从以上统计结果来看，各微量元素之间含量的变化范围比较大，与上地壳丰度相比较，本次测试的矽卡岩、大理岩中的含量 Ga、U 高于该值，Ba、Hf、Rb、Th、Cr、Sr、V、Zr 低于该值；其他地层和围岩中多数 Ba、Ga、Th、Hf、Rb、U 和 Zr 都高于上地壳的丰度值，Cr、V 和 Sr 的值低于该值。

（2）从原始地幔的标准化[58]蛛网图，图4-18、图4-19可以看出：微量元素 Ba、Cs、Rb、Th、U 和 W 富集，而 Cr、Hf、Nb、Sr、V 和 Zr 亏损。大离子亲石元素 Rb、Ba、W 富集；Nb、Sr 亏损；高场强元素 Th 富集，Nb、Zr、Hf 亏损。

（3）从原始地幔的标准化蛛网图中，可以看出该区围岩和地层微量元素的曲线趋势比较类似，与岩浆岩标准化曲线也较为相似，表明围岩和岩浆岩具有相同的物质来源。

4.3.3　矿石微量元素地球化学特征

粤北大宝山铜铅锌钼多金属矿区，矿石微量元素测试的详细结果可见表4-12，本次研究的有 3 个，测试微量元素为 Ba、Cr、Cs、Ga、Hf、Nb、Rb、Sn、Sr、Ta、Th、Tl、U、V、W 和 Zr 等16个，引用前人研究成果3个。围岩原始地幔的标准化蛛网图见图4-20，从表4-12、图4-20可看出：

表4-11 围岩微量元素含量表(10^{-6})

样号	产状	Ba	Cr	Cs	Ga	Hf	Nb	Rb	Sn	Sr	Ta	Th	Tl	U	V	W	Zr	资料来源
D2004-158	石英岩	410.00	29.00					160.00	2.00	15.00					42.00	<2		葛朝华等,1987
D2004-217	石英岩	400.00	540.00					59.00	2.00	<2					29.00	6.00		葛朝华等,1987
D2039-33	凝灰岩	480.00	85.00					250.00	3.00	95.00					98.00	4.00		葛朝华等,1987
D2039-37	凝灰岩	200.00	77.00					200.00	2.00	97.00					79.00	41.00		葛朝华等,1987
D2005-75	凝灰岩	350.00	68.00					160.00	4.00	180.00					73.00	2.00		葛朝华等,1987
D1027-206	热液沉积岩	370.00	340.00					180.00	8.00	<2					84.00	73.00		葛朝华等,1987
D2041-247	砂岩	700.00	260.00					200.00	4.00	3.00					98.00	5.00		葛朝华等,1987
D2039-55	大理岩	<20	23.00					43.00	<2	200.00					21.00	7.00		葛朝华等,1987
D863-21	大理岩	<20	15.00					4.00	<2	72.00					7.00	8.00		葛朝华等,1987
D2038-100	页岩	250.00	290.00					220.00	3.00	81.00					110.00	5.00		葛朝华等,1987
D2038-139	页岩	1200.00	100.00					410.00	5.00	170.00					95.00	3.00		葛朝华等,1987

续表 4-11

样号	产状	Ba	Cr	Cs	Ga	Hf	Nb	Rb	Sn	Sr	Ta	Th	Tl	U	V	W	Zr	资料来源
D2026-391	页岩	910.00	270.00					350.00	2.00	180.00					150.00	18.00		葛朝华等,1987
D2002-288	页岩	600.00	110.00					300.00	4.00	48.00					150.00	10.00		葛朝华等,1987
D2004-384	页岩	460.00	160.00					410.00	30.00	49.00					170.00	14.00		葛朝华等,1987
R8-1	含石英脉的灰岩	1230.00	110.00	10.85	25.00	6.20	15.20	230.00	5.00	14.10	1.30	19.10	0.80	2.53	107.00	6.00	210.00	本次
R10	桂头群紫红色砂岩	215.00	40.00	1.94	6.70	12.10	11.30	61.60	3.00	7.90	1.20	16.15	<0.5	2.21	33.00	9.00	463.00	本次
DR-1	炭质石英砂页岩	596.00	100.00	27.80	29.60	3.90	16.80	306.00	1.00	54.70	5.40	17.95	1.70	6.61	164.00	2770.00	127.00	本次
ZK5606-17	炭质砂页岩	81.50	40.00	0.79	14.20	1.50	4.10	4.80	11.00	12.60	0.30	5.01	1.20	1.33	88.00	27.00	60.00	本次
CD-1	大理岩中见磁黄铁	112.00	10.00	1.66	2.30	0.50	1.30	20.60	<1	348.00	0.10	1.33	<0.5	0.79	9.00	12.00	20.00	本次
CD-2	石榴子石砂卡岩	10.20	20.00	0.64	30.90	1.80	6.30	1.00	90.00	16.60	0.50	1.67	<0.5	5.13	39.00	1590.00	70.00	本次
CD-3	石榴子石砂卡岩	19.80	40.00	0.28	26.40	2.30	4.40	0.50	64.00	9.90	0.40	1.32	<0.5	4.36	39.00	302.00	80.00	本次
CDL-10	含有黄铁矿的黑色页岩	784.00	30.00	8.18	18.30	4.80	8.80	182.50	6.00	99.10	0.70	13.60	1.00	3.00	81.00	14.00	160.00	本次
D-01	测水系黑色页岩	774.00	120.00	16.55	25.80	6.40	17.40	170.00	5.00	89.90	1.30	17.85	0.70	3.77	139.00	9.00	220.00	本次
D-02	细砂岩	231.00	50.00	2.28	9.10	6.20	9.00	39.70	2.00	56.20	0.60	7.23	<0.5	1.39	33.00	2.00	220.00	本次
D-05	辉绿岩脉	261.00	260.00	6.94	20.60	4.60	11.10	11.10	2.00	297.00	0.70	1.41	<0.5	0.26	171.00	2.00	150.00	本次
G-103	安山岩	763.00	30.00	3.77	23.30	4.90	9.50	99.60	5.00	269.00	0.80	13.85	0.50	3.08	108.00	2.00	160.00	本次
G-99	钙质泥页岩	1135.00	150.00	13.90	37.70	4.00	18.00	343.00	6.00	21.00	1.40	26.20	1.10	2.68	167.00	8.00	140.00	本次
G-100	板岩?	532.00	120.00	7.81	25.90	4.00	13.70	190.50	4.00	10.60	1.10	18.10	0.80	2.25	135.00	5.00	130.00	本次
	上地壳丰度	265.00	180.00	3.40	3.00	3.00		50.00	<1	240.00		5.70		1.50	195.00		125.00	赵振华,1997
	原始地幔	5.10	3000.00	0.018	0.459	0.27	0.56	0.55	<1	17.80	0.04	0.064	0.006	0.018	128.00	0.016	8.30	赵振华,1997

表 4-12　矿石微量元素含量表（10^{-6}）

样号	产状	Ba	Cr	Cs	Ga	Hf	Nb	Rb	Sn	Sr	Ta	Th	Tl	U	V	W	Zr	资料来源
D5240-183	菱铁矿矿石	120.00	21.00					35.00	3.00	79.00					21.00	2.00		葛朝华等，1987
D5240-180	菱铁矿矿石	180.00	5.00					58.00	<2	42.00					<5	20.00		葛朝华等，1987
D2050-186	菱铁矿矿石	70.00	5.00					21.00	4.00	25.00					11.00	3.00		葛朝华等，1987
R2-1	云英岩化英安斑岩+铜矿体	66.30	100.00	26.20	52.20	2.70	13.10	211.00	85.00	39.50	1.40	15.00	1.20	4.30	110.00	289.00	91.00	本次
CD-6	砂卡岩中发育角砾状辉钼矿	2.70	20.00	0.28	23.60	1.20	4.30	0.30	60.00	20.30	0.20	5.68	<0.5	5.64	28.00	198.00	50.00	本次
CD-7	砂卡岩中发育角砾状辉钼矿	3.20	50.00	0.29	23.40	3.10	7.00	0.50	52.00	24.00	0.60	7.25	<0.5	9.31	34.00	176.00	110.00	本次
	上地壳丰度	265.00	180.00		3.40	3.00		50.00		240.00		5.70		1.50	195.00		125.00	赵振华，1997
	原始地幔	5.10	3000.00	0.018	0.459	0.27	0.56	0.55	<1	17.80	0.04	0.064	0.006	0.018	128.00	0.016	8.30	赵振华，1997

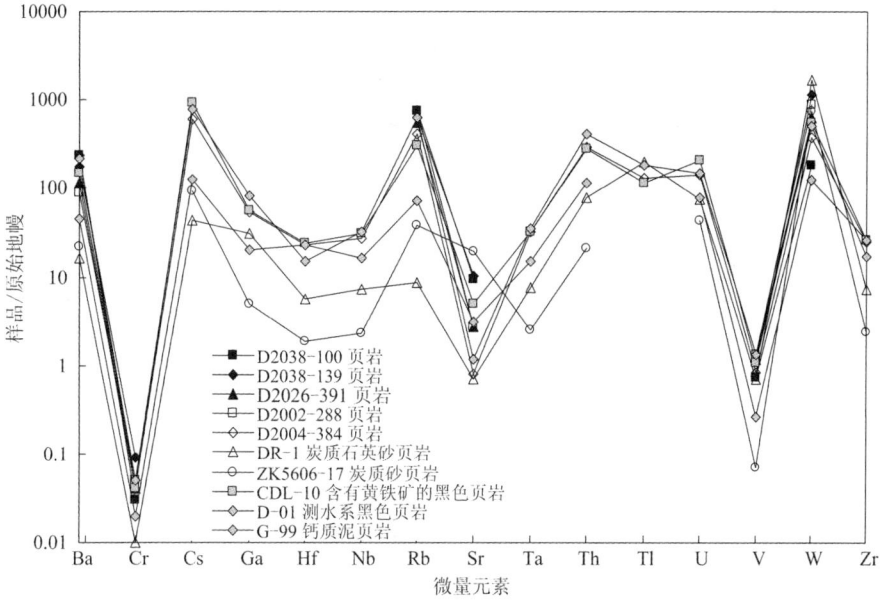

图 4-18　粤北大宝山铜铅锌多金属矿床页岩微量元素的标准化蛛网图

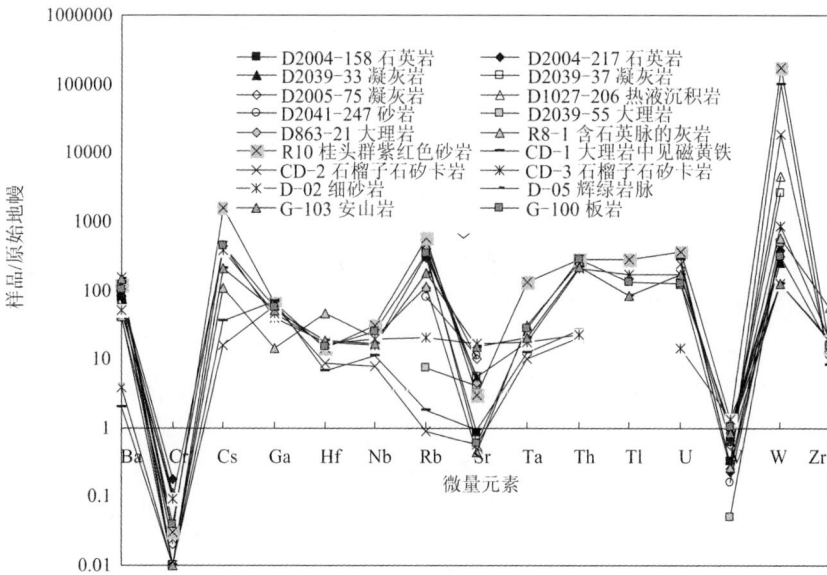

图 4-19　粤北大宝山铜铅锌多金属矿床地层微量元素的标准化蛛网图

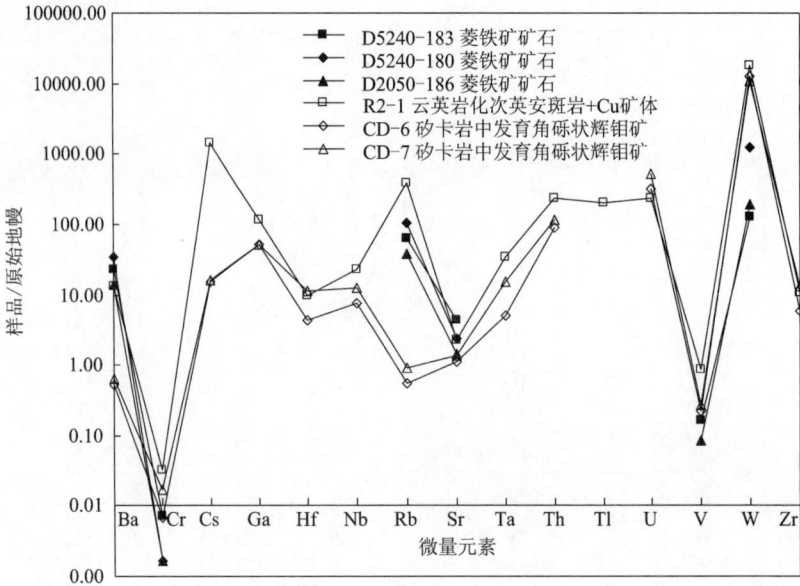

图 4-20 粤北大宝山铜铅锌多金属矿床矿石微量元素的标准化蛛网图

(1)Ba 含量范围为 $2.7 \times 10^{-6} \sim 180 \times 10^{-6}$，平均值为 73.7×10^{-6}，Cr 含量范围为 $5 \times 10^{-6} \sim 100 \times 10^{-6}$，平均值为 34×10^{-6}，Ga 含量范围为 $23.4 \times 10^{-6} \sim 52.2 \times 10^{-6}$，平均值为 33.1×10^{-6}，Hf 含量范围为 $1.20 \times 10^{-6} \sim 3.10 \times 10^{-6}$，平均值为 2.33×10^{-6}，Rb 含量范围为 $0.30 \times 10^{-6} \sim 211 \times 10^{-6}$，平均值为 54.3×10^{-6}，Sr 含量范围为 $20.3 \times 10^{-6} \sim 79.0 \times 10^{-6}$，平均值为 38.3×10^{-6}，Th 含量范围为 $5.68 \times 10^{-6} \sim 15.00 \times 10^{-6}$，平均值为 9.31×10^{-6}，U 含量范围为 $4.30 \times 10^{-6} \sim 9.31 \times 10^{-6}$，平均值为 6.42×10^{-6}，V 含量范围为 $11 \times 10^{-6} \sim 110 \times 10^{-6}$，平均值为 41×10^{-6}，Zr 含量范围为 $50 \times 10^{-6} \sim 110 \times 10^{-6}$，平均值为 84×10^{-6}。从以上统计结果来看，矿石中各微量元素含量变化范围较大，与上地壳丰度比较，本次测试和前人成果的矿石中微量元素相比 Ga、Th 含量较高，Ba、Hf、Rb、Cr、Sr、U、V、Zr 含量较低。

(2)从原始地幔标准化[58]蛛网图图 4-20 可以看出：微量元素 Ba、Cs、Rb、Th、U 和 W 富集，而 Cr、Hf、Nb、Sr、V 和 Zr 亏损。大离子亲石元素 Rb、Ba、W 富集，Nb、Sr 亏损；高场强元素 Th 富集，Nb、Zr、Hf 亏损。

(3)从原始地幔标准化蛛网图中可看出本区矿石微量元素曲线趋势较为相似，与岩浆岩和围岩标准化曲线也较为相似，表示矿石与岩浆岩、围岩有相同的物质来源。

4.4 成矿元素地球化学特征

前人[11, 16-19]针对矿区及其外围岩体、地层的含矿性做了大量的研究工作，获得了很多较为可靠的分析结果。表4-13和表4-14所示为陆壳丰度与该矿区成矿元素在各地质体中的含量比较，可见凝灰岩、沉积岩和页岩中成矿元素含量较低，菱铁矿和围岩中的成矿元素含量低，而次英安斑岩体和花岗闪长斑岩体均具有较高的Cu、Mo、W、Sn、Bi等元素背景值，如表4-13所示，说明两类斑岩体的岩浆活动可为区内Cu、Mo、W、Sn、Bi等多金属矿化提供便利；W、Mo、Bi、Pb、Zn等元素在地层，尤其是东岗岭组中明显富集，高出克拉克值数十倍、甚至近百倍，暗示地层围岩（尤其是泥盆系）可作为W、Mo、Bi、Pb、Zn等矿化元素，尤其是Pb、Zn元素的重要来源之一。

表4-13　粤北大宝山铜铅锌多金属矿床成矿元素的含量表（10^{-6}）

取样位置	Cu	Pb	Zn	Mo	W	Sn	Bi	资料来源
次英安斑岩（3）	238	22	55	0.8	5.4	9.6	1.3	刘妽群等，1985
次英安斑岩（7）	118	28.4	102	0.7	0.8	9.7		刘妽群等，1985
花岗闪长斑岩（2）	32	265	103	9.2	7	4		刘妽群等，1985
花岗闪长斑岩（1）	99	18	48	2.3	3.9	16		刘妽群等，1985
菱铁矿及围岩（5）	0.23	0.28	0.28					庄明正，1986a
花岗岩（4）	44.1	20.6	21.98	111.56	91	48.5	11.35	地矿部地矿司南岭铅锌矿专题组，1985
玄武岩（2）	90		94.5		25			葛朝华等，1987
辉绿岩（2）	305	23	96.5		18.5			葛朝华等，1987
英安岩（5）	120.4	21.67	146.8	159.6	77.6			葛朝华等，1987
石英岩（2）	155		12.5	1.4	6			葛朝华等，1987
凝灰岩（3）	45.33		79.33		15.67			葛朝华等，1987
热液沉积岩（1）	19		5	19	73			葛朝华等，1987
砂岩（1）	96		25		5			葛朝华等，1987
大理岩（2）	74	13.5	96		7.5			葛朝华等，1987
页岩（5）	35.4	20.33	45	1.3	10			葛朝华等，1987
菱铁矿矿石（3）	28		70.33	0.7	8.33			葛朝华等，1987
陆壳丰度	75	80	80	1	1	2.5	0.06	赵振华，1997

表 4 – 14   粤北大宝山铜铅锌多金属矿床成矿元素的相关系数表

	Cu	Pb	Zn	Mo	W	Sn	Bi
Cu	1.00						
Pb	– 0.23	1.00					
Zn	0.27	0.30	1.00				
Mo	– 0.04	– 0.23	0.34	1.00			
W	– 0.20	– 0.22	– 0.09	0.83	1.00		
Sn	– 0.26	– 0.42	– 0.80	0.95	0.96	1.00	
Bi	– 0.54	– 0.60	– 0.94	0.99	1.00	1.00	1.00

4.5   同位素地球化学特征

4.5.1   铅同位素地球化学特征

粤北大宝山铜铅锌钼多金属矿区铅同位素组成结果可见表 4 – 15，从表 4 – 15 中可看出：17 个方铅矿 $n(^{206}Pb/^{204}Pb)$ 为 18.150 ~ 18.679，平均值为 18.575，极差为 0.529；$n(^{207}Pb/^{204}Pb)$ 为 15.550 ~ 15.772，平均值为 15.675，极差为 0.222；$n(^{208}Pb/^{204}Pb)$ 为 38.290 ~ 39.080，平均值为 38.816，极差为 0.790。数据相对来说比较集中。从 Zartman 和 Doe 的铅构造模式演化曲线上可以看出[136]，数据点普遍分布造山带铅、下地壳铅和上地壳铅[图 4 – 21(a)、(b)]中间，因而判断其为壳幔来源。

17 个黄铁矿 $n(^{206}Pb/^{204}Pb)$ 为 18.330 ~ 19.756，平均值为 18.767，极差为 1.426；$n(^{207}Pb/^{204}Pb)$ 为 15.540 ~ 15.754，平均值为 15.693，极差为 0.214；$n(^{208}Pb/^{204}Pb)$ 为 38.520 ~ 40.990，平均值为 38.991，极差为 2.470。数据比较分散。在 Zartman 和 Doe 的铅构造模式演化曲线上[136]，数据点主要分布上地壳铅、下地壳铅和造山带铅[图 4 – 21(c)、(d)]之间，应为壳幔来源。

7 个磁黄铁矿 $n(^{206}Pb/^{204}Pb)$ 为 18.565 ~ 18.736，平均值为 18.659，极差为 0.171；$n(^{207}Pb/^{204}Pb)$ 为 15.565 ~ 15.748，平均值为 15.657，极差为 0.183；$n(^{208}Pb/^{204}Pb)$ 为 38.518 ~ 39.088，平均值为 38.757，极差为 0.570。数据比较集中。6 个闪锌矿 $n(^{206}Pb/^{204}Pb)$ 为 18.430 ~ 18.710，平均值为 18.588，极差为 0.280；$n(^{207}Pb/^{204}Pb)$ 为 15.639 ~ 15.719，平均值为 15.671，极差为 0.080；$n(^{208}Pb/^{204}Pb)$ 为 38.542 ~ 38.880，平均值为 38.757，极差为 0.338，数据比较集中。1 个黄铜矿 $n(^{206}Pb/^{204}Pb)$ 为 17.930，$n(^{207}Pb/^{204}Pb)$ 为 15.491，$n(^{208}Pb/^{204}Pb)$ 为 37.990。从 Doe 和 Zartman 的铅构造模式演化曲线上可以看出[136]，数据点主要分布在造山带铅、下地壳铅和上地壳铅[图 4 – 21(e)、(f)]中间，主要为下地壳铅，判断其应为壳幔混合来源。

表 4 - 15 粤北大宝山铜铅锌钼多金属矿区铅同位素的组成

原样号	产出特征	测试矿物	$w(^{206}Pb)$ $/w(^{204}Pb)$	$w(^{207}Pb)$ $/w(^{204}Pb)$	$w(^{208}Pb)$ $/w(^{204}Pb)$	资料来源
D2025 - 42	矿带	方铅矿	18.636	15.685	38.905	葛朝华, 1987
D2004 - 81	矿带	方铅矿	18.613	15.661	38.760	葛朝华, 1987
DS - 166	矿带	方铅矿	18.623	15.677	38.827	葛朝华, 1987
D2004 - 365	矿带	方铅矿	18.616	15.700	38.873	葛朝华, 1987
D2029 - 243	矿带	方铅矿	18.607	15.678	38.830	葛朝华, 1987
D2029 - 242	矿带	方铅矿	18.646	15.735	38.983	葛朝华, 1987
大 - 1	含铜磁黄铁矿 - 黄铁矿铅锌矿矿石	方铅矿	18.666	15.718	38.920	徐文昕等, 2008
大 - 22	含铜磁黄铁矿 - 黄铁矿铅锌矿矿石	方铅矿	18.634	15.690	38.862	徐文昕等, 2008
大 - 31	含铜磁黄铁矿 - 黄铁矿铅锌矿矿石	方铅矿	18.637	15.691	38.858	徐文昕等, 2008
大 - 67	含铜磁黄铁矿 - 黄铁矿铅锌矿矿石	方铅矿	18.520	15.650	38.740	徐文昕等, 2008
大 - 69	含铜磁黄铁矿 - 黄铁矿铅锌矿矿石	方铅矿	18.679	15.772	39.080	徐文昕等, 2008
D20291	ZK2029，含铜磁黄铁矿 - 黄铁矿铅锌矿矿石	方铅矿	18.580	15.640	38.760	徐文昕等, 2008
D20299	ZK2029，含铜磁黄铁矿 - 黄铁矿铅锌矿矿石	方铅矿	18.550	15.640	38.760	徐文昕等, 2008
D20264	ZK2029，含铜磁黄铁矿 - 黄铁矿铅锌矿矿石	方铅矿	18.400	15.640	38.810	徐文昕等, 2008
D20265	ZK2029，含铜磁黄铁矿 - 黄铁矿铅锌矿矿石	方铅矿	18.590	15.660	38.760	徐文昕等, 2008
A12	含铜磁黄铁黄铁矿矿石，D1 - 2g	方铅矿	18.634	15.696	38.853	刘姤群等, 1985
F42	铅锌矿矿石	方铅矿	18.150	15.550	38.290	刘姤群等, 1985

续表 4-15

原样号	产出特征	测试矿物	$w(^{206}Pb)/w(^{204}Pb)$	$w(^{207}Pb)/w(^{204}Pb)$	$w(^{208}Pb)/w(^{204}Pb)$	资料来源
		平均值	18.575	15.675	38.816	
大-31	含铜磁黄铁矿-黄铁矿铅锌矿矿石	黄铁矿	18.500	15.540	38.520	徐文昕等，2008
大-46	含铜磁黄铁矿-黄铁矿铅锌矿矿石	黄铁矿	18.330	15.540	40.990	徐文昕等，2008
A1	黄铜矿-黄铁矿矿化	黄铁矿	18.698	15.727	38.814	徐文昕等，2008
A14	花岗闪长斑岩中含铜黄铁矿石英脉	黄铁矿	18.785	15.703	38.751	徐文昕等，2008
A2	含铜磁黄铁矿-黄铁矿	黄铁矿	18.613	15.615	38.572	徐文昕等，2008
A1	黄铜-黄铁矿化次英安斑岩	黄铁矿	18.698	15.727	38.814	刘姤群等，1985
A14	花岗闪长斑岩中含钼黄铁矿石英脉	黄铁矿	18.785	15.703	38.751	刘姤群等，1985
A2	含铜闪锌黄铁矿矿石，D2db	黄铁矿	18.613	15.615	38.573	刘姤群等，1985
DBS1-2	脉状矿体	黄铁矿	18.648	15.685	38.890	宋世明等，2007
DBS内-8	脉状矿体	黄铁矿	19.412	15.741	39.018	宋世明等，2007
DBS内-4	层状矿体	黄铁矿	18.690	15.746	39.036	宋世明等，2007
DBS6-6	层状矿体	黄铁矿	18.663	15.728	39.005	宋世明等，2007
DBS风-7	脉状矿体	黄铁矿	18.699	15.729	39.003	宋世明等，2007
DBS5-3	层状矿体	黄铁矿	19.756	15.754	38.971	宋世明等，2007
DBS2-12	层状矿体	黄铁矿	18.727	15.740	39.096	宋世明等，2007
DBS主-2	层状矿体	黄铁矿	18.699	15.737	39.011	宋世明等，2007

续表 4 – 15

原样号	产出特征	测试矿物	$w(^{206}Pb)/w(^{204}Pb)$	$w(^{207}Pb)/w(^{204}Pb)$	$w(^{208}Pb)/w(^{204}Pb)$	资料来源
DBS 主 – 5	脉状矿体	黄铁矿	18.724	15.745	39.027	宋世明等，2007
		平均值	18.767	15.693	38.991	
A13	含铜黄铁矿 – 磁黄铁矿	磁黄铁矿	18.736	15.748	39.088	徐文昕等，2008
A15	含铜磁黄铁矿 – 黄铁矿	磁黄铁矿	18.585	15.615	38.621	徐文昕等，2008
A11	含铜磁黄铁矿 – 黄铁矿	磁黄铁矿	18.664	15.565	38.518	徐文昕等，2008
A13	含铜黄铁磁黄铁矿矿石，J1	磁黄铁矿	18.736	15.748	39.088	刘姤群等，1985
A15	含铜黄铁磁黄铁矿矿石，D2db	磁黄铁矿	18.565	15.615	38.621	刘姤群等，1985
A11	含铜黄铁雌黄铁矿细脉，D1 – 2g	磁黄铁矿	18.664	15.565	38.518	刘姤群等，1985
DBS3 – 1	层状矿体	磁黄铁矿	18.663	15.744	38.844	宋世明等，2007
		平均值	18.659	15.657	38.757	
大 – 12	含铜磁黄铁矿 – 黄铁矿铅锌矿矿石	闪锌矿	18.634	15.696	38.853	徐文昕等，2008
大 – 22	含铜磁黄铁矿 – 黄铁矿铅锌矿矿石	闪锌矿	18.606	15.665	38.787	徐文昕等，2008
大 – 3	含铜磁黄铁矿 – 黄铁矿铅锌矿矿石	闪锌矿	18.430	15.639	38.542	徐文昕等，2008
大 – 46	含铜磁黄铁矿 – 黄铁矿铅锌矿矿石	闪锌矿	18.710	15.719	38.880	徐文昕等，2008
大 – 2	含铜磁黄铁矿 – 黄铁矿铅锌矿矿石	闪锌矿	18.574	15.652	38.739	徐文昕等，2008
		闪锌矿	18.574	15.652	38.739	刘姤群等，1985
		平均值	18.588	15.671	38.757	
Cu – 2	含铜磁黄铁矿矿石	黄铜矿	17.930	15.491	37.990	徐文昕等，2008

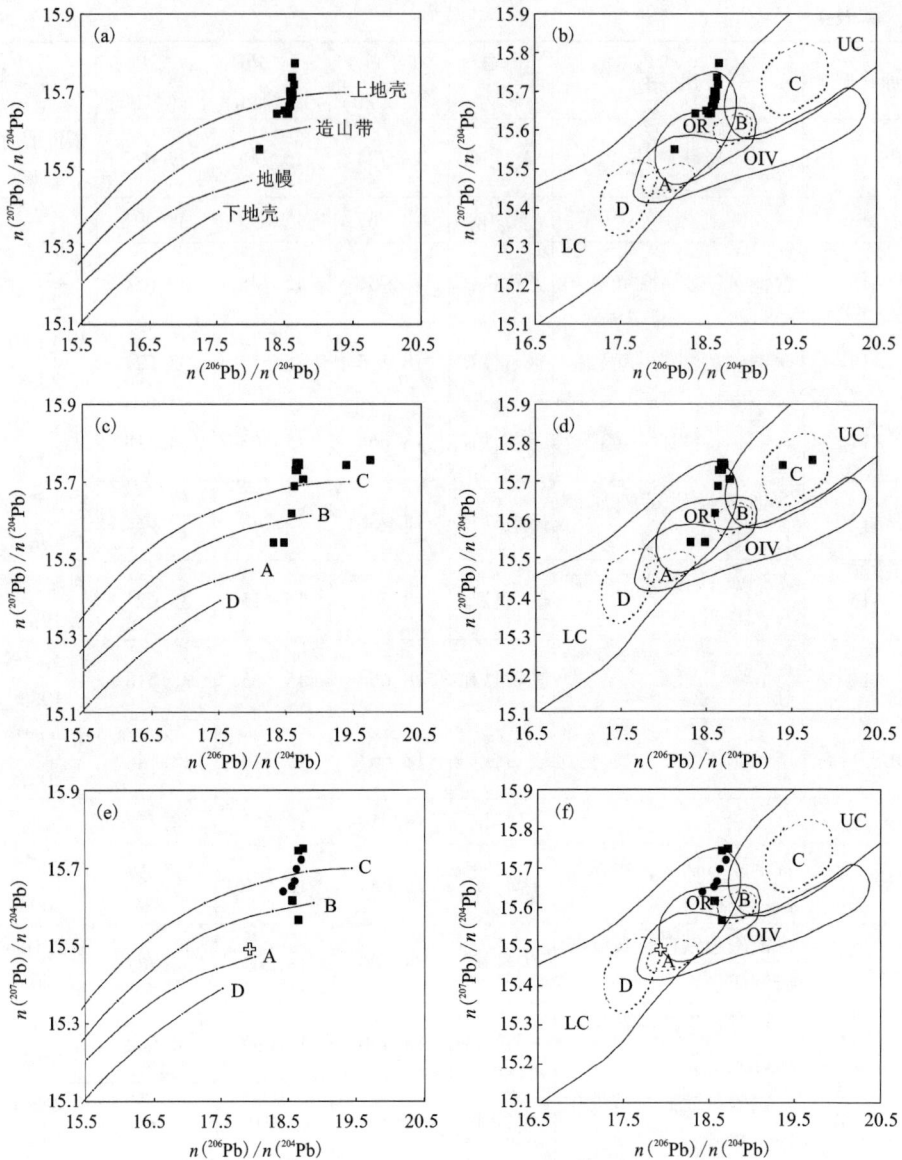

图 4 - 21 大宝山多金属矿床矿物铅同位素构造模式图

(a)方铅矿-^{206}Pb/^{204}Pb - ^{207}Pb/^{204}Pb 构造模式图;(b)方铅矿-^{206}Pb/^{204}Pb - ^{207}Pb/^{204}Pb,组成 A—地幔,B—造山带,C—上地壳,D—下地壳,LC—下地壳,UC—上地壳,OIV—洋岛火山岩,OR—造山带;(c)黄铁矿-^{206}Pb/^{204}Pb - ^{207}Pb/^{204}Pb 构造模式图;(d)黄铁矿-^{206}Pb/^{204}Pb - ^{207}Pb/^{204}Pb,组成 A—地幔,B—造山带,C—上地壳,D—下地壳,LC—下地壳,UC—上地壳,OIV—洋岛火山岩,OR—造山带;(e)其他矿物^{206}Pb/^{204}Pb - ^{207}Pb/^{204}Pb 构造模式图;(f)其他单矿物 -^{206}Pb/^{204}Pb -^{207}Pb/^{204}Pb 组成,A—地幔,B—造山带,C—上地壳,D—下地壳,LC—下地壳,UC—上地壳,OIV—洋岛火山岩,OR—造山带

4.5.2　硫同位素地球化学特征

此次测定17个硫同位素及引用前人硫同位素样品数据共计171个，列在表4-16中，109个黄铁矿 $\delta^{34}S$ 值(‰)变化范围为 -22.5 ~ +18.6，平均值为 +7.27，极差为 +41.1，标准差为 +4.63，数据分布范围广。在直方图上数据主要集中在 -3‰ ~ +5‰。

37个闪锌矿 $\delta^{34}S$ 值(‰)变化范围为 -2.4 ~ +3.8，平均值为 +0.31，极差为 +6.2，标准差为 +1.14，数据分布较集中。主要集中在 -0.8‰ ~ +1.6‰ [图4-22(a)]。

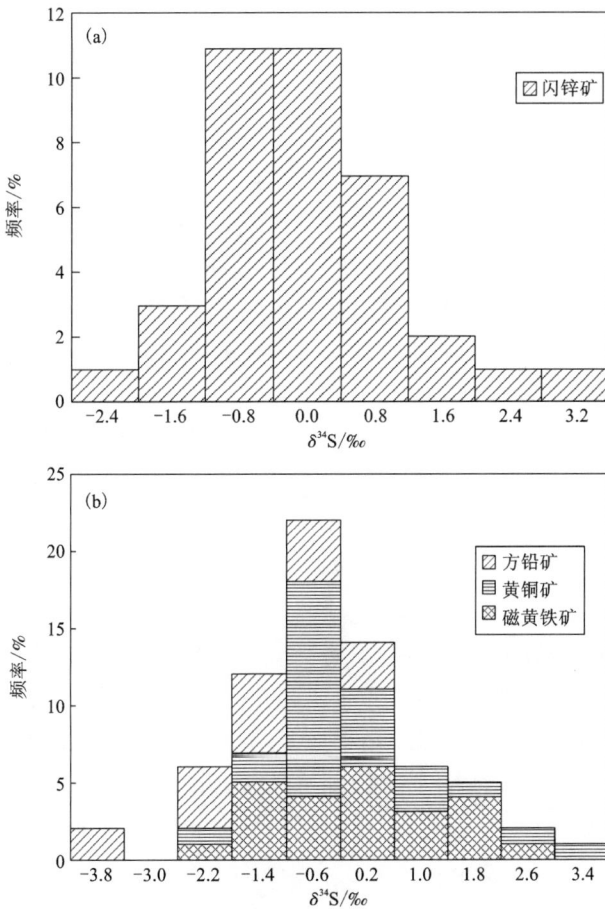

图4-22

(a)粤北大宝山铜铅锌钼多金属矿床闪锌矿中硫同位素的直方图

(b)粤北大宝山铜铅锌钼多金属矿床方铅矿、黄铜矿和磁黄铁矿内硫同位素的直方图

23 个磁黄铁矿 δ^{34}S 值(‰)变化范围为 $-1.7 \sim +2.9$,平均值为 $+0.45$,极差为 $+4.6$,标准差为 $+0.59$,数据分布较集中。28 个黄铜矿 δ^{34}S 值(‰)范围在 $-1.82 \sim +3.8$,平均值为 $+0.29$,极差为 $+5.62$,标准差为 $+0.42$,数据分布较集中。18 个方铅矿 δ^{34}S 值(‰)变化范围为 $-3.71 \sim +0.4$,平均值为 -1.07,极差为 $+4.11$,标准差为 $+0.7$,数据分布较集中。主要集中在 $-1.4‰ \sim +1.8‰$ [图 4-22(b)]。

此次测试结果表示矿石中黄铁矿的 δ^{34}S 值(‰)范围为 $-1.6 \sim +1.2$,平均值为 -0.6,标准差为 $+0.8$,极差为 $+6.2$;磁黄铁矿的 δ^{34}S 值(‰)范围为 $-1.7 \sim +0.9$,平均值为 -0.9,标准差为 $+0.9$,极差为 $+2.6$;与前人研究成果相对比,均包含在其范围之内。

前人研究认为,通常情况下,有不同来源的硫其同位素组成的范围也会有所不同,通常可以将成矿热液的总硫同位素含量分为三种类型[137-140]:①当 δ^{34}S 值约为 0 时,表示硫同位素来源一般为地幔,亦或者是深部地壳中大量物质均一法的结果;②当 δ^{34}S 值约为 $+20‰$ 时,则表示硫源为沉积地层或者海水;③当 δ^{34}S 值为 $+5 \sim +15‰$ 时,则认为硫源为局部围岩或者混合来源。另外,格里年科(1980)研究表明,对于 δ^{34}S 值为 $4.0‰ \sim 10.0‰$ 的金属硫化物,其硫源或许与岩浆硫和硫酸盐的混合作用相关,也可能是从地壳中吸收了各种成因硫[141]。通过本区硫同位素组成特征可以判断矿石硫的来源主要为地幔深源,部分来源于海水或沉积地层,硫源应为混合源。

4.5.3 碳同位素地球化学特征

根据前人研究总结,碳同位素一般存在三个来源:①大多数具有海相碳酸盐岩的 $\delta^{13}C_{V-PDB}$ 值的含量范围为 $-3 \sim +3‰$[141];②深部来源或岩浆来源的 $\delta^{13}C_{V-PDB}$ 值的含量范围为 $-7‰ \sim -3‰$[142];③沉积岩、煤、石油和石墨中的有机物 $\delta^{13}C_{V-PDB}$ 值的含量范围为 $-10‰ \sim -35‰$[141]。葛朝华等完成的粤北大宝山铜铅锌多金属矿区碳氧同位素构成结果(表 4-17)显示:菱铁矿 $\delta^{13}C_{V-PDB}$ 值的含量范围为 $-8.33‰ \sim -2.55‰$,平均值为 $-5.55‰$;方解石 $\delta^{13}C_{V-PDB}$ 值的含量范围为 $-3.18‰ \sim 0.98‰$,平均值为 $-1.67‰$。方解石中 $\delta^{13}C_{V-PDB}$ 值要高于菱铁矿的 $\delta^{13}C_{V-PDB}$ 值。从测试结果可看出,本区碳同位素来源多为深部来源或者岩浆,部分为海相碳酸盐岩。因此,研究认为大宝山铅锌铜钼多金属矿区成矿流体中的碳不可能来自有机碳源,而可能是以深源碳为主,部分为海相碳酸盐岩的混合来源。

菱铁矿 $\delta^{18}O_{V-SMOW}$ 分布范围为 $17.73‰ \sim 19.31‰$,平均值为 $18.47‰$;方解石 $\delta^{18}O_{V-SMOW}$ 分布范围为 $9.21‰ \sim 12.00‰$,平均值为 $10.66‰$。$\delta^{18}O_{V-SMOW}$ 值显示,菱铁矿 > 方解石。

将前人研究成果投影到 $\delta^{13}C_{V-PDB}-\delta^{18}O_{V-SMOW}$ 图解（图 4-23）上面，可显著看出样品分布区域近似平行于 $\delta^{13}C_{V-PDB}$，而垂直于 $\delta^{18}O_{V-SMOW}$。而在重要地质储库（图 4-24）上，本区碳同位素多投影在地幔和碳酸盐岩范围，氧同位素多投影在火成岩和沉积岩范围内，这也说明了上述观点。

表 4-16　粤北大宝山铜铅锌多金属矿区硫同位素的特征

序号	样号	矿石类型	$w(S)$/‰					资料来源
			黄铁矿	闪锌矿	磁黄铁矿	黄铜矿	方铅矿	
1	A1	黄铜-黄铁矿化英安斑岩	-0.08					刘娇群等，1985
2	D8	次英安斑岩中铅锌磁黄铁矿脉		1.17			-0.53	刘娇群等，1985
3	D20	次英安斑岩中铜铅锌矿脉	0.82		-0.79	-0.65	-3.39	刘娇群等，1985
4	D21	次英安斑岩中块状铅锌矿石	1.9			-0.29		刘娇群等，1985
5	D22	次英安斑岩中铅锌矿石	2.07			-0.48	-1.84	刘娇群等，1985
6	A2	含铜闪锌黄铁矿石，D2db	-1.19			-1.82		刘娇群等，1985
7	D26	闪锌黄铁矿石，D2db				0.87		刘娇群等，1985
8	A3	黄铁矿石，D2db	3.63					刘娇群等，1985
9	D19	铜多金属矿石，D2dn	0.93			-1.18	-3.71	刘娇群等，1985
10	A4	含铜磁黄铁矿石，D2dn	-0.08	-0.56				刘娇群等，1985
11	A5	含铜黄铁磁黄铁矿石，D2dn		-1.23	-0.67			刘娇群等，1985
12	A6	含铜磁黄铁矿石，D2dn	-0.09	0.16				刘娇群等，1985

续表 4 – 16

序号	样号	矿石类型	w(S)/‰					资料来源
			黄铁矿	闪锌矿	磁黄铁矿	黄铜矿	方铅矿	
13	A7	含铜磁黄铁矿石，D2dn		– 0.21				刘姤群等，1985
14	A8	含铜磁黄铁 – 黄铁矿石，D2dn	0.62	0.12				刘姤群等，1985
15	A9	含铜黄铁 – 磁黄铁矿石，D2dn	– 0.1	– 0.5				刘姤群等，1985
16	A10	含铜磁黄铁矿石，D2dn		– 0.13	– 0.45			刘姤群等，1985
17	D23	闪锌黄铁矿石，D2dn	0.91			0.1		刘姤群等，1985
18	D35	铜多金属矿石，D2dn	0.35			– 0.37		刘姤群等，1985
19	D1	含铜磁黄铁矿石，D2dn		0.67		1.25		刘姤群等，1985
20	D4	含铜铅锌黄铁矿石，D2dn	1.34			1.21		刘姤群等，1985
21	D5	含铜铅锌黄铁矿石，D2dn	2.65			1.5		刘姤群等，1985
22	D29	脉状矿石，D2dn				0.09		刘姤群等，1985
23	A11	含铜黄铁 – 磁黄铁细脉，D1 – 2gt	0.4	– 0.9				刘姤群等，1985
24	A12	含铜磁黄铁 – 黄铁矿石，D1 – 2gt	0.08			– 0.29		刘姤群等，1985
25	A13	含铜黄铁磁黄铁矿石，J1		1.23				刘姤群等，1985
26	D16	灰岩中铅锌黄铁矿脉	4.4			2.02		刘姤群等，1985
27	D10	矽卡岩中铅锌矿石	1			– 0.44		刘姤群等，1985

续表 4-16

序号	样号	矿石类型	$w(S)/‰$					资料来源
			黄铁矿	闪锌矿	磁黄铁矿	黄铜矿	方铅矿	
28	D5118-2	层状菱铁矿矿石	18.6					葛朝华等,1987
29	D5240-105	层状菱铁矿矿石	13.4					葛朝华等,1987
30	D5240-86	层状菱铁矿矿石	13.2					葛朝华等,1987
31	D2066-75	同生块状黄铁矿矿石	4					葛朝华等,1987
32	D5244-106	同生块状黄铁矿矿石	3.6					葛朝华等,1987
33	D2066-79	同生块状黄铁矿矿石	3.6					葛朝华等,1987
34	D5121-64	铅锌矿化黄铁矿矿石	0.3	-0.3			-0.9	葛朝华等,1987
35	D5146-95	铅锌矿化黄铁矿矿石	0.3				-0.5	葛朝华等,1987
36	D2004-81	铅锌矿化黄铁矿矿石	-0.3	0.4			-1.1	葛朝华等,1987
37	D2025-42	铅锌矿化黄铁矿矿石	2.1	0.2			-0.8	葛朝华等,1987
38	D2038-163	同生块状黄铁矿矿石	3.9					葛朝华等,1987
39	D2055-111	同生块状黄铁矿矿石	4.9					葛朝华等,1987
40	D873-78	同生条带状磁黄铁矿矿石						葛朝华等,1987
41	DCK-5	同生条带状磁黄铁矿矿石	-0.6			0.2		葛朝华等,1987
42	D2026-147	块状磁黄铁矿矿石	0.8					葛朝华等,1987

续表 4 – 16

序号	样号	矿石类型	w(S)/‰					资料来源
			黄铁矿	闪锌矿	磁黄铁矿	黄铜矿	方铅矿	
43	D2002 – 233	闪锌矿化磁黄铁矿矿石			0.6			葛朝华等, 1987
44	D2005 – 238	闪锌矿化磁黄铁矿矿石			0.1	0.3		葛朝华等, 1987
45	D2029 – 87	铅锌矿化黄铁矿矿石	– 0.4	– 0.5				葛朝华等, 1987
46	D852 – 35	铅锌矿化黄铁矿矿石	– 0.4	– 0.1		– 0.5		葛朝华等, 1987
47	D2004 – 155	铅锌矿化黄铁矿矿石	0.1	0.3			0	葛朝华等, 1987
48	DS – 166	铅锌矿化黄铁矿矿石		– 2.4		– 0.5	0	葛朝华等, 1987
49	D2029 – 243	角砾状矿石	2.2	2	2.3		0.1	葛朝华等, 1987
50	D2004 – 365	角砾状矿石	0.3	– 0.4	– 0.3		– 0.9	葛朝华等, 1987
51	D2029 – 242	角砾状矿石	1.2		2			葛朝华等, 1987
52	D2029 – 240	角砾状矿石	1.6					葛朝华等, 1987
53	DBS1 – 2	脉状黄铁矿	– 0.09					宋世明等, 2007
54	DBS1 – 1	脉状黄铁矿	– 0.14					宋世明等, 2007
55	DBS 内 – 4	块状黄铁矿	0.51					宋世明等, 2007
56	DBS6 – 1	块状黄铁矿	0.2					宋世明等, 2007
57	DBS6 – 2	块状黄铁矿	1.57					宋世明等, 2007

续表 4 – 16

序号	样号	矿石类型	$w(S)/‰$					资料来源
			黄铁矿	闪锌矿	磁黄铁矿	黄铜矿	方铅矿	
58	DBS 风 – 7	块状黄铁矿	2.48					宋世明等，2007
59	DBS 风 – 3	脉状黄铁矿	– 0.1					宋世明等，2007
60	DBS5 – 3	块状黄铁矿	2.15					宋世明等，2007
61	DBS5 – 8	块状黄铁矿	1.05					宋世明等，2007
62	DBS5 – 11	块状黄铁矿	2.4					宋世明等，2007
63	DBS3 – 2	脉状黄铁矿	– 2.06					宋世明等，2007
64	DBS3 – 3	块状黄铁矿	– 0.04					宋世明等，2007
65	DBS 负 – 3	块状黄铁矿	0.44					宋世明等，2007
66	DBS2 – 2	脉状黄铁矿	0.49					宋世明等，2007
67	DBS2 – 12	块状黄铁矿	2.48					宋世明等，2007
68	DBS 主 – 2	块状黄铁矿	0.52					宋世明等，2007
69	DBS 主 – 5	脉状黄铁矿	0.14					宋世明等，2007
70	DBS 主 – 10	脉状黄铁矿	– 0.04					宋世明等，2007
71	ZK2032 – 16						0.2	刘孝善等，1985
72	ZK2032 – 15			1				刘孝善等，1985

续表 4 – 16

序号	样号	矿石类型	w(S)/‰					资料来源
			黄铁矿	闪锌矿	磁黄铁矿	黄铜矿	方铅矿	
73	ZK2002 – 5				2.4			刘姤群等，1985
74	铜 – 3				2.1			刘姤群等，1985
75	大 – 13	上泥盆统天子岭组	8.7					徐文昕等，2008
76	大 – 15	上泥盆统天子岭组	14.6					徐文昕等，2008
77	大 – 16	上泥盆统天子岭组	16.5					徐文昕等，2008
78	大 – 17	上泥盆统天子岭组	17.9					徐文昕等，2008
79	大 – 14	中泥盆统东岗岭组	– 5.3					徐文昕等，2008
80	大 – 23	中泥盆统东岗岭组	– 9					徐文昕等，2008
81	大 – 59	中泥盆统东岗岭组	– 5.2					徐文昕等，2008
82	大 – 82	中泥盆统东岗岭组	– 22.5					徐文昕等，2008
83	ZK1002 – 83	次安斑岩脉状硫化物	– 0.3					徐文昕等，2008
84	ZK1002 – 84	次安斑岩脉状硫化物	0.2					徐文昕等，2008
85	ZK1002 – 89	黄铁矿石英组合	0.3					徐文昕等，2008
86	ZK1002 – 95，ZK1002 – 55	黄铜矿 – 黄铁矿组合	0.8					徐文昕等，2008
87	ZK1002 – 51	产于金鸡组砂页岩黄铜矿 – 磁黄铁矿			1.5			徐文昕等，2008

续表 4 - 16

序号	样号	矿石类型	w(S)/‰					资料来源
			黄铁矿	闪锌矿	磁黄铁矿	黄铜矿	方铅矿	
88	ZK2002 - 59	黄铁矿 - 石英	- 0.2					徐文昕等, 2008
89	采场 - 74	似层状含铜黄铁矿	- 0.3					徐文昕等, 2008
90	采场 - 72	似层状多金属矿	1.1					徐文昕等, 2008
91	采场 - 20	似层状含铜黄铁矿	0.2					徐文昕等, 2008
92	ZK - 101	似层状含铜黄铁矿	4.3					徐文昕等, 2008
93	ZK2032 - 15	似层状含铜黄铁矿	4.5					徐文昕等, 2008
94		似层状黄铁矿	1.3					徐文昕等, 2008
95	ZK2026 - 1	含铜黄铁矿矿石	0.1					徐文昕等, 2008
96	ZK2026 - 2	含铜黄铁矿矿石	1					徐文昕等, 2008
97	ZK2026 - 3	含铜黄铁矿矿石	0.8					徐文昕等, 2008
98	ZK2009 - 8	含铜黄铁矿矿石	0.9					徐文昕等, 2008
99	ZK2009 - 9	含铜黄铁矿矿石	- 0.3					徐文昕等, 2008
100	ZK2009 - 10	含铜黄铁矿矿石	0.3					徐文昕等, 2008
101	ZK2009 - 21	脉状含铜黄铁矿矿石	1.3					徐文昕等, 2008
102	ZK2009 - 22	脉状含铜黄铁矿矿石	3.3					徐文昕等, 2008

续表 4 – 16

序号	样号	矿石类型	w(S)/‰					资料来源
			黄铁矿	闪锌矿	磁黄铁矿	黄铜矿	方铅矿	
103	ZK2032 – 31	脉状含铜黄铁矿矿石	0.3					徐文昕等，2008
104	ZK2032 – 56	脉状含铜黄铁矿矿石	1.1					徐文昕等，2008
105	ZK2032 – 57	脉状含铜黄铁矿矿石	2.2					徐文昕等，2008
106	ZK2032 – 61	脉状含铜黄铁矿矿石	0.6					徐文昕等，2008
107	ZK2066 – 63	脉状含铜黄铁矿矿石	0.4					徐文昕等，2008
108	ZK2066 – 65	脉状含铜黄铁矿矿石	2.7					徐文昕等，2008
109	ZK2066 – 67	脉状含铜黄铁矿矿石	0.1					徐文昕等，2008
110	ZK2066 – 74	脉状含铜黄铁矿矿石	– 0.3					徐文昕等，2008
111	ZK2066 – 75	脉状含铜黄铁矿矿石	0.1					徐文昕等，2008
112	ZK2066 – 62	含铜黄铁矿	– 1.9					徐文昕等，2008
113	ZK2002 – 54	似层状含铜闪锌矿		3.8				徐文昕等，2008
114	ZK2032 – 16	黄铁矿闪锌矿细脉		1				徐文昕等，2008
115	ZK2026 – 1	含铜黄铁矿矿石		– 0.6				徐文昕等，2008
116	ZK2026 – 2	含铜黄铁矿矿石		0.1				徐文昕等，2008
117	ZK2026 – 3	含铜黄铁矿矿石		0.2				徐文昕等，2008

续表 4 – 16

序号	样号	矿石类型	w(S)/‰					资料来源
			黄铁矿	闪锌矿	磁黄铁矿	黄铜矿	方铅矿	
118	ZK2009 – 22	脉状含铜黄铁矿矿石		2.7				徐文昕等，2008
119	ZK2032 – 31	脉状含铜黄铁矿矿石		0.9				徐文昕等，2008
120	ZK2032 – 49	脉状含铜磁黄铁矿		2.2				徐文昕等，2008
121	ZK2032 – 56	脉状含铜黄铁矿矿石		0.2				徐文昕等，2008
122	ZK2032 – 57	脉状含铜黄铁矿矿石		1.1				徐文昕等，2008
123	ZK2032 – 61	脉状含铜黄铁矿矿石		0.1				徐文昕等，2008
124	ZK2066 – 63	脉状含铜黄铁矿矿石		0.2				徐文昕等，2008
125	ZK2066 – 65	脉状含铜黄铁矿矿石		1				徐文昕等，2008
126	ZK2066 – 67	脉状含铜黄铁矿矿石		– 0.3				徐文昕等，2008
127	ZK2066 – 74	脉状含铜黄铁矿矿石		– 0.9				徐文昕等，2008
128	ZK2066 – 75	脉状含铜黄铁矿矿石		– 0.3				徐文昕等，2008
129	ZK2009 – 45	似层状含磁黄铁矿			0.6			徐文昕等，2008
130	ZK1 – 98	脉状黄铁矿磁黄铁矿			0.2			徐文昕等，2008
131	ZK2009 – 8	含铜黄铁矿矿石			0.2			徐文昕等，2008
132	ZK2009 – 9	含铜黄铁矿矿石			– 0.5			徐文昕等，2008

续表 4 – 16

序号	样号	矿石类型	w(S)/‰					资料来源
			黄铁矿	闪锌矿	磁黄铁矿	黄铜矿	方铅矿	
133	ZK2032 – 26	脉状含铜磁黄铁矿			0.8			徐文昕等，2008
134	ZK2032 – 48	脉状含铜磁黄铁矿			1.2			徐文昕等，2008
135	ZK2032 – 49	脉状含铜磁黄铁矿			2.9			徐文昕等，2008
136	ZK2032 – 54	脉状含铜磁黄铁矿			1.1			徐文昕等，2008
137	ZK1002 – 53	黄铜矿黄铁矿组合				– 0.3		徐文昕等，2008
138	ZK2002 – 53	黄铜矿方铅矿闪锌矿组合				0.9		徐文昕等，2008
139	采场 – 73	似层状含铜黄铁矿				– 0.3		徐文昕等，2008
140	ZK2026 – 1	含铜黄铁矿矿石				0.7		徐文昕等，2008
141	ZK2009 – 8	含铜黄铁矿矿石				3.4		徐文昕等，2008
142	ZK2009 – 10	含铜黄铁矿矿石				– 0.3		徐文昕等，2008
143	ZK2066 – 47	含铜黄铁矿				– 0.1		徐文昕等，2008
144	ZK2066 – 43	含铜黄铁矿				– 0.6		徐文昕等，2008
145	ZK2066 – 8	含铜黄铁矿				3.8		徐文昕等，2008
146	ZK2032 – 13	黄铁矿闪锌矿细脉					0.2	徐文昕等，2008
147	ZK2026 – 1	含铜黄铁矿矿石					– 1.7	徐文昕等，2008

续表 4 – 16

序号	样号	矿石类型	w(S)/‰					资料来源
			黄铁矿	闪锌矿	磁黄铁矿	黄铜矿	方铅矿	
148	ZK2009 – 21	脉状含铜黄铁矿矿石					0.1	徐文昕等，2008
149	ZK2009 – 22	脉状含铜黄铁矿矿石					0.4	徐文昕等，2008
150	ZK2032 – 31	脉状含铜黄铁矿矿石					– 0.8	徐文昕等，2008
151	ZK2066 – 67	脉状含铜黄铁矿矿石					– 1.9	徐文昕等，2008
152	ZK2066 – 74	脉状含铜黄铁矿矿石					– 2.1	徐文昕等，2008
153	DBS 大 – 8	全岩	0.53					宋世明等，2007
154	DBS 大 – 3	全岩	1.01					宋世明等，2007
155	CDL – 3	矿石	– 0.5					本文
156	CDL – 4	矿石	– 0.7					本文
157	CDL – 6	矿石	1.2					本文
158	CDL – 7	矿石	0.6					本文
159	CDL – 8	矿石	– 0.7					本文
160	ZK5606 – 1	矿石	– 1.3					本文
161	ZK5606 – 3	矿石	– 1.3					本文
162	ZK6004 – 1	矿石	– 0.7					本文
163	ZK6004 – 8	矿石	– 0.9					本文
164	V – 6	矿石	– 1.6					本文
165	V – 7	矿石	– 0.8					本文
166	V – 10	矿石	– 0.6					本文
167	CDL – 3	矿石			0.6			本文
168	CDL – 8	矿石			– 1.3			本文
169	V – 1	矿石			– 0.9			本文
170	V – 7	矿石			– 1.2			本文
171	V – 10	矿石			– 1.7			本文

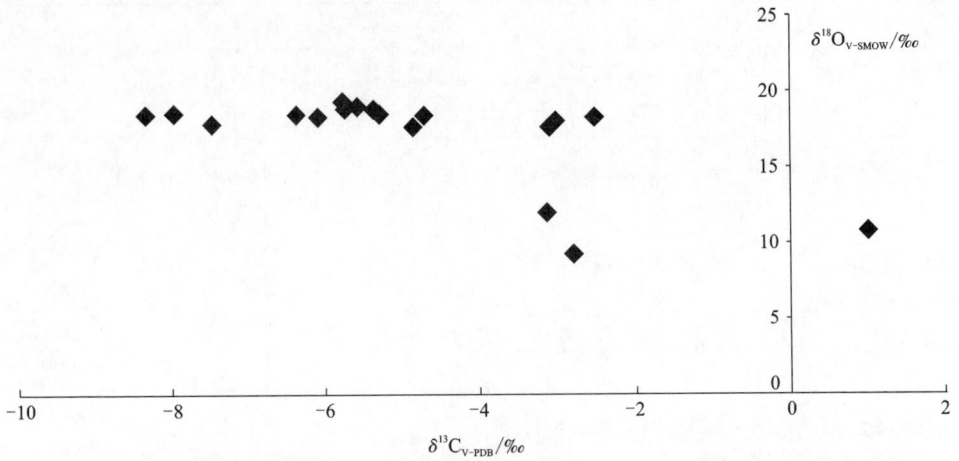

图 4 – 23   大宝山铜铅锌钼多金属矿区矿床 $\delta^{13}C_{V-PDB} - \delta^{18}O_{V-SMOW}$ 图解

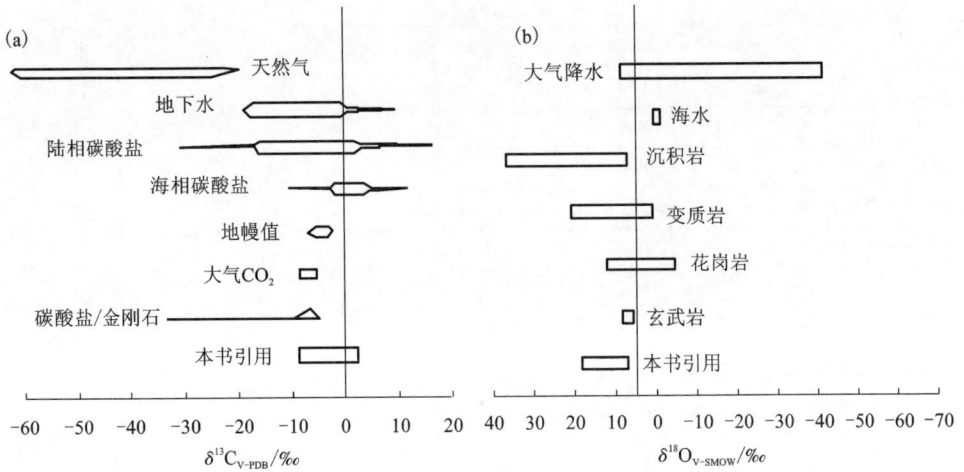

图 4 – 24   重要地质储库：碳同位素特征（a 据文献［142］）和氧同位素特征（b 据文献［142］）

表4-17 粤北大宝山铜铅锌多金属矿床碳同位素的组成

序号	样号	岩石类型	测试矿物	$\delta^{13}C_{V-PDB}/‰$	$\delta^{18}O_{V-SMOW}/‰$
1	D2066-69	块状菱铁矿	菱铁矿	-2.55	18.36
2	D5240-185	块状石英菱铁矿	菱铁矿	-4.73	18.58
3	D5240-18323	块状石英菱铁矿	菱铁矿	-4.87	17.78
4	D2050-1863	块状菱铁矿	菱铁矿	-3.06	18.07
5	-1861	块状菱铁矿	菱铁矿	-3.12	17.73
6	D5240-1381	块状菱铁矿	菱铁矿	-5.40	18.92
7	CK5118	块状石英菱铁矿	菱铁矿	-5.60	19.05
8	D5240-110	块状菱铁矿	菱铁矿	-5.75	18.79
9	D5240-1381	块状菱铁矿	菱铁矿	-5.32	18.61
10	D2065-136	块状菱铁矿	菱铁矿	-5.78	19.31
11	D5216-67-2	块状菱铁矿	菱铁矿	-6.10	18.46
12	D5240-105	块状绿泥石菱铁矿	菱铁矿	-6.39	18.56
13	D5216-67-1	块状菱铁矿	菱铁矿	-6.37	18.35
14	D5244-1351	块状菱铁矿	菱铁矿	-7.47	17.89
15	-1382	块状菱铁矿	菱铁矿	-7.97	18.59
16	-139	块状菱铁矿	菱铁矿	-8.33	18.51
17	D1099-54	方解石大理石	方解石	0.98	10.78
18	D863-21	石英方解石大理石	方解石	-2.81	9.21
19	D2039-55	钙长石石英方解石大理石	方解石	-3.18	12.00

注:资料引自于葛朝华等,1987

4.5.4 He-Ar 同位素

根据前人研究,黄铁矿相对于其他矿物出现漏气情况程度相对更小,适合用来探讨成矿流体中稀有气体的同位素组成特征。另外,流体包裹体中由于 He 和 Ar 扩散丢失从而引起的后生叠加的 He、Ar 和同位素分馏可忽略不计,所以,黄铁矿内流体包裹体中 He-Ar 同位素组成可接近视为成矿流体中 He-Ar 同位素组成的初始值[143]或原生包裹体。

据研究,热液流体内的惰性气体一般源自深源地幔流体、地壳流体、大气饱和水等 3 个来源[141],其中地幔流体则有高^{3}He 的特征,其 $w(^3He)/w(^4He)$ 特征

值为 $(6 \sim 9) R/R_a$，$w(^{40}Ar)/w(^{36}Ar)$ 变化比较大，通常大于 20000。地壳流体中主要以放射成因的 He 和 Ar 为主，$w(^{3}He)/w(^{4}He)$ 的特征值为 $0.01R/R -$ $0.05R/R_a$，$w(^{40}Ar)/w(^{36}Ar)$ 通常大于 295.5；大气饱和水（ASW）（包括大气降水和海水）中典型 He 和 Ar 同位素组成为：$w(^{3}He)/w(^{4}He) = 1R_a$（$R_a$ 代表大气氦，$w(^{3}He)/w(^{4}He) = 1.39 \times 10^{-6}$），$w(^{40}Ar)/w(^{36}Ar) = 295.5$；很容易发现，不同源区的成矿流体惰性气体的差距非常明显。

广东大宝山铜铅锌钼多金属矿区黄铁矿中 He - Ar 同位素组成可见表 4 - 18，从表 4 - 18 可看出：矿区样品各组分的含量分别为：$^{4}He = 3.74 \times 10^{-7} \sim 14.85 \times 10^{-7} cm^3$，平均 $7.52 \times 10^{-7} cm^3$；$w(^{3}He)/w(^{4}He) = 0.84 \times 10^{-7} \sim 5.78 \times 10^{-7} cm^3$，平均 $3.03 \times 10^{-7} cm^3$。$w(^{40}Ar)/w(^{38}Ar) = 1764 \sim 2226$，平均 1947；$w(^{40}Ar)/w(^{36}Ar) = 327 \sim 411$，平均 359；$R/R_a = 0.60 \sim 4.13$，平均 2.16。

依据上述特征，该区黄铁矿的流体包裹体 He - Ar 同位素组成特征明显在地幔放射成因来源及地壳来源之间，即其 $w(^{3}He)/w(^{4}He)$ 值 $(0.84 \sim 5.78) R/R_a$ 既高于地壳流体 $(0.01 \sim 0.05) R/R_a$，又远低于地幔流体 $(6 \sim 9) R/R_a$。$w(^{40}Ar)/w(^{36}Ar)$ $(327 \sim 411)$ 高于大气饱和水（295.5）和在地幔柱（296 ~ 2780）之间。

将 6 个数据投影到 $w(^{40}Ar)/w(^{36}Ar) - R/R_a$ 图解（图 4 - 25）中均落入在大气饱和水和地幔之间，表示成矿流体中都存在地幔流体相与大气降水混合的结果。

表 4 - 18 粤北大宝山铜铅锌钼多金属矿区黄铁矿的 He - Ar 同位素组成

序号	样号	采样位置	矿体类型	$w(^{3}He)$ /10^{-13}	^{4}He /10^{-7}	$^{3}He/$ ^{4}He	$^{40}Ar/$ ^{36}Ar	$^{40}Ar/$ ^{38}Ar	^{40}Ar /10^{-7}	$R/$ Ra
1	DBS6 - 6	673 坑口西	层状	6.33	4.46	1.42	330	1792	4.65	1.01
2	DBS 内 - 8	690 m 井内	脉状	6.78	8.07	0.84	327	1764	10.84	0.6
3	DBS 风 - 7	风井	层状	12.63	5.90	2.14	340	1853	4.77	1.53
4	DBS5 - 1	673 坑口南	层状	43.21	14.85	2.91	411	2226	7.67	2.07
5	DBS5 - 3	673 坑口南	层状	46.64	8.07	5.78	346	1889	5.12	4.13
6	DBS2 - 12	2 坑口	层状	19.04	3.74	5.09	397	2156	4.25	3.64

注：资料引自宋世明等，2007[43]；He 和 Ar 单位为 $10^{-7} cm^3 STP/g$

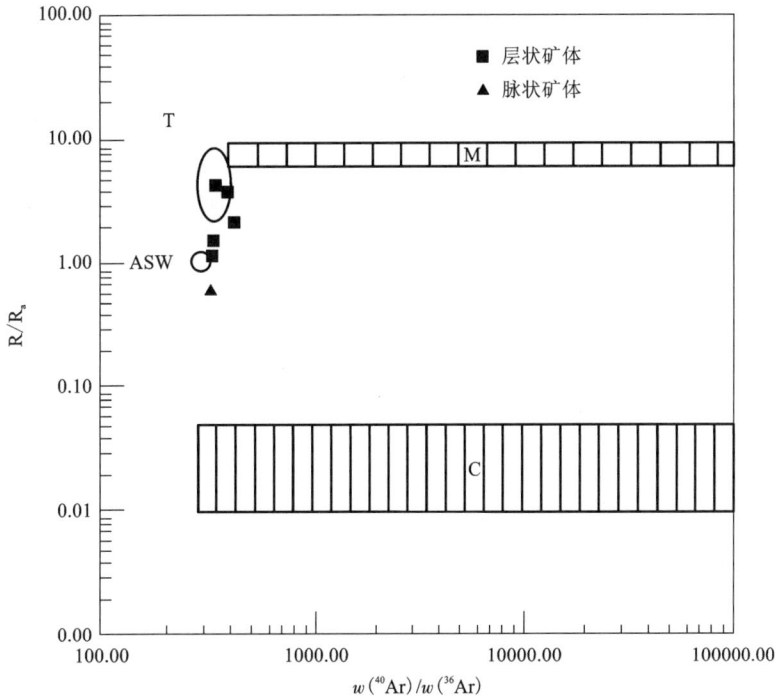

图 4 – 25　大宝山铜铅锌钼多金属矿区黄铁矿流体包裹体$^{40}Ar/^{36}Ar – R/R_a$ 图解（据文献［47］）

ASW—大气饱和水；T—大西洋洋中脊；TAG—地区海底热水范围；M—地幔流体范围；C—地壳流体范围

4.6　岩浆岩构造环境

　　将本书所获花岗侵入岩类微量元素 Rb、Yb 和 Ta 结果投影于 $w($Rb$) – w($Yb $+$Ta$)$图解上[144]［图 4 – 26（a）］，样品大多数投影在"火山弧花岗岩"的区域范围中，只有少数的投影在"同构造的碰撞花岗岩"区域中。而在 $w($Nb$) – w($Y$)$图解[145 – 146]［图 4 – 26（b）］上，样品同样多数投影在"火山弧花岗岩和同构造的碰撞花岗岩"范围内，这表明本区侵入岩类岩石主要形成于"火山弧与同碰撞"构造环境下。

　　通过花岗岩类岩石组合示意图解，学者 Bowden and Batchelor[147]（1985）判断出产在不同构造环境中的花岗岩类（见图 4 – 27）。根据大宝山花岗岩主量元素含量，通过计算 R_1 和 R_2 值，其结果显示多数样品落在"地幔分异和同碰撞期"的花岗岩区域上，少部分落在板块碰撞前和造山晚期的花岗岩区域上，总体表明大宝山花岗岩体主要为产于同碰撞构造环境的花岗岩体。

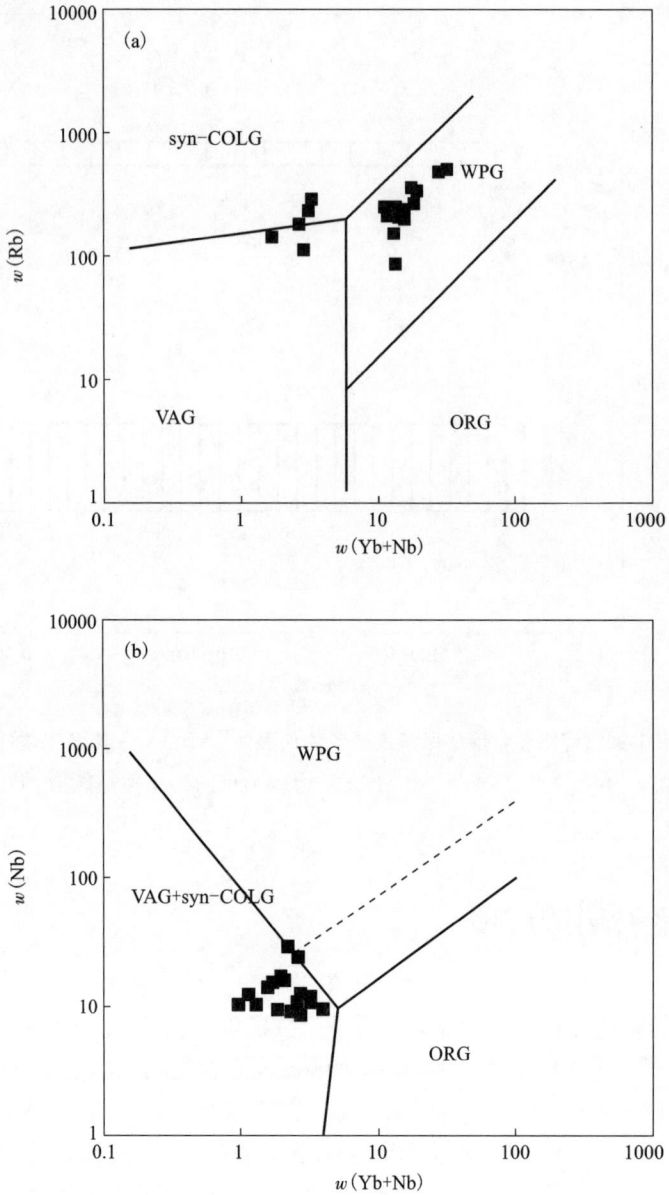

图 4 – 26

(a)侵入岩的 $w(Rb) - w(Yb + Ta)$ 图解(据 Pearce et al, 1984)

1—Syn – COLG – 同构造的碰撞花岗岩；2—VAG – 火山弧花岗岩；

3—WPG – 板内花岗岩；4—ORG – 洋中脊花岗岩

(b)$w(Nb) - w(Y)$ 图解[底图据 Pearce 等；图例同图(a)]

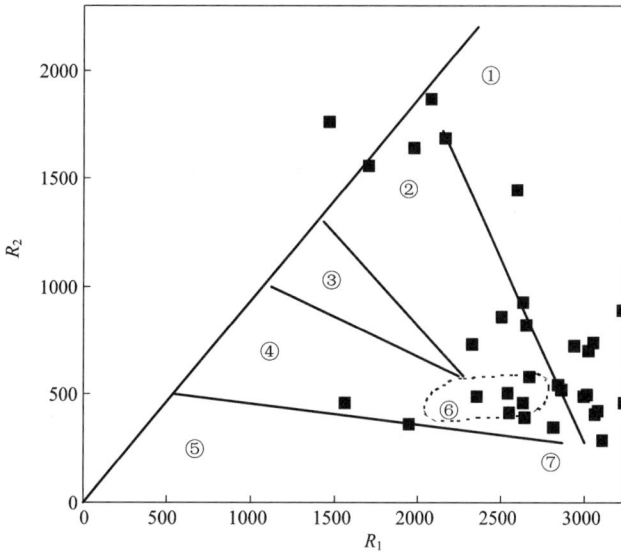

图 4 − 27　$R_1 - R_2$ 构造环境判别模式图（据 Batchelor 和 Bowden，1985）

①地幔分异；②板块碰撞前的；③碰撞抬升的；④造山晚期的；

⑤非造山的；⑥同碰撞期的；⑦造山期后的

5　成矿流体特征

　　包裹体地球化学研究解决了很多矿床学方面的重要问题，提出了非常之多的矿床学成矿理论。尤其是近些年比较成熟的包裹体汽液相成分测定、均一法测温和同位素测定等，使通过流体包裹体研究探讨矿床成因、成矿机理及成矿流体特征变为重要的研究手段。现将本区总结分析前人成果的岩相学、气液相成分分析和显微测温结果表述如下。

5.1　取样及显微岩相学特征

　　本次研究的工作为引用前人成果，总结其流体包裹体的显微照片特征：
　　产在黄铁矿－闪锌矿－方铅矿矿石中的石英的流体包裹体大多为富液相－气液两相包裹体，少数为富气相－气液两相的包裹体；形态普遍为条状、椭圆状和不规则状，粒径大小为 3～10 μm，少数超过 20 μm。产在花岗闪长斑岩中矿石石英的流体包裹体多为富气相－气液两相包裹体，形态大多为椭圆状和不规则状，粒径大小为 4～8 μm。

5.2　气液相成分特征

　　矿物流体包裹体是成矿溶液的原始样品，可作为破译成矿作用的密码[148-149]，相关参数也可用来确定流体系统的演化阶段[150]。作者引用前人研究成果，分析包裹体气、液相成分(表 5-1、表 5-2)，研究结果表明，成矿流体具有如下特征：
　　(1)气相成分分析结果表明：气相以 H_2O、CO_2 为主，$w(H_2O)/w(CO_2)$ 值范围为 10.6～68.2，其次为 CH_4、CO 和 H_2，而 N_2 和 O_2 等含量很少。成分中 CO_2

含量比较多，并且含有 CH_4 等挥发组分，这暗示成矿环境是还原环境，而且生物可能还参与了成矿作用[151]。

（2）大宝山铜铅锌钼多金属矿区不论是矿石、围岩和花岗岩中的石英、黄铁矿和闪锌矿矿物流体包裹体中，其成矿溶液都含有 K^+、Na^+、Ca^{2+}、Cl^-、F^- 等复杂成分的盐水溶液（表5-2）。成矿流体中液相成分的阳离子主要是 K^+、Na^+、Mg^{2+}、Ca^{2+}，Na^+ 与 K^+ 的总和要高于 Ca^{2+} 与 Mg^{2+} 的总和；其阴离子主要是 F^-、Cl^-；总之，该区成矿流体为富碱质、富卤素的含矿流体。依据以上的特点可以得出该区的成矿流体为（$MgCl_2$）$CaCl_2 - KCl - NaCl$ 富含水的体系。

（3）Na^+/K^+ 与 F^-/Cl^- 两个比值可以当作成矿流体来源的一个标志[50]，一般情况下，岩浆热液的 $w(Na^+)/w(K^+)$ 值要小于1。通过计算可得，成矿流体 $w(Na^+)/w(K^+)$ 值范围为 0.03 g/l ~ 2.77 g/l，多数样品小于1，表明部分具岩浆热液的特征。成矿流体阴离子中多数 $Cl^- > F^-$。而 $w(F^-)/w(Cl^-)$ 值小于1时则反映为大气降水（或地层流体）的特征。从表5-2可以看出来，该区样品中多数样品 $w(F^-)/w(Cl^-)$ 小于1，这表明成矿流体内有大气降水加入。

表5-1　大宝山铜铅锌多金属矿区石英的流体包裹体气相成分（10^{-6}）

产状	矿物	H_2	O_2	N_2	CH_4	CO	CO_2	H_2O	$w(H_2O)$ $/w(CO_2)$
石英脉	石英	0.052			5.77	1.82	77.99	1199	15.4
石英脉	石英	0.05			1.08	1.88	51.91	2500	48.2
方铅矿闪锌矿黄铜矿	石英	0.041			1.44	0.94	60.86	3906	68.2
石英脉	石英	0.072			2.16	0.015	57.28	2190	38.2
方铅矿闪锌矿	石英	0.068			7.56		123.5	2830	22.9
石英脉	石英	0.047		0.9	0.11	0.5	14.1	460	32.6
石英脉	石英	0.055	0.16	1.6	0.25	0.7	67.4	1032	15.3
石英脉	石英	0.048	0.03	0.8	0.23	0.1	73.4	778	10.6
石英脉	石英	0.044	0.02	1	2.32	0.3	33.1	552	16.7

注：资料来源为汤吉方等，1992；蔡锦辉等，1993

表 5-2   大宝山铜铅锌钼多金属矿区石英、黄铁矿和闪锌矿流体包裹体液相成分（g/L）

产状	矿物	F⁻	Cl⁻	Na⁺	K⁺	Mg²⁺	Ca²⁺	$w(Na^+)$ $/w(K^+)$	$w(F^-)$ $/w(Cl^-)$	资料来源
石英脉	石英	0.78	0.47	2.37	6.68	0.34	1.82	0.35	1.66	刘娢群等，1985
石英脉	石英	0	0	3.4	7.6		0.3	0.45		蔡锦辉等，1993
石英脉	石英	0.17	2.7	0.77	0.63	0.02	0	1.22	0.06	蔡锦辉等，1993
石英脉	石英	0.31	1.23	0.57	0.6	0.05	1.75	0.95	0.25	蔡锦辉等，1993
石英脉	石英	0.62	0.2	0.29	0.15	0.09	8.2	1.93	3.10	蔡锦辉等，1993
石英脉	石英	0.25	0.71	0.42	0.42	0.05	1.18	1.00	0.35	蔡锦辉等，1993
石英脉	石英	0.2	2.4	0.6	1.04	0.18	0.72	0.58	0.08	蔡锦辉等，1993
石英脉	石英	2.78	2.87	0.37	0.5	0	0.95	0.74	0.97	蔡锦辉等，1993
石英脉	石英	0.31	0.11	0.36	0.13	0.03	6.14	2.77	2.82	蔡锦辉等，1993
石英脉	石英	2.5	3.1	3.2	3.1	0.7	3.04	1.03	0.81	蔡锦辉等，1993
石英脉	石英	0.34	5	1.87	1.17	0.1	0	1.60	0.07	蔡锦辉等，1993
次英安斑岩	石英	0.54	1.08	0.49	8.57	0.22	1.46	0.06	0.50	刘月星等，1985
花岗闪长斑岩	石英	0.09	0.21	0.15	5.89	0.09	0.28	0.03	0.43	刘月星等，1985
花岗闪长斑岩	石英	0.06	0.37	0.28	1.76	0.09	0.55	0.16	0.16	刘月星等，1985
矿石	黄铁矿	4.24	0.93	0.18	1.98	1.48	8.39	0.09	4.56	刘娢群等，1985
矿体	黄铁矿	3.58	0.78	0.09	1.67	1.25	7.08	0.05	4.59	刘月星等，1985

续表 5 – 2

产状	矿物	F⁻	Cl⁻	Na⁺	K⁺	Mg²⁺	Ca²⁺	$w(\mathrm{Na}^+)$ $/w(\mathrm{K}^+)$	$w(\mathrm{F}^-)$ $/w(\mathrm{Cl}^-)$	资料来源
矿石	黄铁矿	0.19	0.44	0.18	1.14	1.6	4.17	0.16	0.43	刘月星等，1985
产于次英安斑岩矿石	黄铁矿	0.68	0.41	2.05	5.79	0.29	1.58	0.35	1.66	刘月星等，1985
矿石	闪锌矿	0.34	0.11	0.1	0.14	3.18	2.64	0.71	3.09	刘姤群等，1985
矿石	闪锌矿	0.5	0.72	0.1	2.84	0.96	3.76	0.04	0.69	刘月星等，1985
产于矽卡岩中矿石	闪锌矿	0.32	0.1	0.1	0.14	2.96	2.46	0.71	3.20	刘月星等，1985

5.3 显微测温

显微测温结果引用前人研究成果，列入表 5 – 3，均一法测温结果显示其形成温度为 174℃ ~355℃（表 5 – 3），频数直方图［图 5 – 1（a）］表现出本区温度具有两个明显的峰值，数据主要集中分布在两个范围，因此可划分为 2 个期次，分别为：185℃ ~215℃、245℃ ~320℃［图 5 – 1（a）］，这暗示了热液矿化可能经历了 2 个阶段，即中温和中高温阶段。冰点温度范围在 – 10.7℃ ~ – 2.2℃，频数直方图显示的集中范围有两个，分别是：– 9℃ ~ – 7℃，– 6℃ ~ – 3℃。

流体包裹体的盐度值可以通过流体包裹体冷冻回温后倒数第一块冰融化的温度（冰点温度），并运用 Hall 等（1988）的方程式测算出，盐度的换算公式：

$$S = w(\mathrm{NaCl}) = 0.00 + 1.78 t_m - 0.0442 t_m^2 + 0.000557 t_m^3$$

式中，参数 S 代表盐度，% NaCl；t_m 代表冰点温度，℃。

计算得出盐度为 3.71% ~14.67%，在频数直方图中显示盐度范围主要为 5.7% ~8.7% 和 10.7% ~11.7%［图 5 – 1（b）、图 5 – 1（c）］，属低 – 中低盐度。

通过均一温度和盐度，运用温度 – 盐度 – 密度图及 Bodnar（1983）或者 Bischoff 等（1991）的 $T - w - \rho$ 图可获得密度，也可从查找压力 – 温度 – 浓度 – 密度表[153]来获取密度。实际上，查表法和图解得到的密度的数值相似。通过以上方法，可计算出大宝山多金属矿床的密度范围为 0.67 ~0.98 g·cm⁻³（表 5 – 3），频数直方图[图 5 - 1(d)]中主要集中于 0.79 ~ 0.95 g·cm^{-3}，属于中等密度。

压力为控制成矿作用过程中极为重要但很难确切得出结果的参数之一，估算方法有很多，使用比较多的方法有含 CO_2 包裹体的浓度法、CO_2 包裹体等比容法、气相包裹体压力测定法等，主要用于含 CO_2、沸腾条件和气成的包裹体。运用 Brown 等对该压力 - 温度等容式的修改程式[155 - 157]和 Zhang 等(1987)[156]的 $NaCl - H_2O$ 体系中压力 - 温度等容式，由均一温度和盐度值可算出压力(表 5 - 3)。该区压力范围在 8.1 MPa ~ 169.4 MPa(见表 5 - 3)，频数的直方图主要集中在 20 MPa ~ 80 MPa 范围内[图 5 - 1(e)]。

表 5 - 3 粤北大宝山铜铅锌钼多金属矿床·显微测温及相关的参数

样号	点号 /个	大小 /μm	气液比 /%	$Th/℃$	$Tm/℃$	$w(NaCl)$ /%	$ρ/(g·cm^{-3})$	$P/(10^6 Pa)$
DB - 26	6	4 ~ 8	20 ~ 45	296 ~ 355	-3.8 ~ -2.2	6.16 ~ 8.41	0.80 ~ 0.89	79.2 ~ 169.4
DB - 27 - 2	6	5 ~ 10	10 ~ 45	226 ~ 298	-5.4 ~ -3.8	3.71 ~ 6.16	0.67 ~ 0.77	24.4 ~ 79.1
CD - 30 - 1	7	3 ~ 6	8 ~ 20	185 ~ 248	-10.7 ~ -4.4	7.02 ~ 14.67	0.86 ~ 0.97	10.6 ~ 36.5
CD - 30 - 2	6	4 ~ 8	10 ~ 40	206 ~ 315	-4.9 ~ -3.8	6.16 ~ 7.73	0.76 ~ 0.92	16.5 ~ 101.3
CD - 33 - 1	6	4 ~ 8	5 ~ 25	180 ~ 210	-2.6 ~ -2.3	3.87 ~ 4.34	0.88 ~ 0.92	9.7 ~ 18.5
CD - 40 - 1	6	3 ~ 8	10 ~ 30	192 ~ 252	-9.4 ~ -5.4	8.41 ~ 11.46	0.87 ~ 0.96	12.0 ~ 37.9
ZK5803 - 1 - 1	6	4 ~ 6	10 ~ 30	174 ~ 220	-7.8 ~ -4.2	6.74 ~ 11.46	0.90 ~ 0.98	8.1 ~ 21.8
ZK5803 - 3 - 3	7	4 ~ 20	10 ~ 35	190 ~ 270	-8.6 ~ -3.2	5.26 ~ 12.39	0.81 ~ 0.96	11.6 ~ 53.0

注：资料来源为王磊，2010

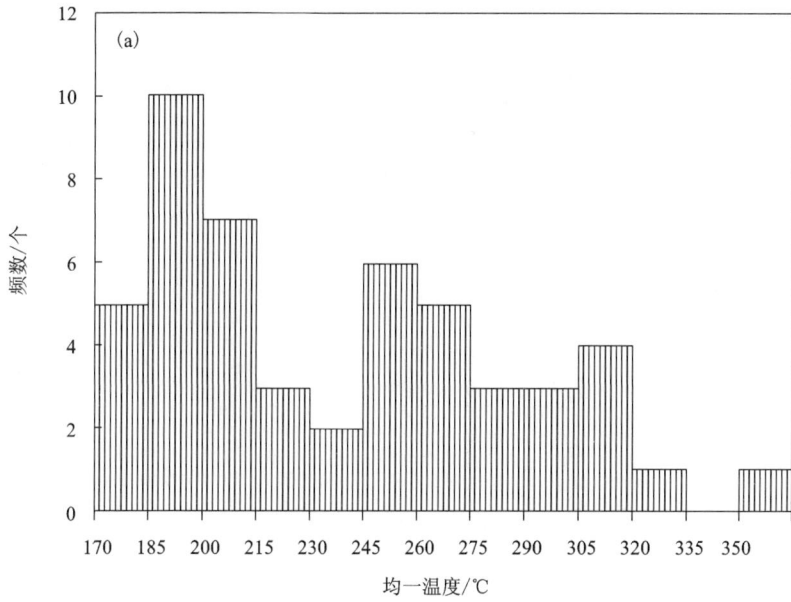

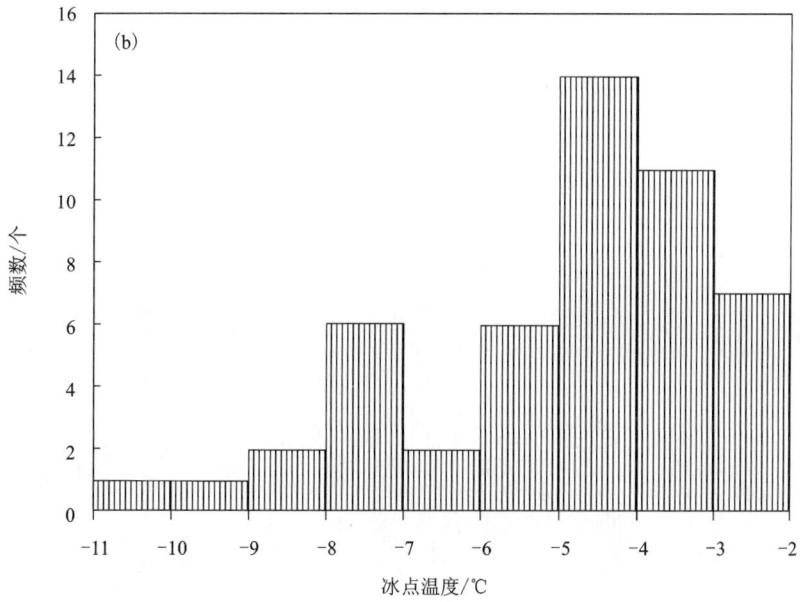

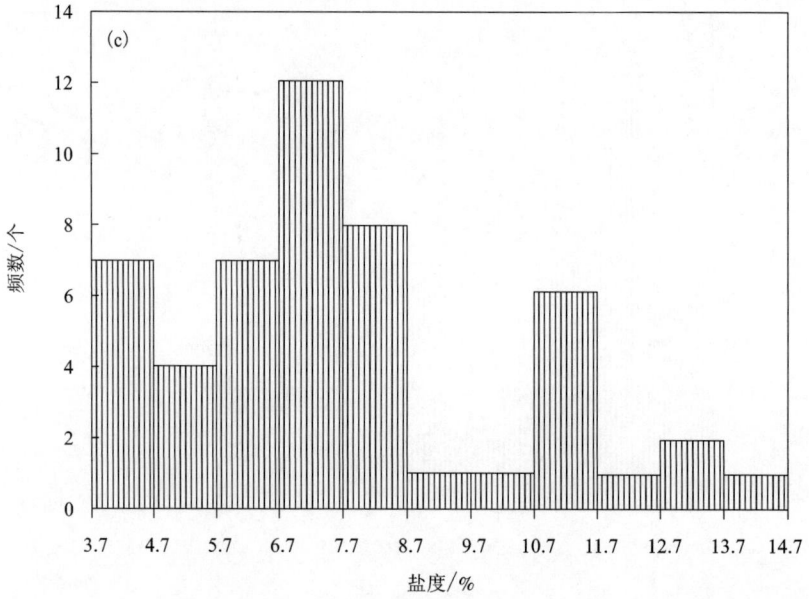

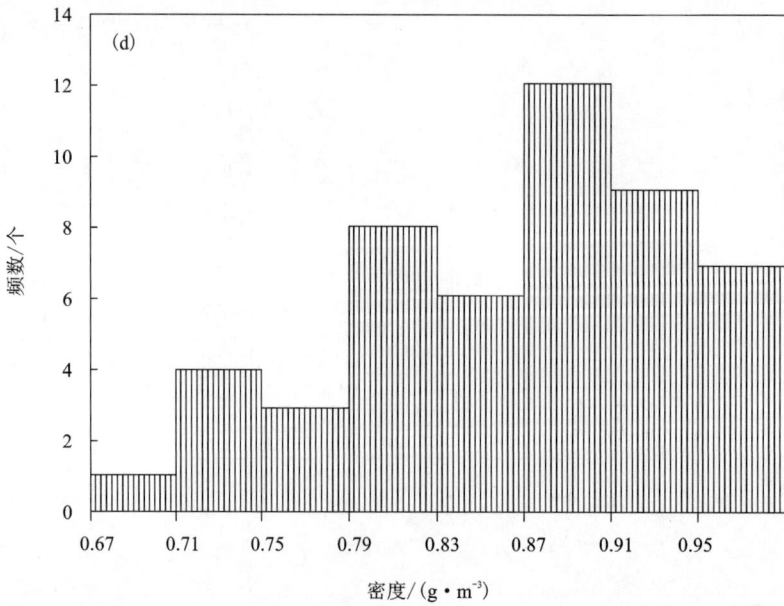

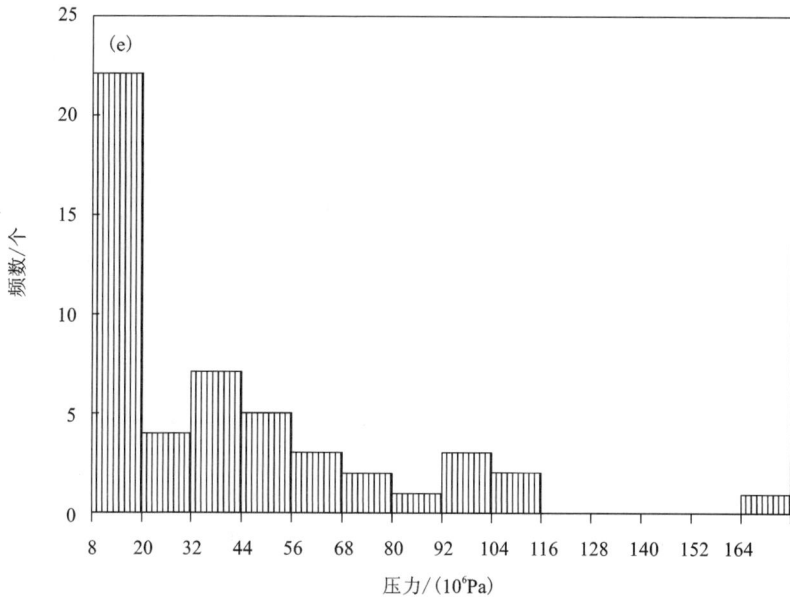

图 5 - 1
(a) 粤北大宝山铜铅锌钼多金属矿区矿物均一温度的直方图
(b) 粤北大宝山铜铅锌钼多金属矿区矿物冰点温度的直方图
(c) 粤北大宝山铜铅锌钼多金属矿区矿物盐度的直方图
(d) 粤北大宝山铜铅锌钼多金属矿区矿物密度的直方图
(e) 粤北大宝山铜铅锌钼多金属矿区矿物压力的直方图

5.4 氢氧同位素

将前人研究的 33 个大宝山铜铅锌钼多金属矿区氢氧同位素测试结果列于表 5 - 4, 从表 5 - 4 可看出, 不同的岩石类型和不同产状的石英矿物氧同位素组成变化不是很大, δO_{H_2O} 变化的范围比较大。其中块状黄铁矿矿石和铅锌矿石 (18 个) 中石英 $\delta^{18}O$ 含量范围为 9.62‰ ~ 17.9‰、δO_{H_2O} 范围为 - 4.42‰ ~ 8.05‰、温度范围为 115℃ ~ 350℃。与次英安岩和花岗闪长斑岩相关的 (8 个) 石英中 $\delta^{18}O$ 的含量范围在 9.30‰ ~ 13.50‰、δO_{H_2O} 范围为 - 1.99‰ ~ 11.23‰、温度范围为 260℃ ~ 700℃。与花岗闪长斑岩、次英安岩和矿石有关的 (3 个) 钾长石和黑云母中 $\delta^{18}O$ 含量范围分别为 11.85‰ ~ 14.63‰, 7.20‰ ~ 11.80‰, δO_{H_2O} 范围为 - 1.80‰ ~ 7.72‰、2.90‰ ~ 9.76‰, 温度范围为 140℃ ~ 293℃、260℃ ~ 692℃。

将所总结的氢氧同位素测试结果投影在 $\delta D_{H_2O} - \delta^{18}O_{H_2O}$ 关系图(图5-2)上,大多数投影在岩浆水与大气降水线之间,一部分投影在岩浆水范围内,表示该区成矿流体的特征为大气降水与岩浆水的混合流体,并且以大气降水为主的成矿流体。

表5-4 粤北大宝山铅锌多金属矿区矿床矿物氢氧同位素的组成

序号	样号	岩石类型	测试矿物	$\delta^{18}O/‰$	$\delta O_{H_2O}/‰$	温度/℃	资料来源
1	D2066-77-79	同生块状黄铁矿	石英	14.98	-1.92	135	葛朝华等,1987
2	D2066-75	同生块状黄铁矿	石英	15.92	-0.79	137	葛朝华等,1987
3	D2066-792	同生块状黄铁矿	石英	15.76	-1.14	135	葛朝华等,1987
4	CK5118	同生块状菱铁矿	石英	10.58	-1.65	192	葛朝华等,1987
5	CK5245-185	同生块状菱铁矿	石英	9.71	-2.52	192	葛朝华等,1987
6	CK5245-109	同生块状菱铁矿	石英	9.62	-2.61	192	葛朝华等,1987
7	D2038-163	同生块状黄铁矿	石英	12.95	-2.54	150	葛朝华等,1987
8	D2038-1632	同生块状黄铁矿	石英	12.37	-3.12	150	葛朝华等,1987
9	D2008-108	同生块状黄铁矿	石英	14.63	-4.42	115	葛朝华等,1987
10	D2029-243	角砾状铅锌矿	石英	12.93	5.96	298	葛朝华等,1987
11	D2029-240.5	角砾状铅锌矿	石英	14.60	7.52	295	葛朝华等,1987
12	-242	角砾状铅锌矿	石英	15.35	8.05	289	葛朝华等,1987
13	-241	角砾状铅锌矿	石英	14.58	7.28	289	葛朝华等,1987
14	D2004-365	角砾状铅锌矿	石英	13.94	7.36	317	葛朝华等,1987

续表 5 - 4

序号	样号	岩石类型	测试矿物	$\delta^{18}O/‰$	$\delta O_{H_2O}/‰$	温度/℃	资料来源
15	D39		石英（条带矿石）	12.93	1.64	280	陈好寿等，1981
16	D2		石英（含铜）	12.30	1.01	280	陈好寿等，1981
17		硫化物包裹体	石英	9.3 - 17.9	0.3 - 3.9	350	徐文昕等，2008
18	D39	灰岩中条带状铜铅锌矿石	石英	12.93	3.89	280	刘厚群等，1985
19	D - 2	含铜石英脉 ZK2005 孔，262m	石英	12.30	3.26	280	刘厚群等，1985
20	D39		石英（次英安斑岩）	9.30	- 1.99	280	陈好寿等，1981
21	坵 - 1	丘坝次英安斑岩	石英	11.70	11.23	700	刘厚群等，1985
22	船 - 3	船肚花岗闪长斑岩	石英	10.80	10.27	692	刘厚群等，1985
23	D - 3	次英安斑岩中含矿石英脉	石英	9.30	0.26	280	刘厚群等，1985
24	C - 15	花岗闪长斑岩中辉钼矿 - 石英脉	石英	13.20	5.9 ~ 7.4	300 ~ 350	蔡锦辉等，1993
25	C - 17	花岗闪长斑岩中辉钼矿 - 石英脉	石英	11.60	0.8 ~ 5.1	280 ~ 325	蔡锦辉等，1993
26	C - 18	花岗闪长斑岩中黄铁矿 - 石英脉	石英	13.50	4.6 ~ 5.8	260 ~ 290	蔡锦辉等，1993
27	C - 19	花岗闪长斑岩中黄铁矿 - 石英脉	石英	13.40	4.6 ~ 7	260 ~ 330	蔡锦辉等，1993

续表 5 – 4

序号	样号	岩石类型	测试矿物	$\delta^{18}O/‰$	$\delta O_{H_2O}/‰$	温度/℃	资料来源
28	CK – 5	同生条带状磁黄铁矿	钾长石	11.85	– 1.80	140	葛朝华等，1987
29	D855 – 41	脉状石英黄铁矿	钾长石	12.47	5.32	293	葛朝华等，1987
30	D873 – 78	斑杂状磁黄铁矿	钾长石	14.63	7.72	265	葛朝华等，1987
31	船 – 3	船肚花岗闪长斑岩	黑云母	7.20	9.76	692	刘厚群等，1985
32	大 ZK1097 – 22	绢云母化次英安斑岩	绢云母	11.40	7.51	280	刘厚群等，1985
33	C – 16	花岗闪长斑岩中辉钼矿化	绢云母	11.80	2.90 ~ 5.30	260 ~ 325	蔡锦辉等，1993

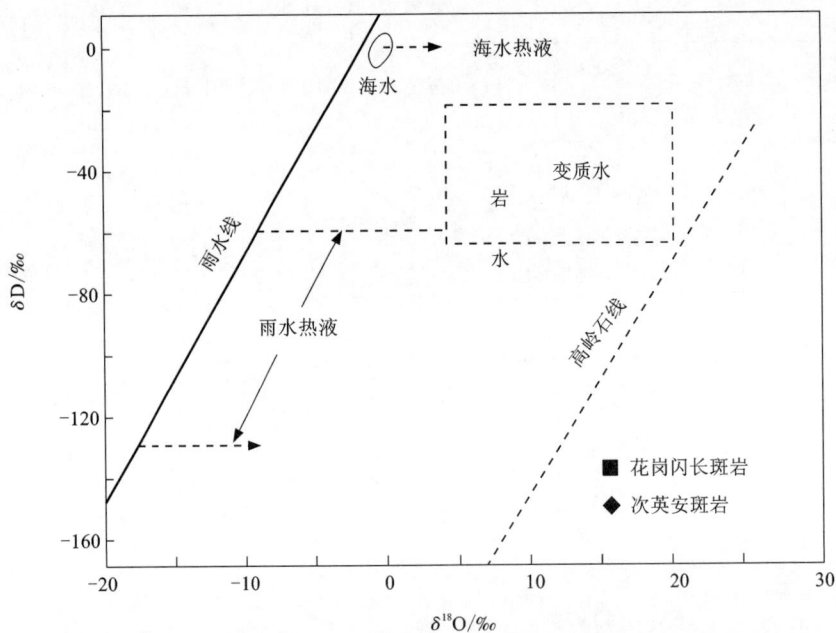

图 5 – 2　粤北大宝山铜铅锌多金属矿区 $\delta D_{H_2O} - \delta^{18}O_{H_2O}$ 的关系图（据王磊，2010[56]）

6 年代学研究

6.1 锆石 LA ICP – MS 年代学研究

6.1.1 样品采集

本次三件花岗岩样品均采自于大宝山矿区北部的九曲岭花岗岩(GD1、GD2和GD3),其中GD1最靠近大宝山矿区,为中细粒二长花岗岩;GD2采自九曲岭岩体中部,为蚀变中粗粒二长花岗;GD3采自九曲岭岩体北部,为强风化粗细二长花岗岩。岩石样品经破碎后经过电磁选和重选,然后在双目镜下挑出透明且无明显裂痕、晶形较规则(如长柱状)的锆石。将锆石用双面胶带粘好配合环氧树脂制成1英寸靶。然后在透反光显微镜和阴极发光显微镜(CLF – 1 + ZEISS A1)下进行观察,标注锆石中的世代、所包含的子矿物、裂隙和矿物(流体)包裹体。

6.1.2 分析方法

(1)U – Pb 测年

锆石的阴极发光(CL)照相在澳大利亚 James Cook 大学 Advanced Analytical Center 的扫描电镜耦合阴极发光(SEM – CL)上进行。单颗粒锆石的 LA ICP – MS 微区 U – Pb 年龄测定在澳大利亚 James Cook 大学 Advanced Analytical Center 的 LA ICP – MS 上进行,采用 Coherent 公司的 GeoLas 2005 的 193nm Excimer 激光与 Varian 820 型 ICP – MS 联机开展测试。

实验过程中采用氦气作为载气,每个样品的分辨分析时间包括大约30 s的空白信号和45 s的分析信号。实验中对所有锆石采用的束斑大小为32 μm,能量密度8 J/cm^2,频率为10 Hz,采用跳峰模式采集数据,元素含量采用 NIST610 作为外标,Si 作为内标,年龄使用具国际标准锆石 GJ – 1 为外标标准物质(ID – TIMS

207Pb/206Pb age = 608.5 ± 0.4 Ma(SE et al., 2004), 并应用 Temora 2 作为检验标准(ID – TIMS 206Pb/238Pb = 416.8 ± 1.1Ma) (Black et al., 2004)。并应用 GLITTER4.4.4 软件进行数据处理。在 Glitter 处理数据过程中, 经检查所有样品中均无普通铅(信号强度低于 300 kcps), 故不需要进行普通铅校正, 而锆石的 U – Pb 年龄谐和图绘制和年龄权重平均值计算均采用 Ludwig's Isoplot3.75 完成。

(2)Hf 同位素

锆石 Hf 同位素组成的测量在澳大利亚 James Cook 大学 Advanced Analytical Center 的 Thermo – Scientific Neptune MC ICP – MS 和 Geolas 2005 的 193 nm Excimer 激光联用测定。嵌套于之前已用 LA ICP – MS 测定过的位置上。束斑大小采用60 μm, 频率为 4 Hz, 测定方法见(Kemp et al., 2007; 2009), Mud Tank 和 Temora 2 用于 Yb 的同位素干扰。Mud Tank 和 Temora 2 的 176Hf/177Hf 和 2σ 误差的平均值分别为: 0.282483(± 0.000004), 0.282667(± 0.000025)。ε(Hf)的计算采用 176Hf/177Hf CHUR(0) = 0.282785 和 176Lu/177Hf CHUR(0) = 0.0336 (Bouvier et al., 2008), 176Lu 衰变常数为 1.867×10^{-5} Ma ± 1 (Söderlund et al., 2003)。

6.1.3 分析结果

本次采集的三块花岗岩特征大都相同[图 6 – 1(a) – (c)], 岩石为中细粒至中粗粒花岗结构、碎裂状结构, 块状构造。岩石主要由钾长石(约45%)、斜长石(为30% ~35%)、石英(20%左右)、黑云母和白云母(约在 5% 或更少)组成。其中, 钾长石呈半自形板状, 杂乱分布, 大小以5 ~7.7 mm 的粗粒为主, 2 ~5 mm 的中粒次之, 个别 <2 mm, 具高岭土化, 粒内嵌布板条状斜长石颗粒, 局部交代斜长石。斜长石为半自形板状, 杂乱分布, 大小以 2 ~4.8 mm 的中粒为主, 0.2 ~2 mm 的细粒次之, 不均匀绢云母化、高岭土化, 聚片双晶发育, 少见双晶弯曲, 局部被钾长石交代呈蠕虫状、蚕食状和净边状。石英呈他形粒状, 单晶或集合体分布于长石间, 大小0.2 ~5 mm, 粒间缝合线状接触, 粒内强波状、带状消光。黑云母、白云母: 鳞片状 – 片状, 零星分布, 大小0.2 ~1.4 mm, 其中黑云母绿泥石化, 少绿帘石化, 呈假象。副矿物主要有磷灰石、榍石、锆石等组成。岩石具有弱的蚀变, 蚀变矿物主要为绢云母、高岭土、绿泥石和绿帘石等。岩石局部破碎明显, 见硅质、褐铁矿等填充的网状裂隙, 局部把岩石切割成碎裂状(GD1), 定名为中细 – 中粗粒二长花岗岩。

图 6 - 1　九曲岭花岗岩薄片特征(a)～(c)及镜下特征(d)～(e)

其中(a), (b), (c)分别为样品 GD1, GD2 和 GD3 显微镜下照片。

字母缩写: kfs 钾长石; pl 斜长石; QZ 石英; Bt 黑云母

(1)锆石 LA ICP - MS 的 U - Pb 年龄

本次测试的大宝山地区三件九曲岭花岗岩样品年龄测试结果见表 6 - 1。

三件样品中, 样品 1(GD1)所测锆石多为无色, 晶形相对较好, 呈长柱状, 长约 100～200 μm, 宽约 70～150 μm, 长宽比多数为 2:1～1.5:1 锆石 CL 图像清晰, 具明显的岩浆成因振荡生长环带结构(图 6 - 2)。锆石的 Th 和 U 含量变化较大(Th: 160×10^{-6}～4404×10^{-6}, 平均 925×10^{-6}; U: 296×10^{-6}～6585×10^{-6}, 平均 2437×10^{-6}), 但其 $w(\text{Th})/w(\text{U})$值介于 0.23～0.67, 平均 0.41, 均明显 > 0.1, 为典型的岩浆成因的锆石(吴元保等, 2004)。分析的 15 个点中有 4 个点(GD1 - 6, GD1 - 7, GD1 - 8, GD1 - 9)的协和度略差, 可能与点的部分打到继承核有关, 基于 11 个点协和度均较好, 给出的谐和年龄为(169.0 ± 1.9)Ma(如图 6 - 3), 代表了该期花岗岩的结晶年龄。

样品 2 所测锆石多为无色, 呈半自形 - 自形结构, 长为 70～150 μm, 宽为 60～130 μm, 长宽比多数为 1.5:1～1:1, 锆石 CL 图像清晰, 具明显的岩浆成因扇形分带结构(图 6 - 2)。锆石的 Th 和 U 含量变化较小(Th: 37×10^{-6}～263×10^{-6}, 平均 129×10^{-6}; U: 82×10^{-6}～348×10^{-6}, 平均 193×10^{-6}), 但其 $w(\text{Th})/w(\text{U})$值介于 0.39～1.21, 平均 0.64, 均明显 >0.1, 为典型的岩浆成因的锆石(吴元保, 2004)。分析的 15 个点中有 3 个点(GD2 - 4, GD2 - 8, GD2 - 11)的协和度略差, 可能与点的部分打到继承核有关, 基于 12 个点协和度均较好, 给出的谐和年龄为(450.2 ±2.9)Ma(如图 6 - 3), 代表了该期花岗岩的结晶年龄。

样品 3 所测锆石介于样品 2 和样品 1 之间。大多呈自形结构, 呈长柱状 - 短柱状, 长为 60～250 μm, 宽为 75～130 μm, 长宽比多数为 1.8:1～1:1, 锆石 CL 图像清晰, 具明显的岩浆成因振荡生长环带结构(图 6 - 1)。锆石的 Th 和 U 含量变化相对较大(Th: 179×10^{-6}～1183×10^{-6}, 平均 479×10^{-6}; U: 449×10^{-6}～4825×10^{-6}, 平均 1220×10^{-6}), 但其锆石的 $w(\text{Th})/w(\text{U})$值为 0.25～0.58, 平均 0.44, 均明显 >0.1, 为典型的岩浆成因的锆石(吴元保, 2004)。分析的 15 个

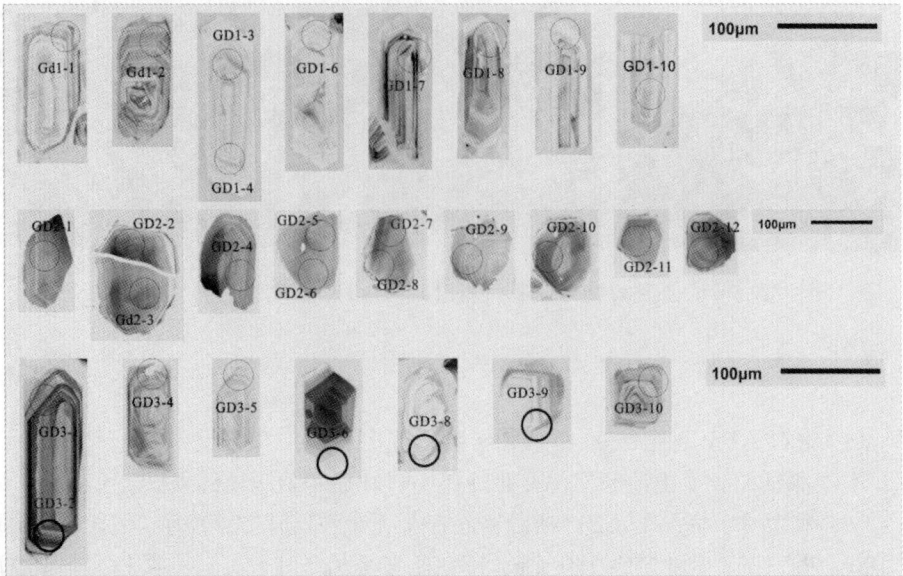

图 6 – 2　选择出的典型九曲岭花岗岩锆石的阴极发光(CL)图像

点中有 4 个点(GD3 – 5，GD3 – 11，GD3 – 12，GD3 – 15)的协和度略差，可能与点的部分打到继承核有关，基于 11 个点协和度均较好，给出的谐和年龄为(171.3 ±1.4)Ma(如图 6 – 3)，代表了该期花岗岩的结晶年龄。

(2)锆石 LA MC ICP – MS Hf 同位素组成

此次在 LA ICP – MS 锆石 U – Pb 定年的基础上，对测年的部分协和度相对较好的锆石应用 LA MC ICP – MS 做了微区 Hf 同位素测定。对本次采集的三件样品(GD1，GD2 和 GD3)锆石按其协和度相对较好的每件样品选择 8 个点进行锆石的 $w(^{176}Lu/)/w(^{177}Hf)$ 的 Hf 同位素组成测定，见表 6 – 2。

表 6 – 1　九曲岭花岗岩(GD1，GD2 和 GD3)锆石 LA ICP – MS 分析结果

测点号	Th	U	Th/U	$w(^{207}Pb)/w(^{235}U)$		$w(^{206}Pb)/w(^{238}U)$		$w(^{207}Pb)/w(^{235}U)$		$w(^{206}Pb)/w(^{238}U)$	
	(×10⁻⁶)			Ratio	1σ	Ratio	1σ	t/Ma	1σ	t/Ma	1σ
GD1 – 1	425	1209	0.35	0.17594	0.00412	0.02665	0.00031	164.6	3.6	169.5	1.9
GD1 – 2	893	3721	0.24	0.17156	0.00351	0.02668	0.00031	160.8	3.0	169.8	2.0
GD1 – 3	1626	5235	0.31	0.17343	0.00456	0.02656	0.00034	162.4	4.0	169.0	2.2
GD1 – 4	4404	6585	0.67	0.18278	0.00568	0.02641	0.00034	187.5	4.8	168.0	2.2
GD1 – 5	883	1694	0.52	0.17562	0.00387	0.02664	0.00031	164.3	3.4	169.5	1.9
GD1 – 6	529	1929	0.27	0.25834	0.01051	0.02653	0.00039	233.3	8.5	168.8	2.4

续表 6 - 1

测点号	Th	U	Th/U	$w(^{207}Pb)/w(^{235}U)$		$w(^{206}Pb)/w(^{238}U)$		$w(^{207}Pb)/w(^{235}U)$		$w(^{206}Pb)/w(^{238}U)$	
	(×10⁻⁶)			Ratio	1σ	Ratio	1σ	t/Ma	1σ	t/Ma	1σ
GD1 – 7	1477	6306	0.23	0.21279	0.00490	0.02662	0.00031	195.9	4.1	169.4	2.0
GD1 – 8	979	3610	0.27	0.21213	0.00551	0.02659	0.00032	195.3	4.6	169.2	2.0
GD1 – 9	702	1789	0.39	0.22995	0.00675	0.02674	0.00042	210.2	5.6	170.1	2.7
GD1 – 10	469	1202	0.39	0.18080	0.00323	0.02659	0.00033	168.7	2.8	169.2	2.1
GD1 – 11	160	296	0.54	0.17228	0.00488	0.02661	0.00036	161.4	4.2	169.3	2.3
GD1 – 12	398	1193	0.33	0.18346	0.00569	0.02658	0.00039	188.0	4.8	169.1	2.4
GD1 – 13	290	527	0.55	0.18142	0.00836	0.02663	0.00043	186.3	7.1	169.4	2.7
GD1 – 14	331	680	0.49	0.16961	0.00278	0.02658	0.00031	159.1	2.4	169.1	2.0
GD1 – 15	305	572	0.53	0.17730	0.00403	0.02668	0.00032	165.7	3.5	169.7	2.0
GD3 – 1	230	449	0.51	0.17767	0.00358	0.02700	0.00028	166.1	3.1	171.8	1.8
GD3 – 2	319	554	0.58	0.17405	0.00287	0.02528	0.00025	162.9	2.5	160.9	1.6
GD3 – 3	491	991	0.50	0.17969	0.00530	0.02701	0.00033	167.8	4.6	171.8	2.1
GD3 – 4	414	1034	0.40	0.18122	0.00271	0.02691	0.00026	169.1	2.3	171.2	1.6
GD3 – 5	1053	2511	0.42	0.20384	0.00713	0.02673	0.00035	188.4	6.0	170.0	2.2
GD3 – 6	355	922	0.39	0.17589	0.00620	0.02694	0.00035	164.5	5.4	171.3	2.2
GD3 – 7	1183	4825	0.25	0.19433	0.00457	0.02704	0.00031	180.3	3.9	172.0	2.0
GD3 – 8	701	1713	0.41	0.17792	0.00596	0.02691	0.00035	166.3	5.1	171.2	2.2
GD3 – 9	437	950	0.46	0.18223	0.00542	0.02689	0.00032	170.0	4.7	171.1	2.0
GD3 – 10	268	605	0.44	0.17726	0.00411	0.02674	0.00034	165.7	3.5	170.1	2.1
GD3 – 11	479	1007	0.48	0.19555	0.00354	0.02676	0.00034	181.4	3.0	170.2	2.1
GD3 – 12	319	742	0.43	0.20259	0.00657	0.02678	0.00040	187.3	5.6	170.4	2.5
GD3 – 13	179	492	0.36	0.17600	0.00702	0.02679	0.00041	164.6	6.1	170.4	2.6
GD3 – 14	290	569	0.51	0.18185	0.00376	0.02672	0.00035	169.6	3.2	170.0	2.2
GD3 – 15	460	937	0.49	0.16978	0.00996	0.02697	0.00051	159.2	8.6	171.5	3.2
GD2 – 1	63	160	0.39	0.54207	0.02995	0.07253	0.00117	439.8	19.7	451.4	7.0
GD2 – 2	153	222	0.69	0.58756	0.02745	0.07248	0.00106	469.3	17.6	451.1	6.4
GD2 – 3	60	113	0.53	0.60317	0.04844	0.07226	0.00148	479.2	30.7	449.7	8.9
GD2 – 4	258	348	0.74	0.56469	0.00941	0.07237	0.00069	454.6	6.1	450.4	4.1
GD2 – 5	37	82	0.45	0.55789	0.01237	0.07203	0.00079	450.2	8.1	448.4	4.7
GD2 – 6	66	135	0.49	0.57853	0.01161	0.07224	0.00078	463.5	7.5	449.6	4.7
GD2 – 7	84	136	0.62	0.56007	0.01575	0.07245	0.00088	451.6	10.3	450.9	5.3
GD2 – 8	251	336	0.75	0.56115	0.00880	0.07235	0.00075	452.3	5.7	450.3	4.5
GD2 – 9	92	114	0.81	0.57909	0.02081	0.07232	0.00096	463.9	13.4	450.1	5.8
GD2 – 10	103	155	0.66	0.53287	0.01332	0.07231	0.00085	433.7	8.8	450.1	5.1
GD2 – 11	263	216	1.21	0.56723	0.01417	0.07237	0.00083	456.2	9.2	450.4	5.0
GD2 – 12	115	191	0.60	0.57127	0.00919	0.07413	0.00080	458.8	5.9	461.0	4.8
GD2 – 13	205	342	0.60	0.55779	0.01104	0.07233	0.00082	450.1	7.2	450.2	4.9
GD2 – 14	83	177	0.47	0.52706	0.00846	0.07234	0.00080	429.9	5.6	450.2	4.8
GD2 – 15	103	162	0.64	0.52755	0.00995	0.07243	0.00082	430.2	6.6	450.8	4.9

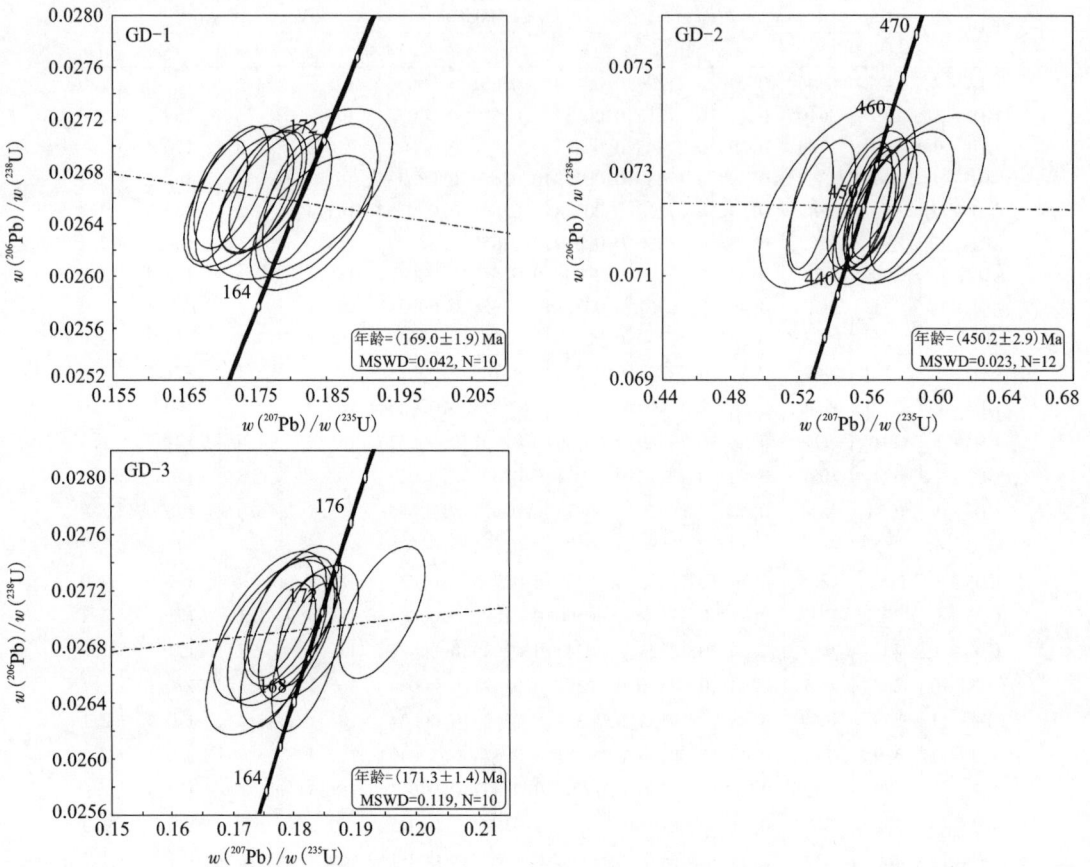

图 6-3　九曲岭花岗岩 LA ICP – MS 锆石 U – Pb 年龄图解

从表 6 – 1 中可以看出，三件样品（GD1、GD2、GD3）具有不同的 Hf 同位素组成。其中，样品 GD1 除（GD1 – 3 和 GD1 – 8）的 $w(^{176}Lu)/w(^{177}Hf)$ 值小于 0.002 外，其余六个点均大于 0.002，说明该样品中的锆石在结晶以后无放射性成因 Hf 积累。$w(^{176}Lu)/w(^{177}Hf)$ 值介于 0.282330 ~ 0.282434，平均 0.282380。ε Hf(t) 值为 – 12.19 ~ – 8.51，平均 – 10.40。Hf 单阶段模式年龄（TDM1）为 1.20Ga ~ 1.35Ga，平均 1.27Ga。Hf 二阶段模式年龄（TDM2）变化于 1.45Ga ~ 1.63Ga，平均 1.54Ga。

表 6-2 大宝山地区九曲嶂花岗岩体 LA-MC-ICP-MS 锆石 Lu-Hf 同位素分析结果

样品点	$w(^{176}Hf)/w(^{177}Hf)$ 比值	2s	$w(^{176}Yb)/w(^{177}Hf)$ 比值	2s	$w(^{176}Lu)/w(^{177}Hf)$ 比值	2s	t/Ma	$\varepsilon_{Hf}(t)$	T_{DM1}/Ga	T_{DM2}/Ga
GD1-1	0.282343	0.000033	0.064375	0.004700	0.002115	0.000147	169.3	-11.7	1.32	1.61
GD1-2	0.282370	0.000031	0.085587	0.007530	0.003057	0.000272	169.3	-10.9	1.32	1.56
GD1-3	0.282383	0.000023	0.031255	0.000487	0.001116	0.000015	169.3	-10.2	1.23	1.53
GD1-4	0.282330	0.000026	0.071705	0.004719	0.002447	0.000161	169.3	-12.2	1.35	1.63
GD1-5	0.282434	0.000026	0.067086	0.001493	0.002332	0.000063	169.3	-8.5	1.20	1.45
GD1-6	0.282412	0.000027	0.072651	0.003008	0.002560	0.000097	169.3	-9.3	1.24	1.49
GD1-7	0.282346	0.000024	0.060927	0.003409	0.002123	0.000108	169.3	-11.6	1.32	1.60
GD1-8	0.282420	0.000025	0.046352	0.003511	0.001638	0.000117	169.3	-8.9	1.20	1.47
GD2-1	0.282800	0.000024	0.060720	0.000304	0.002345	0.000012	450.2	10.2	0.66	0.72
GD2-2	0.282794	0.000017	0.013548	0.000476	0.000602	0.000021	450.2	10.5	0.64	0.70
GD2-3	0.282811	0.000021	0.026757	0.000655	0.001152	0.000029	450.2	10.9	0.63	0.68
GD2-4	0.282762	0.000022	0.022818	0.000986	0.000886	0.000038	450.2	9.3	0.69	0.76
GD2-5	0.282773	0.000025	0.019017	0.000202	0.000741	0.000008	450.2	9.7	0.67	0.74
GD2-6	0.282841	0.000016	0.024470	0.000503	0.001076	0.000021	450.2	12.1	0.58	0.62
GD2-7	0.282813	0.000018	0.027318	0.000409	0.001194	0.000018	450.2	11.0	0.62	0.67
GD2-8	0.282750	0.000014	0.018644	0.000500	0.000816	0.000022	450.2	8.9	0.71	0.78
GD3-1	0.282406	0.000014	0.035836	0.002266	0.001189	0.000076	171.2	-9.3	1.20	1.49
GD3-2	0.282419	0.000014	0.026556	0.000451	0.000939	0.000017	171.2	-8.8	1.18	1.46
GD3-3	0.282417	0.000014	0.054317	0.001926	0.001901	0.000067	171.2	-9.0	1.21	1.47
GD3-4	0.282409	0.000019	0.027159	0.001647	0.000984	0.000063	171.2	-9.2	1.19	1.48
GD3-5	0.282417	0.000016	0.023455	0.000422	0.000833	0.000015	171.2	-8.9	1.17	1.47
GD3-6	0.282425	0.000022	0.029673	0.000587	0.001052	0.000019	171.2	-8.6	1.17	1.45
GD3-7	0.282417	0.000010	0.025538	0.000310	0.000960	0.000014	171.2	-8.9	1.18	1.47
GD3-8	0.282400	0.000016	0.015044	0.000191	0.000531	0.000006	171.2	-9.5	1.19	1.50

样品 GD2 除（GD2 - 1）的 $w({}^{176}\text{Lu})/w({}^{177}\text{Hf})$ 值大于 0.002 外，其余七个点均小于 0.002，显示锆石在结晶以后具有少量的放射性成因 Hf 积累。$w({}^{176}\text{Lu})/$ $w({}^{177}\text{Hf})$ 值介于 0.282750 ~ 0.282841，平均 0.282793。$\varepsilon_{\text{Hf}}(t)$ 值为 8.89 ~ 12.06，平均 10.33。Hf 单阶段模式年龄（TDM_1）为 0.58Ga ~ 0.71Ga，平均 0.65Ga。Hf 二阶段模式年龄（TDM_2）变化于 0.62Ga ~ 0.78Ga，平均 0.71Ga。

样品 GD3 中所有点的 $w({}^{176}\text{Lu})/w({}^{177}\text{Hf})$ 值均小于 0.002，说明锆石在结晶以后具有少量的放射性成因 Hf 积累。$\varepsilon_{\text{Hf}}(t)$ 值为 - 19.47 ~ - 8.63，平均 - 9.03。Hf 单阶段模式年龄（TDM_1）为 1.17Ga ~ 1.21Ga，平均 1.19Ga。Hf 二阶段模式年龄（TDM_2）变化于 1.45Ga ~ 1.50Ga，平均 1.47Ga。

6.1.4　讨论

6.1.4.1　数据质量讨论

由于 K - Ar 法和 Rb - Sr 同位素体系测年时封闭温度相对偏低，且容易受后期构造 - 热事件的影响，从而导致其获得的年龄偏年轻，而且大宝山地区经历了多期次的热液流体活动，岩体遭受了不同程度的蚀变，明显影响了岩石中的 Rb，因此采用 K - Ar 法和 Rb - Sr 法测得的年龄并不可靠。另外，采用单颗粒锆石 U - Pb 稀释法时无法避免锆石中存在的裂隙、包裹体、继承核等因素对测年体系的影响，所获得的年龄也不可靠。

本次所采用的测年方法和传统方法一样，应用 LA ICP - MS 进行锆石 U - Pb 测年。采用 LA ICP - MS，在实验之前，通过透反光显微镜和光学显微镜耦合阴极发光（OM - CL）的观察，排除了锆石中裂隙、矿物包裹体和流体包裹体等可能的干扰，在此基础上，结合 SEM - CL 进行点位选择。所选择的锆石总体自形程度较好，锆石长为 50 ~ 200 μm，长宽比在 1.2∶1 ~ 4∶1，所选锆石的阴极发光 CL 图像上具有典型的岩浆锆石韵律环带，可见少量锆石有继承核及相应的残留环带。在实验中，应用 GLITTER 软件及时更新前一个点的数据，以保证分析过程中数据的质量。

6.1.4.2　大宝山地区岩浆活动

大宝山地区九曲岭岩体和本区其他岩体（如大宝山花岗闪长斑岩、船肚花岗闪长斑岩、徐屋岩体、丘坝岩体等）一样以往被认为属于燕山期花岗岩体（刘姤群，1985；葛朝华，1986；毛景文，2008；刘莎，2012；Li et al.，2012；毛伟，2013；瞿泓滢，2014；何国朝，2016）。但吴思本等（1991）在野外调研后曾指出华南一些原来定为"燕山期"的花岗岩体，如四会岩体和新兴岩体，其"侵入"接触的最新地层是中泥盆统底部，而且这些岩体（如贵东花岗岩体南部、热水花岗岩体西部及广宁岩体东南部)均见桂头群成直线展布,"盖"在寒武系及花岗岩上且桂头群的构造产状无一不是自岩体向外倾斜,因此怀疑这些岩体为加里东期产物。随着近些年高精度 LA ICP – MS 锆石原位测年技术的日趋成熟,更多研究成果证明在华南存在加里东期火山岩(Li et al., 2012;巫建华等, 2012;蔡锦辉等, 2013;毛伟等, 2013;伍静等, 2014;潘会彬等, 2014)。葛朝华等(1986)实地观察了大宝山一带贵东花岗岩全南侧的丘坝、大宝山英安岩认为其与贵东花岗岩体北侧的河口山及南迳一带的英安岩在岩性上完全相同,并应用稀释法测得这些全岩中锆石 U – Pb 年龄在 420 Ma ~ 463 Ma,这一结果被多名学者所证实,如毛伟等(2013)应用 LA ICP – MS 测得大宝山东南部徐屋岩体的年龄为(426.9 ± 4.2)Ma;潘会彬等(2014)应用 SHRIMP 测得徐屋岩体的年龄为(441.2 ± 4.2)Ma;Li et al., (2012)在其图 2 中 C 组样品中亦存在有早古生代加里东期锆石;蔡锦辉等(2013)应用单颗粒锆石 LA ICP – MS 和 SHRIMP U – Pb 法得到丘坝次安斑岩中锆石表面年龄为(419 ~ 496)Ma,大宝山花岗闪长斑岩锆石表面年龄为(410 ~ 489)Ma,大宝山强蚀变次英安斑岩年龄分别为(145 ~ 168)Ma 一组和(412 ~ 420)Ma 一组;伍静等(2014)提出大宝山流纹熔岩(原来定义的次英安斑岩)的年龄为(436.0 ± 4.1)Ma,而丘坝英安质凝灰熔岩的年龄为(434.1 ± 4.4)Ma;巫建华等(2012)应用 SHRIMP U – Pb 测年测得河口破火山口构造碎斑熔岩中锆石年龄为(443.6 ± 5.4)Ma,说明其形成于晚奥陶世末期 – 早志留世初期,属加里东期火山活动产物。

除此之外,以往认为层状火成岩为英安岩或英安斑岩,伍静等(2014)提出,大宝山层状火成岩为次英安斑岩和丘坝岩体凝灰熔岩。经笔者镜下鉴定发现,岩石由晶屑、岩屑、玻屑组成,以 <2 mm 的凝灰质为主,>2 mm 的火山角砾次之。角砾凝灰结构和轻碎裂状结构。晶屑由长石假象、石英组成,杂乱分布,次棱角状为主,少量它形粒状,大小 0.04 ~ 2.65 mm。长石大多呈假象被黏土、硅质、绢云母等交代。石英具波状、带状消光。岩屑为刚性、塑性,杂乱分布,大小以 2 ~ 8 mm 的火山角砾为主,0.2 ~ 2 mm 的凝灰物次之,刚性岩屑呈次棱角状、不规则状等,塑性岩屑呈似火焰状、条带状,成分为蚀变凝灰岩、蚀变岩、蚀变流纹岩等。玻屑外形基本消失,已脱玻为隐晶状的长英质,强黏土化、硅化等。岩内见褐铁矿、绿泥石等填充的网状裂隙,把岩石切割成轻碎裂状,应属于轻碎裂状强蚀变英安质角砾凝灰岩。但是,从目前获得的数据和收集到的数据,燕山期岩浆活动在该区占主导地位。燕山期岩浆活动对加里东期花岗岩有强烈的改造作用(吴思本, 1991)。

华南地区的燕山期岩浆活动表现为多期次、多阶段岩浆形成的复式岩体,近些年有学者对该区岩浆开展了大量的工作,如大宝山花岗闪长斑岩,王磊等(2010)应用 LA ICP – MS 锆石 U – Pb 法测得的年龄为 175 Ma 左右,而刘莎等

（2012）和何国朝等（2016）测得的年龄则为 166 Ma 左右，二者相差有 9 Ma；再如船肚花岗闪长斑岩，王磊等（2010b）测得的年龄为 175 Ma 左右，而何国朝等（2016）测得的年龄为 162 Ma 左右。以上种种现象都说明大宝山地区的侵入岩体大多可能产于同一岩浆房而具有不同的脉动期次（何国朝等，2016）。

对于九曲岭花岗岩体，Wang 等（2011）测得其成岩年龄为 175 Ma 左右，而毛伟等（2013）测得的成岩年龄则为 162 Ma 左右。本次我们从岩体自南向北依次取了三个样（GD1、GD2 和 GD3），如前面结果所示，GD1 的年龄为（169.3 ± 1.2）Ma，GD3 的年龄为（171.2 ± 1.3）Ma 左右，二者相差 2 Ma，而在九曲岭岩体中间取得的 GD2，其年龄为（450.2 ± 2.9）Ma 左右，明显与前两个样品不一样，从采样现场情况分析，GD2 处花岗岩较 GD1 和 GD3 处蚀变更为强烈，从该样品锆石 CL 来看，具明显的扇形环带，与其他两个样品明显的振荡环带可以区分。因此可见，九曲岭花岗岩为一复式岩体。

花岗岩模式年龄（平均地壳模式年龄 TDM2）反映了岩浆源区物质从亏损地幔中分异出来的大致时代（吴元保，2004）。本次研究中在九曲岭取得的三个花岗岩样品中，其模式年龄可以明显地分为两组，一组对应燕山期花岗岩（GD1 和 GD3），为 1.45Ga ~ 1.63Ga，另一组对应加里东期花岗（GD2），为 0.62Ga ~ 0.78Ga，前者具有低的负 $\varepsilon_{Hf}(t)$ 值（两件样品 GD1 和 GD3 分别为 −12.19 ~ −8.51，平均 −10.40 和 −19.47 ~ −8.63，平均 −9.03），而后者则具有明显的高 $\varepsilon Hf(t)$ 值（变化于 8.89 ~ 12.06，平均 10.33）。前者与华南大部分地区的燕山期花岗岩的特征一致，说明其来源主要是下地壳重新熔融的产物，而大宝山地区花岗岩中的锆石出现高 $\varepsilon Hf(t)$ 值（变化于 8.89 ~ 12.06，平均 10.33），反映其亏损地幔来源，且其平均地壳模式年龄为 0.62Ga ~ 0.78Ga，对应于 Rodinia 超大陆裂解期，也是与地幔柱有关的新生地壳物质贡献的表现（王永磊等，2012；Wang 等., 2014；Ali 等., 2015；Yu 等., 2016；Skuzovatov 等., 2016）。幔源组分在花岗岩成岩过程中不仅提供成岩物源，更重要的是为地壳物质熔融产生花岗质岩浆提供热源（Bergantz, 1989；周新民，2007）。其参与成岩的方式可以分为两种，一种是幔源组分诱发地壳物质部分熔融产生长英质岩浆，并与其发生混合直接参与花岗岩的形成；另一种则是幔源组分通过底侵方式形成初生地壳，然后在后期热事件的影响下，这种新生地壳再发生部分熔融形成花岗岩。就九曲岭花岗岩而言，根据地其野外地质特征和 Hf 同位素组成特征，可以推断其属于前者，即幔源组分通过与其诱发地壳物质熔融产生的长英质岩浆混合的方式参与成因。

前人研究认为华南加里东期花岗岩形成于较封闭的非伸展环境，因此也不存在同期火山岩和超浅成侵入体（孙涛等，2003；舒良树，2006）及相关的火山块状硫化物矿床。而九曲岭花岗岩中早古生代加里东期高 Hf 花岗岩的出现可能预示着在早古生代加里东运动早期大宝山区域处于伸展环境，区内火山作用及浅成侵入岩浆活动可能受穿过粤北地区晚奥陶至早志留世存在古残留洋的吴川－四会深大断裂所诱发。

6.1.4.3 大宝山地区大地构造演化

自中侏罗世以来(180 Ma)以来由于古太平洋板块向欧亚大陆板块斜向俯冲,导致了整个华南地区特提斯构造域向太平洋构造域转换(孙涛,2003;舒良树,2006;周新民,2007;毛景文,2008)。南岭地区燕山早期的伸展环境不单纯是印支地块与华南地块碰撞之后的伸展,更是与俯冲消减引发的弧后伸展的叠加效应(蔡锦辉,2013)。在燕山中期(170 Ma～140 Ma)南岭地区岩石圈全面拉张减薄,地幔物质上涌导致大范围的陆壳重熔型花岗岩形成(华仁民,2005a;华仁民,2005b)。

大宝山地区处于南岭构造带三条东西向构造岩浆带的中带贵东－大东山花岗岩带,东西向构造带是古特提斯构造域的反映,加里东运动造成大面积早古生代地层褶皱浅变质,形成统一的加里东褶皱基底,未发现早古生代洋壳残留,南岭地区继加里东构造事件之后,在晚古生代有短暂拉张,没有形成新的深海洋盆,晚古生代沉积的浅海盆地基底是陆壳,所以印支运动是陆内造山。印支期构造事件完成了整个华南陆壳真正的统一。南岭地区是加里东运动反映强烈的地区,扬子地块与华夏陆块的软碰撞形成了加里东期广泛面状的花岗岩,在晚中生代印支期至燕山期,华南大陆东部边缘经历了古特提斯构造域向古太平洋构造域的转换(蔡锦辉,2013),大宝山地区作为华夏地块中云开古陆的一部分,经历了新元古代至奥陶纪的裂解、早古生代末期的伸展后挤压、海西期的有限拉张、印支期的挤压、燕山期的伸展等多期构造应力转换的动力学过程。

6.1.5 结论

通过上述分析,我们可以得出如下结论:

(1)大宝山地区九曲岭花岗岩体为一复式岩体。其主体由燕山期花岗岩组成,局部仍存在有早古生代加里东期花岗岩的残留,燕山期的花岗岩仍由多期岩体组成。

(2)九曲岭花岗岩的形成时代大体可以分为两组,一组是燕山期,169 Ma～171 Ma;而另一组则是加里期,450 Ma左右。同时九曲岭花岗岩体中,燕山期花岗岩具有低的负 ε Hf (t) 值,而早古生代加里东期花岗岩具有较高的正 ε Hf (t) 值。

(4)大宝山地区燕山期花岗岩和华南大部分的燕山期花岗样一样,具有低的 εHf (t) 值,反映其形成于下地壳的重新熔融;而大宝山地区早古生代加里东期花岗岩中的锆石出现高 ε Hf (t) 值(变化于8.89～12.06,平均10.33),反映其亏损地幔来源,且其平均地壳模式年龄为 0.62Ga~0.78Ga,是新生地壳物质贡献的表现。

6.2　矿石辉钼矿 Re-Os 测年

辉钼矿 Re-Os 同位素分析及相关计算结果见图 6-4 和表 6-2。6 件辉钼矿样品 Re 和 187Os 含量变化范围分别为 $50.80 \times 10^{-6} \sim 202.40 \times 10^{-6}$ 和 $89.02 \times 10^{-6} \sim 355.38 \times 10^{-6}$,得出模式年龄值在 166.8 Ma ± 2.4 Ma 至 167.5 Ma ± 2.5 Ma,平均值167.2 Ma ± 2.4 Ma(2σ),加权平均值 167 Ma ± 1 Ma,样品模式年龄非常接近(表 6-2)。采用 ISOPLOT 软件(Ludwig, 2003)绘制等时线图和计算年龄及误差,不确定度 0.61%。所获得的 6 件样品数据进行 ^{187}Re - ^{187}Os 等时线拟合获得等时线年龄分别为 167.5 Ma ± 3.3 Ma, MSWD = 0.062,初始 Os 为(0.2 ± 2.1) $\times 10^{-9}$(4 个样品)、两件样品 168.3 Ma ± 5.8 Ma, MSWD = 0.024,初始 Os 为(3.4 ± 4.4) $\times 10^{-9}$。

表 6-2　广东大宝山多金属矿中辉钼矿 Re-Os 同位素数据

编号	样重/g	$w(\text{Re})/$ $(\mu g \cdot g^{-1})$		$w(普\text{Os})/$ $(ng \cdot g^{-1})$		$w(^{187}\text{Re})/$ $(\mu g \cdot g^{-1})$		$w(^{187}\text{Os})/$ $(ng \cdot g^{-1})$		年龄值/Ma	
		测定值	不确定度	测定值	不确定度	测定值	不确定度	测定值	不确定度	测定值	不确定度
1	0.01054	56.44	0.46	1.924	0.073	35.48	0.29	98.73	0.85	166.8	2.4
2	0.01008	56.81	0.48	5.506	0.139	35.70	0.3	99.75	0.88	167.5	2.5
3	0.01027	202.40	2.60	0.016	0.053	127.2	1.7	355.38	2.86	167.4	2.9
4	0.01012	59.68	0.56	9.454	0.118	37.51	0.35	104.66	0.92	167.2	2.5
5	0.01003	50.80	0.48	0.016	0.037	31.93	0.3	89.02	0.81	167.1	2.6
6	0.01038	71.58	0.70	0.120	0.052	44.99	0.44	125.34	1.00	167.0	2.5

Mao 等在深入研究我国不同类型热液钼矿床的基础上,提出不同矿床中辉钼矿的 Re 含量呈逐渐减弱的趋势,从地幔来源的(几百个 ng·g^{-1})到混合地壳和地幔来源(几十个 ng·g^{-1})到地壳来源(几个 ng·g^{-1})。大宝山多金属矿田辉钼矿与具有地幔和地壳混合来源的矿床相似。

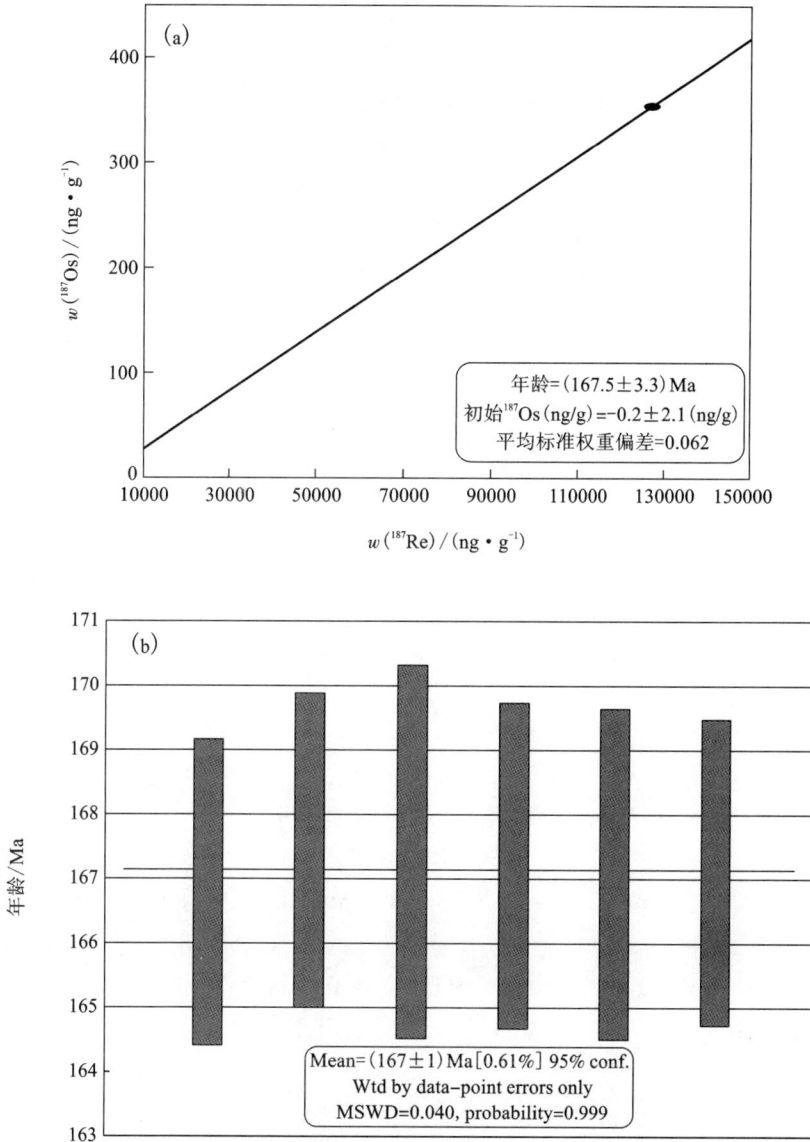

图 6 – 4　大宝山铜多金属矿床辉钼矿 Re – Os 同位素特征

（a）辉钼矿 Re – Os 同位素等时线

（b）辉钼矿 Re – Os 模式年龄加权平均值

6.3　大宝山矿区成矿时代

许多学者对大宝山多金属矿田的成岩成矿时代进行过测试工作，同位素年龄数据列于表 6-3。从表 6-3 可见，成岩时代分析测试方法分别为全岩 Rb-Sr 等时线法、全岩 K-Ar 法以及锆石 U-Pb 稀释法。对大宝山花岗闪长斑岩的测年，刘姤群等[35]采用 K-Ar 法测定年龄为 97~101 Ma；蔡锦辉等[23]采用全岩 Rb-Sr 等时线法获得年龄值为 155 Ma±23 Ma；裴太昌等[36]报道的全岩 Rb-Sr 等时线年龄为 156 Ma。对次英安斑岩的测年，刘姤群等[35]采用 K-Ar 法测定年龄为 163~166 Ma；蔡锦辉等[23]采用全岩 Rb-Sr 等时线法获得年龄为强蚀变岩体和弱蚀变岩体年龄分别为 195.5 Ma±11 Ma 和 135.5 Ma±5.7 Ma；裴太昌等[36]获得的全岩 Rb-Sr 等时线年龄为 168 Ma；葛朝华等[22]采用单颗粒锆石 U-Pb 稀释法获得的年龄为 441 Ma±19 Ma。

但根据分析，因为 K-Ar 法和 Rb-Sr 同位素体系测年封闭温度较低，容易受后期构造-热事件影响从而导致其获得年龄值偏低，并且由于本区出露岩体都受到不同程度的蚀变，所以上述方法获得的年龄未必可信。另外，由于该地区岩体有较多的继承老锆石，而单颗粒锆石 U-Pb 稀释法无法准确区分锆石性质，获得的年龄可能为混合锆石年龄。

总而言之，不同的研究者的测定结果以及采用不同方法测定的同一岩体的结果存在较大的差异，从而导致了对矿床成岩时代的认识上的争议，这也是对大宝山矿床成因和成矿模式难于达成共识的一个重要原因。

本次采用 LA ICP-MS 对大宝山多金属矿田中的三个花岗岩样品进行测试，其平均年龄分别为 169.6 Ma±2.4 Ma，168.6 Ma±1.9 Ma 和 176.2 Ma±2.5 Ma，反映了大宝山矿区花岗岩的真实侵入时代为燕山早期，略早于钨钼矿床的成矿时代 167.5 Ma±3.3 Ma。从本次测年中 CL 图像和锆石单点年龄分析，前人[6, 23-24]所测到的 430~460 Ma 的加里东期事件多是由于花岗岩中捕获到的继承锆石所致。

表 6 – 3 大宝山铜铅锌钼多金属矿区岩体年龄统计表

岩体	岩性	年龄/Ma	分析方法	资料来源
丘坝岩体	次英安斑岩	419 ~ 496	锆石 LA ICP – MS U – Pb 法	[23]
船肚岩体	花岗闪长斑岩	410 ~ 489	锆石 LA ICP – MS U – Pb 法	[23]
大宝山岩体	强蚀变次英安斑岩	145 ~ 168, 412 ~ 420	SHRIMP 锆石 U – Pb 法	[23]
船肚岩体	花岗闪长斑岩	175.0 ± 1.7	锆石 LA ICP – MS U – Pb 法	[21]
大宝山岩体	花岗闪长斑岩	175.8 ± 1.8	锆石 LA ICP – MS U – Pb 法	[21]
大宝山岩体	流纹质凝灰熔岩	436.4 ± 4.1	锆石 LA ICP – MS U – Pb 法	[24]
丘坝岩体	英安质凝灰熔岩	434.1 ± 4.4	锆石 LA ICP – MS U – Pb 法	[24]
大宝山岩体	碱长花岗斑岩	166.6 ± 2.1	锆石 LA ICP – MS U – Pb 法	[10]
大宝山岩体	二长花岗斑岩	166.2 ± 3.1	锆石 LA ICP – MS U – Pb 法	[10]
大宝山岩体	花岗闪长斑岩	101 ~ 97	全岩 K – Ar 法	[35]
大宝山岩体	次英安斑岩	166 ~ 163	全岩 K – Ar 法	[35]
大宝山岩体	花岗闪长斑岩	155 ± 23	全岩 Rb – Sr 法	[23]
大宝山岩体	次英安斑岩	135.3 ± 5.7	全岩 Rb – Sr 法	[23]
丘坝岩体	次英安斑岩	195.5 ± 11	全岩 Rb – Sr 法	[23]
大宝山岩体	次英安斑岩	441 ± 19	单颗粒锆石 U – Pb 稀释法	[22]
九曲岭岩体	花岗闪长斑岩	162.2 ± 0.7	锆石 LA ICP – MS U – Pb 法	[3]
大宝山岩体	花岗闪长斑岩	161.0 ± 0.9	锆石 LA ICP – MS U – Pb 法	[3]

续表6-3

岩体	岩性	年龄/Ma	分析方法	资料来源
船肚岩体	花岗闪长斑岩	160.2±0.9	锆石 LA ICP-MS U-Pb 法	[3]
徐屋岩体	流纹斑岩	426.9±2.2	锆石 LA ICP-MS U-Pb 法	[3]
大宝山岩体	花岗闪长斑岩	167.0±2.5	锆石 LA ICP-MS U-Pb 法	[11]
九曲岭岩体	花岗闪长斑岩	175.8±1.5	锆石 LA ICP-MS U-Pb 法	[14]
大宝山岩体	花岗岩	169.6±2.4 Ma	锆石 LA ICP-MS U-Pb 法	本书
大宝山岩体	花岗岩	168.6±1.9 Ma	锆石 LA ICP-MS U-Pb 法	本书
大宝山岩体	花岗岩	176.2±2.5 Ma	锆石 LA ICP-MS U-Pb 法	本书

7　黄铁矿微量元素地球化学记录

　　矿物在结晶过程中记录了成矿流体成分和物理化学条件等变化。近年来，随着现代分析测试技术的进步，尤其是 LA ICP – MS 原位测试技术在矿物微区微量方面分析技术的成熟，利用矿物微区微量进行精细成矿过程研究得到了巨大的发展。黄铁矿是各种矿床中常见的矿物之一，越来越多的研究表明，不同时期、不同条件形成的黄铁矿往往记录了多期次多阶段多世代成因信息（Craig 等．，1998；Deditius 等．，2014；Franchini 等．，2015；周栋等，2015），黄铁矿复杂的内部结构、形貌特征和多阶段生长现象常对应于其微量元素分布和组成，因此，黄铁矿微量元素特征可以用于研究成矿过程和限定矿床成因（Chen 等．，2015；Craig，1998；Franchini，2015；Large 等．，2009；Reich 等．，2013；Wang 等．，2015；Zhang 等．，2014；严育通等，2012；周栋，2015；周涛发等，2010）。

　　粤北地区存在一系列"层控型"硫化物矿床（陈学明，1992），这些矿床的成因一直存在争议（伍静等，2014；古菊云等，1984；姚德贤等，1996；宋世明，2011；庄明正，1983；庄明正，1986；戴塔根等，2015；瞿泓滢等，2014；黄书俊等，1987；邱世强，2012），目前争议主要集中在沉积作用主导还是构造主导（成矿与岩浆活动有关）两种成因认识。大宝山多金属矿田包括斑岩 Mo – W 矿床，矽卡岩 Mo – W 矿床及层状似层状硫化物矿床三大主体部分（刘孝善等，1985；姚德贤，1996；戴塔根，2015；毛伟等，2015）。不同矿床中黄铁矿均十分发育，本书拟以大宝山不同类型黄铁矿作为研究对象，通过研究其形貌特征和微量元素特征（面分布和含量）来进一步探讨和限定大宝山多金属矿田中矿床成因，进而为研究区域硫化物矿床成因研究提供借鉴。

7.1 样品采集

本次研究共选取了 8 个钻孔及地表共计 55 件样品，其中有 17 件用于磨制光薄片(100 μm 厚)，所取样品涵盖了三类矿床，其中：斑岩型矿床中的矿体样品 8 件(DR2 - 2、DR3、ZK5407 - 1、ZK5606 - 17、ZK5606 - 18、DBS 6004 - 2、DBS 6004 - 3 和 DBS 6004 - 12)；矽卡岩矿床中的矿体 5 件(CD1 - 2、CDL4、CDL5、CDL6 、CDL7)；层状似层状矿床中的矿体 4 件(V - 1、V - 4、V - 9 和 V2 - 2)，详细位置及样品描述见表 7 - 1。通过肉眼观察和显微镜下初步鉴定，基于不同的形貌、结构和矿物共生组合，选择了 4 块光薄片中 10 个单独的黄铁矿颗粒进行了电子探针面扫描分析，之后对应同种类型的黄铁矿，对 17 件样品中的黄铁矿应用 LA ICP - MS 进行了 108 个点的分析。

7.2 分析方法

7.2.1 电子探针

黄铁矿电子探针分析是在澳大利亚 James Cook 大学高级测试中心(Advanced Analytical Centre)的 JEOL (型号：SM5410LV)电子探针上进行，包括面扫描和点分析，其中对六个黄铁矿颗粒进行了点分析，测定了 Fe 含量，在 LA ICP - MS 分析时用作内标。为了查明黄铁矿颗粒中的元素的分布状态，对每种类型的黄铁矿选择两个颗粒进行面扫描分析。束斑大小在 1 μm 到 5 μm 之间，加速电压 20 kV，驻留时间 100 ms，单个的黄铁矿颗粒大小在 100 μm × 150 μm 至 400 μm × 500 μm，主要查定黄铁矿中 Co、Ni 和 As 元素的分布。

7.2.2 激光剥蚀耦合等离子体质谱(LA ICP - MS)

黄铁矿微量元素化学成分主要采用 LA ICP - MS 在澳大利亚 James Cook 大学高级测试中心测定。首先，将所采集的样品磨制光薄片(100 μm)，然后在 Leica - 2700 显微镜下进行详细的岩相学观察，按不同类型黄铁矿选择光薄片，并在光薄片上圈定要分析的颗粒。之后将光薄片置于 LA ICP - MS 样品室内进行元素含量的测定。标样采用 USGS 的 GSD - 1, NIST SRM610 为质量控制样品；USGS MASS - 1 样品被用作盲样进行实时监测。数据处理采用 GLITTER 4.4.4，采用标准的微量元素数据处理方法进行数据处理。

表 7 - 1 不同类型矿体中黄铁矿微量元素 LA ICP - MS 分析结果(10⁻⁶)

样品号	类型	Co	Ni	Cu	Zn	As	Se	Mo	Ag	In	Sn	Sb	$w(\text{Co})/w(\text{Ni})$
DR - 1 - 2	斑岩	852.0	339.0	2.3	b.d.	48.0	b.d.	0.2	0.2	b.d.	0.1	1.5	2.5
DR - 1 - 3	斑岩	427.0	6.7	6.4	2.9	34.0	b.d.	b.d.	0.9	b.d.	0.1	9.3	64.0
DR - 1 - 4	斑岩	260.0	3.1	5.4	b.d.	15.0	b.d.	0.3	1.1	b.d.	b.d.	4.8	83.0
DBS - 6004 - 12 - 1	斑岩	217.0	57.0	13.1	1.8	12.9	22.2	b.d.	0.7	b.d.	0.1	0.6	3.8
DBS - 6004 - 12 - 10	斑岩	105.0	22.8	2.9	1.5	8.2	30.0	0.0	b.d.	b.d.	0.1	0.2	4.6
DBS - 6004 - 12 - 11	斑岩	151.0	110.0	6.2	2.6	4.9	20.9	b.d.	1.0	0.0	0.1	0.7	1.4
DBS - 6004 - 12 - 12	斑岩	96.0	53.0	10.3	3.0	3.7	17.0	0.0	0.1	b.d.	0.1	0.9	1.8
DBS - 6004 - 12 - 2	斑岩	46.0	15.5	18.7	4.6	9.0	39.0	0.1	b.d.	b.d.	0.1	0.4	3.0
DBS - 6004 - 12 - 3	斑岩	202.0	106.0	b.d.	2.1	9.7	44.0	0.0	0.2	b.d.	0.1	0.3	1.9
DBS - 6004 - 12 - 4	斑岩	50.0	16.6	7.9	3.0	12.5	54.0	b.d.	0.1	0.0	0.1	0.3	3.0
DBS - 6004 - 12 - 5	斑岩	144.0	116.0	16.7	b.d.	14.4	30.0	0.0	0.7	b.d.	0.1	1.5	1.2
DBS - 6004 - 12 - 6	斑岩	370.0	136.0	b.d.	4.4	13.2	32.0	b.d.	0.1	0.0	0.1	0.9	2.7
DBS - 6004 - 12 - 7	斑岩	341.0	91.0	1.0	1.4	16.0	64.0	b.d.	b.d.	b.d.	0.1	0.3	3.7
DBS - 6004 - 12 - 8	斑岩	76.0	85.0	3.4	2.2	13.9	40.0	b.d.	0.4	b.d.	0.1	0.9	0.9
DBS - 6004 - 12 - 9	斑岩	74.0	68.0	3.7	3.0	3.5	18.5	b.d.	b.d.	b.d.	b.d.	0.5	1.1
DBS - 6004 - 2 - 1	斑岩	175.0	11.8	2.1	1.7	0.4	57.0	b.d.	b.d.	0.0	b.d.	0.1	0.5	14.9
DBS - 6004 - 2 - 10	斑岩	65.0	15.5	1.1	1.2	b.d.	17.7	0.0	b.d.	b.d.	0.1	b.d.	4.2
DBS - 6004 - 2 - 11	斑岩	323.0	97.0	4.2	2.0	0.2	9.3	b.d.	0.1	0.0	0.5	0.4	3.3

续表 7 – 1

样品号	类型	Co	Ni	Cu	Zn	As	Se	Mo	Ag	In	Sn	Sb	$w(Co)$ $/w(Ni)$
DBS – 6004 – 2 – 12	斑岩	138.0	187.0	2.0	5.3	0.5	36.0	b. d.	b. d.	b. d.	0.6	b. d.	0.7
DBS – 6004 – 2 – 2	斑岩	105.0	7.4	2.4	0.8	0.7	57.0	b. d.	0.3	0.0	0.0	0.1	14.3
DBS – 6004 – 2 – 3	斑岩	91.0	7.8	1.4	1.7	b. d.	64.0	0.0	0.0	0.0	0.1	b. d.	11.6
DBS – 6004 – 2 – 4	斑岩	95.0	17.4	0.4	1.6	b. d.	19.7	3.8	b. d.	0.2	0.1	b. d.	5.4
DBS – 6004 – 2 – 5	斑岩	125.0	6.4	2.7	2.7	0.2	63.0	1.9	1.1	b. d.	0.1	0.4	19.4
DBS – 6004 – 2 – 6	斑岩	776.0	21.3	2.5	1.7	0.5	27.0	b. d.	0.0	b. d.	0.1	0.3	36.0
DBS – 6004 – 2 – 7	斑岩	476.0	48.0	8.9	2.6	0.2	25.2	0.1	0.0	0.0	0.2	0.3	9.9
DBS – 6004 – 2 – 8	斑岩	340.0	30.0	2.9	1.4	b. d.	24.0	b. d.	b. d.	0.0	0.1	0.1	11.3
DBS – 6004 – 2 – 9	斑岩	68.0	13.6	5.7	2.5	3.3	20.0	0.0	0.1	0.0	0.1	0.6	5.0
DBS – 6004 – 3 – 1	斑岩	76.0	21.5	2.8	3.8	8.3	37.0	b. d.	b. d.	b. d.	0.1	0.4	3.6
DBS – 6004 – 3 – 10	斑岩	25.1	3.4	11.9	2.2	0.3	24.3	b. d.	0.3	0.0	0.1	0.1	7.5
DBS – 6004 – 3 – 11	斑岩	87.0	17.1	b. d.	1.6	17.6	18.9	b. d.	0.1	b. d.	0.1	0.9	5.1
DBS – 6004 – 3 – 12	斑岩	26.2	8.1	7.2	0.8	4.6	17.9	0.1	0.2	0.0	0.2	1.4	3.3
DBS – 6004 – 3 – 2	斑岩	66.0	12.5	7.4	2.8	9.5	22.3	0.0	0.3	0.0	0.1	1.1	5.3
DBS – 6004 – 3 – 3	斑岩	42.0	11.2	2.1	2.5	0.4	23.6	b. d.	0.2	0.1	0.1	0.1	3.8
DBS – 6004 – 3 – 4	斑岩	17.2	5.8	3.5	2.4	b. d.	22.6	b. d.	b. d.	0.0	0.1	1.5	3.0

续表 7 - 1

样品号	类型	Co	Ni	Cu	Zn	As	Se	Mo	Ag	In	Sn	Sb	$w(\text{Co})$ $/w(\text{Ni})$
DBS - 6004 - 3 - 5	斑岩	335.0	179.0	1.0	1.9	0.8	27.1	b. d.	0.1	b. d.	0.2	0.1	1.9
DBS - 6004 - 3 - 6	斑岩	27.0	19.2	0.9	1.5	0.4	13.7	0.0	b. d.	b. d.	0.1	b. d.	1.4
DBS - 6004 - 3 - 7	斑岩	37.0	15.7	1.6	2.0	0.8	32.0	0.1	b. d.	0.0	0.1	0.6	2.4
DBS - 6004 - 3 - 8	斑岩	17.9	13.1	1.1	1.8	b. d.	16.7	1.0	b. d.	0.0	0.1	0.1	1.4
DBS - 6004 - 3 - 9	斑岩	55.0	9.1	b. d.	1.4	0.7	16.9	b. d.	b. d.	0.0	0.0	0.1	6.0
DR2 - 2 - 1	斑岩	4.0	2.0	0.9	0.4	0.1	18.8	0.5	b. d.	0.0	0.2	b. d.	2.0
DR2 - 2 - 10	斑岩	314.0	40.0	1.5	2.3	0.6	23.1	0.0	0.1	b. d.	0.0	b. d.	7.8
DR2 - 2 - 11	斑岩	255.0	23.2	1.0	1.7	0.2	15.7	b. d.	b. d.	b. d.	0.1	0.1	11.0
DR2 - 2 - 12	斑岩	237.0	52.0	1.7	7.8	0.3	30.0	0.1	b. d.	0.0	0.1	0.3	4.6
DR2 - 2 - 13	斑岩	262.0	53.0	1.5	1.8	0.3	18.8	b. d.	b. d.	b. d.	1.8	b. d.	4.9
DR2 - 2 - 14	斑岩	360.0	62.0	5.2	9.5	0.4	31.0	0.1	0.1	0.0	0.1	0.1	5.9
DR2 - 2 - 15	斑岩	122.0	65.0	4.5	5.5	0.3	36.0	b. d.	0.1	0.0	0.2	b. d.	1.9
DR2 - 2 - 2	斑岩	0.4	0.7	0.5	0.4	0.2	66.0	0.6	0.0	b. d.	0.2	0.1	0.5
DR2 - 2 - 3	斑岩	5.6	2.4	0.5	0.6	b. d.	18.9	0.5	0.0	0.0	0.1	b. d.	2.4
DR2 - 2 - 4	斑岩	4.9	29.2	1.9	1.8	0.3	23.6	b. d.	0.0	0.0	0.1	0.1	0.2
DR2 - 2 - 5	斑岩	4.0	3.2	10.7	2.5	4.6	18.1	b. d.	0.0	0.0	0.1	b. d.	1.2
DR2 - 2 - 6	斑岩	631.0	54.0	2.3	1.1	0.4	23.0	0.0	0.1	b. d.	0.1	b. d.	11.6
DR2 - 2 - 7	斑岩	588.0	64.0	0.7	3.9	0.2	20.9	0.0	b. d.	0.0	0.1	0.1	9.1
DR2 - 2 - 8	斑岩	370.0	29.0	0.6	1.4	0.3	18.4	0.2	b. d.	0.0	0.1	0.1	12.8
DR2 - 2 - 9	斑岩	96.0	32.0	1.0	21.5	0.3	20.6	b. d.	b. d.	b. d.	0.1	0.2	3.0
DR3 - 1	斑岩	12.8	8.1	0.2	0.5	b. d.	20.3	0.6	0.0	0.0	0.3	b. d.	1.6
DR3 - 10	斑岩	4.6	4.1	13.7	4.5	b. d.	18.4	0.0	0.0	0.0	0.1	0.1	1.1
DR3 - 11	斑岩	9.2	7.9	2.0	b. d.	0.2	12.9	0.1	0.0	0.0	b. d.	0.2	1.2
DR3 - 12	斑岩	373.0	28.9	1.0	1.4	0.4	27.1	b. d.	0.0	0.0	0.1	b. d.	12.9
DR3 - 13	斑岩	57.0	11.6	1.4	2.6	0.2	19.2	b. d.	b. d.	0.0	0.1	b. d.	4.9
DR3 - 14	斑岩	9.1	5.4	1.0	1.3	b. d.	14.5	0.0	b. d.	0.0	0.1	0.1	1.7

续表 7 – 1

样品号	类型	Co	Ni	Cu	Zn	As	Se	Mo	Ag	In	Sn	Sb	$w(\text{Co})$ /$w(\text{Ni})$
DR3 – 2	斑岩	247.0	12.8	1.6	0.4	6.2	26.8	0.7	0.2	b. d.	0.2	1.4	19.3
DR3 – 3	斑岩	16.1	10.7	0.3	0.7	0.4	32.0	0.4	0.0	0.0	0.2	0.0	1.5
DR3 – 4	斑岩	6.6	2.9	5.0	2.1	b. d.	17.1	b. d.	1.7	0.0	0.1	b. d.	2.3
DR3 – 5	斑岩	4.6	2.2	1.2	1.4	0.3	33.0	b. d.	0.3	0.7	0.1	b. d.	2.1
DR3 – 6	斑岩	4.9	1.5	5.6	3.2	b. d.	42.0	b. d.	0.1	b. d.	0.1	0.2	3.2
DR3 – 7	斑岩	115.0	21.6	1.8	10.4	b. d.	27.0	b. d.	0.1	0.0	0.1	b. d.	5.3
DR3 – 8	斑岩	40.0	6.4	2.1	3.6	b. d.	25.2	1.1	0.0	b. d.	0.2	b. d.	6.3
DR3 – 9	斑岩	10.6	1.3	4.8	2.6	8.6	30.0	0.0	0.6	0.0	0.1	1.5	8.5
ZK5407 – 1 – 1	斑岩	93.0	22.0	0.6	0.3	2.9	14.2	0.5	0.0	0.0	0.2	b. d.	4.2
ZK5407 – 1 – 2	斑岩	100.0	9.8	0.9	0.5	2.8	8.7	0.4	0.1	0.0	0.3	0.1	10.2
ZK5407 – 1 – 3	斑岩	51.0	9.0	0.7	0.1	0.2	7.4	0.4	b. d.	0.0	0.1	b. d.	5.6
ZK5407 – 1 – 4	斑岩	94.0	48.0	1.1	0.8	1.9	8.9	0.5	0.0	b. d.	0.2	0.0	2.0
ZK5407 – 1 – 5	斑岩	53.0	81.0	1.9	0.5	3.8	6.0	0.4	0.1	0.1	2.8	0.4	0.7
ZK5606 – 17 – 4	斑岩	463.0	157.0	6.4	1.2	186.0	21.7	6.5	0.6	0.0	0.3	1.6	3.0
ZK5606 – 18 – 1	斑岩	558.0	256.0	20.3	1.5	107.0	31.0	0.3	1.0	0.0	0.4	1.5	2.2
ZK5606 – 18 – 3	斑岩	532.0	43.0	14.6	1.3	19.3	45.0	0.6	0.5	b. d.	0.2	0.2	12.4
	最大值	852.0	339.0	20.3	21.5	186.0	66.0	6.5	1.7	0.7	2.8	9.3	83.0
	最小值	0.4	0.7	0.2	0.1	0.1	6.0	0.0	0.0	0.0	0.0	0.0	0.2
	平均值	172.0	43.0	4.1	2.6	9.9	27.0	0.5	0.3	0.0	0.2	0.7	7.2
CD1 – 2 – 1	矽卡岩	2.0	2.5	0.1	0.6	0.2	1.6	0.6	b. d.	0.0	0.2	b. d.	0.8
CD1 – 2 – 2	矽卡岩	12.2	9.9	1.4	1.3	1.6	5.4	0.6	0.2	0.0	0.7	0.4	1.2
CD1 – 2 – 3	矽卡岩	42.0	34.0	0.9	0.7	1.7	5.9	0.7	0.2	0.0	0.6	0.2	1.2
CDL – 4 – 1	矽卡岩	26.7	37.0	1.3	2.6	11.4	6.1	0.5	0.0	0.0	0.3	0.1	0.7

续表 7 - 1

样品号	类型	Co	Ni	Cu	Zn	As	Se	Mo	Ag	In	Sn	Sb	$w(\mathrm{Co})$ $/w(\mathrm{Ni})$
CDL - 4 - 2	矽卡岩	0.7	2.9	1.4	1.6	8.2	3.3	0.5	0.5	0.0	0.1	0.8	0.2
CDL - 4 - 3	矽卡岩	23.6	64.0	0.3	0.2	6.1	8.6	0.4	b.d.	b.d.	0.1	b.d.	0.4
CDL - 4 - 4	矽卡岩	17.9	49.0	5.3	6.5	5.7	5.3	0.6	0.0	0.0	0.1	b.d.	0.4
CDL - 5 - 1	矽卡岩	3.4	18.2	0.6	1.4	31.0	10.1	0.5	b.d.	b.d.	0.2	0.0	0.2
CDL - 5 - 2	矽卡岩	2.5	45.0	0.5	0.6	62.0	10.3	0.4	0.0	0.0	0.3	0.1	0.1
CDL - 5 - 3	矽卡岩	0.3	101.0	0.8	0.6	b.d.	8.3	0.9	0.5	0.0	0.2	0.1	0.0
CDL - 5 - 4	矽卡岩	0.8	165.0	0.3	0.8	41.0	8.1	0.5	0.7	0.0	0.6	0.4	0.0
CDL - 5 - 5	矽卡岩	0.7	79.0	b.d.	b.d.	0.1	8.6	0.5	0.4	b.d.	0.1	0.0	0.0
CDL - 6 - 2	矽卡岩	51.0	7.2	0.5	0.5	b.d.	37.0	0.5	b.d.	0.0	0.4	b.d.	7.1
CDL - 6 - 3	矽卡岩	2123.0	25.7	0.5	0.5	0.2	38.0	0.6	0.0	0.0	0.5	b.d.	83.0
CDL - 6 - 4	矽卡岩	423.0	10.4	1.8	0.5	0.2	41.0	0.6	b.d.	0.0	0.2	b.d.	41.0
CDL - 6 - 5	矽卡岩	2857.0	24.8	2.8	b.d.	0.2	50.0	0.8	0.1	b.d.	0.1	b.d.	115.0
CDL - 6 - 6	矽卡岩	539.0	13.6	1.9	0.8	2.6	37.0	0.6	0.0	0.0	0.1	0.0	40.0
CDL - 7 - 1	矽卡岩	7.6	5.1	3.3	1.3	25.7	18.9	0.7	0.3	0.0	0.3	0.8	1.5
CDL - 7 - 2	矽卡岩	11.7	7.2	1.3	1.5	0.2	26.0	0.1	0.0	0.0	0.4	b.d.	1.6
CDL - 7 - 3	矽卡岩	25.5	4.9	2.7	3.4	3.9	20.5	0.7	0.1	0.0	0.4	0.7	5.3
CDL - 7 - 4	矽卡岩	20.2	5.0	1.8	0.8	0.4	22.5	0.4	0.0	0.0	0.2	0.0	4.0
	最大值	2857.0	165.0	5.3	6.5	62.0	50.0	0.9	0.7	0.0	0.7	0.8	115.0
	最小值	0.3	2.5	0.1	0.2	0.1	1.6	0.4	0.0	0.0	0.1	0.0	0.0
	平均值	295.0	34.0	1.5	1.4	10.7	17.7	0.6	0.2	0.0	0.3	0.3	14.4
V2 - 2 - 1	层状似 层状	0.2	8.6	0.2	b.d.	0.1	3.0	0.2	0.3	b.d.	0.2	0.1	0.0
V2 - 2 - 10	层状似 层状	0.2	8.8	0.4	0.7	0.3	2.9	0.2	1.7	0.1	0.1	0.1	0.0
V2 - 2 - 2	层状似 层状	0.1	8.4	b.d.	0.8	b.d.	3.6	0.0	0.7	0.1	0.2	b.d.	0.0
V2 - 2 - 3	层状似 层状	0.3	9.1	b.d.	0.4	b.d.	2.6	0.2	0.3	b.d.	0.3	0.1	0.0
V2 - 2 - 4	层状似 层状	0.3	8.9	b.d.	0.8	b.d.	2.4	0.2	0.6	0.0	0.2	b.d.	0.0
V2 - 2 - 5	层状似 层状	0.3	8.9	0.5	1.3	b.d.	3.9	0.1	0.6	0.0	0.2	0.1	0.0

续表 7 - 1

样品号	类型	Co	Ni	Cu	Zn	As	Se	Mo	Ag	In	Sn	Sb	$w(\mathrm{Co})/w(\mathrm{Ni})$
V2 - 3 - 1	层状似层状	0.2	8.1	0.4	3.8	0.4	3.4	0.1	0.5	0.0	0.2	b. d.	0.0
V2 - 3 - 2	层状似层状	0.8	8.3	0.6	3.8	0.2	3.5	0.0	0.6	0.0	0.3	0.1	0.1
V2 - 3 - 3	层状似层状	0.4	8.2	0.5	24.0	b. d.	3.3	0.0	0.5	0.1	0.6	0.1	0.1
V2 - 3 - 4	层状似层状	0.3	8.5	0.7	1.8	b. d.	2.3	b. d.	0.3	0.0	0.3	b. d.	0.0
V2 - 3 - 5	层状似层状	0.2	7.4	b. d.	b. d.	b. d.	11.3	0.6	0.3	b. d.	0.2	b. d.	0.0
V2 - 3 - 6	层状似层状	b. d.	7.1	b. d.	11.0	b. d.	7.9	0.3	0.3	b. d.	0.2	b. d.	
V - 4 - 2	层状似层状	0.2	9.0	0.5	0.2	b. d.	11.9	0.4	0.2	b. d.	0.2	0.2	0.0
V - 4 - 3	层状似层状	b. d.	9.7	0.5	0.9	b. d.	7.0	0.1	0.9	0.0	0.4	0.1	
V - 4 - 4	层状似层状	0.1	10.7	b. d.	35.0	b. d.	8.2	0.1	0.2	0.4	0.4	0.1	0.0
V - 4 - 5	层状似层状	1.2	11.3	0.5	40.0	b. d.	8.1	0.2	0.2	b. d.	0.2	b. d.	0.1
V - 4 - 6	层状似层状	0.0	11.9	1.3	2.3	b. d.	10.2	0.2	0.1	0.0	0.1	0.1	0.0
V - 9 - 2	层状似层状	0.4	11.1	1.3	1.0	0.2	10.4	0.1	b. d.	0.0	0.1	0.1	0.0
V - 9 - 3	层状似层状	b. d.	11.6	b. d.	1.0	b. d.	10.0	0.0	0.3	0.0	0.3	b. d.	
V - 9 - 4	层状似层状	0.1	11.4	0.8	3.5	0.4	7.4	0.2	0.7	0.0	0.2	b. d.	0.0
V - 9 - 5	层状似层状	0.8	1.1	b. d.	b. d.	0.3	4.9	0.6	2.8	b. d.	b. d.	1.0	0.8
	最大值	1.2	11.9	1.3	40.0	0.4	11.9	0.6	2.8	0.4	0.6	1.0	0.8
	最小值	0.0	1.1	0.2	0.2	0.1	2.3	0.0	0.1	0.0	0.1	0.1	0.0
	平均值	0.3	9.0	0.6	7.4	0.3	6.1	0.2	0.6	0.1	0.2	0.2	0.1

7.3 结果

7.3.1 矿石结构

大宝山多金属矿田中含黄铁矿的典型的矿石结构如图 7 – 1 所示。斑岩型矿床矿体中的黄铁矿大都呈细粒状半自形至他形结构，或呈脉状出现，与鳞片状辉钼矿和微细粒白钨矿共生（如图 7 – 1 中 a – 1 到 a – 3）；矽卡岩矿床中矿体中的黄铁矿显示具有明显的交代结构，通常与磁黄铁矿、辉钼矿和石榴子石共生（如图 7 – 1 中 b – 1 到 b – 3）。粗粒，自形，大部分呈立方体形的黄铁矿或部分碎裂状中粒黄铁矿赋存于层状似层状硫化物矿床的矿体中，其通常和磁黄铁矿、黄铜矿、方铅矿和闪锌矿（如图 7 – 1 中 c – 1 到 c – 3）共生，这种类型的黄铁矿通过具有典型的交生结构，即晚期黄铜矿充填在早期黄铁矿裂隙和粒间。

7.3.2 电子探针分析结果

本次研究中共对三种类型六个黄铁矿颗粒进行了电子探针元素 Co、Ni 和 As 面扫描分析，如图 7 – 1 所示，采自斑岩矿体中的黄铁矿无明显的元素环带（如图 7 – 1 中 a – 4 到 a – 6）；采自矽卡岩矿体中的黄铁矿具有双晶和多晶现象，几乎亦不可见有元素环带（如图 7 – 1 中 b – 4 至 b – 6）；采自层状似层状矿体中的黄铁矿具有弱的 As 不均匀性分布，未见有 Co，Ni 环带（如图 7 – 1 中 c – 4 到 c – 6）。

7.3.3 LA ICP – MS 分析结果

大宝山多金属矿田中黄铁矿微量元素含量如表 7 – 1 所示。大宝山多金属矿田黄铁矿中最富集的微量元素有 Co、Ni、Cu、Zn、As、Se、Mo、Ag、In、Sn 和 Sb，这些元素的变化从 $n \times 10^{-6}$ 至 3000×10^{-6}（如元素 Co），尤其是 Co、Ni 和 As 变化范围较大，其他元素含量较低且具有较窄的变化范围。三种类型矿床中黄铁矿具有如下明显不同的特征：

采自斑岩 Mo – W 矿体中的 8 件黄铁矿样品进行 76 个点的分析结果表明该类黄铁矿具有相对较高的 Co（0.35×10^{-6} ~ 852×10^{-6}，平均 173×10^{-6}），Ni（0.65×10^{-6} ~ 339×10^{-6}，平均 43×10^{-6}），Cu（0.22×10^{-6} ~ 20.3×10^{-6}，平均 4.1×10^{-6}）和 Se（6.0×10^{-6} ~ 66×10^{-6}，平均 27.0×10^{-6}）。这种黄铁矿的 $w(Co)/w(Ni)$ 值基本大于 1，平均值为 7.24。

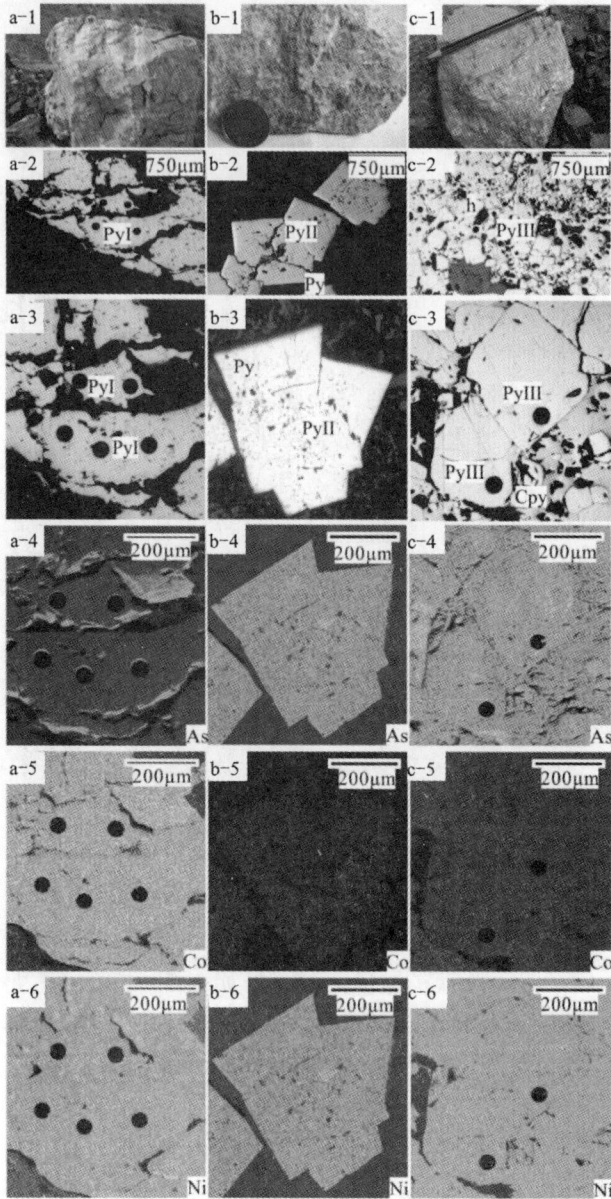

图7-1 大宝山多金属矿田中黄铁矿的典型结构(彩图见附录)

其中：a-1到a-3为典型的斑岩型矿床的黄铁矿及其显微镜下特征；b-1到b-3为典型的矽卡岩型矿床中黄铁矿及其显微镜下特征；c-1到c-3为典型的层状似层状矿床中黄铁矿及其显微镜下特征；a-4到a-6为典型的斑岩型矿床中黄铁矿中Co、Ni和As元素的分布特征；b-4到b-6是典型的矽卡岩型矿床黄铁矿中Co、Ni和As元素的分布特征；c-4到c-6是典型的层状似层状矿床中Co、Ni和As元素的分布特征。矿物缩写：Py为黄铁矿，Cpy为黄铜矿。

采自矽卡岩 Mo – W 矿体中的 5 件黄铁矿样品 21 个点分析结果表明其具有相对较高的 Mo（$0.41 \times 10^{-6} \sim 0.90 \times 10^{-6}$，平均 0.61×10^{-6}）和较低 Zn（$0.19 \times 10^{-6} \sim 6.5 \times 10^{-6}$，平均 1.37×10^{-6}）及 Sb（$0.01 \times 10^{-6} \sim 0.82 \times 10^{-6}$，平均 0.28×10^{-6}）。这种类型的黄铁矿具有较高的 $w(Co)/w(Ni)$ 值，平均值为 14.4，最高可达 115。

采自层状似层状硫化物矿体中下部 4 件样品 21 个点具有较低的 Co 平均值（-0.33×10^{-6}）、Ni（-9.0×10^{-6}）、Sb（大部分都低于检测限）和 Se（6.1×10^{-6}），但相对较高的 Ag（-0.6×10^{-6}），这种类型的黄铁矿平均 $w(Co)/w(Ni)$ 值均较小，最小为 0.07，最大的仅 0.76。

7.4　讨论

7.4.1　黄铁矿中微量元素对成矿环境和矿床成因的指示

黄铁矿具有简单的立方体结构，其分子式为 FeS_2，其中 Fe 常被 Co、Ni、Mo、Cu、Zn、Ag、Au、Pb、Bi 和 Tl 离子所替代，而元素 S 通常为 Se、Te 和 As 元素所替代（Craig，1998；Deer，1992）。本次研究中，测定了黄铁矿中 ^{34}S、^{49}Ti、^{51}V、^{55}Mn、^{57}Fe、^{59}Co、^{60}Ni、^{65}Cu、^{66}Zn、^{72}Ge、^{75}As、^{77}Se、^{97}Mo、^{107}Ag、^{111}Cd、^{115}In、^{118}Sn、^{121}Sb、^{122}Te 和 ^{208}Pb。在上述元素中，大宝山多金属矿田中最富集的元素为 Co、Ni、As 和 Se（通常大于 10×10^{-6}），而其他一些元素如 Cu、Zn、Mo、Sb 和 Sn 含量相对较低（低于 1×10^{-6}）。黄铁矿中 Co – Ni – As 的变化与地质过程紧密相关。黄铁矿中 Co 和 Ni 易于替代元素 Fe 导致黄铁矿晶格参数增大，且形成 CoS_2 和 NiS_2，在 FeS_2 和 CoS_2 二者间存在一个连续固溶体系列，而在 FeS_2 和 NiS_2 之间存在一个不连续固溶体系列（Chen，2015；Clark 等.，2004；Cook et al.，2009；Reich，2013）。在这个系列中，温度越高，黄铁矿中元素 Fe 被 Co 替代的越多。在本次研究中采自斑岩型矿床和矽卡岩型矿床中黄铁矿中 Co 含量较层状似层状矿床中黄铁矿的 Co 含量高，说明前二者的成矿温度亦较高。而层状似层状矿床黄铁矿中 Ni 含量较低，一方面说明其温度较低，另一方面与在 FeS_2 和 NiS_2 间存在的不连续固溶体系列有关（Clark，2004；Cook，2009；Keith et al.，2016；Reich，2013）。黄铁矿中 As 含量主要取决于建造水和岩浆水之比，而在斑岩型和矽卡岩型黄铁矿中 As 含量相对较高且变化范围较大，说明在该两个成矿过程中存在强烈的建造水和岩浆水的混合。Large et al.（2014）提出黄铁矿中的 Se 含量的变化可能与海洋深部大气氧化作用有关，而且指出沉积型黄铁矿大都与全球尺度大的氧化事件紧密相关。而且黄铁矿中元素 Se 在高温条件下易于替代黄铁矿中的 S，而大宝山多金属矿田中，采自斑岩型矿床中的黄铁矿具有较高的 Se，说明其温度相对偏高，且在成矿期为氧化环境。该矿床中的黄铁矿中还含有 Cu、Zn、Mo 和

Sb，但含量不高，可能主要以黄铜矿，闪锌矿，辉钼矿和辉锑矿的微细粒包体的形式存在。采自矽卡岩矿床矿体中的黄铁矿具有较一致的 Mo，推测该 Mo 可能是由一期富 Mo 流体所带入。

从图 7-2 可以看出，虽然大宝山多金属矿田中三类黄铁矿大多数微量元素含量均较低，但在误差范围内仍存在明显的差异，表明其形成于不同的热液系统。层状似层状矿床中的黄铁矿具有富 Ag 而贫 Co、As、Sb 和 Se 的特征（Co: 0.04×10^{-6} ~1.24×10^{-6}，平均 0.33×10^{-6}；As: 0.12×10^{-6} ~0.44×10^{-6}，平均 0.27；Sb: 0.05×10^{-6} ~0.95×10^{-6}，平均 0.17×10^{-6}；Se: 2.34×10^{-6} ~11.9×10^{-6}，平均 6.1×10^{-6}）和较为均一的 Ni（如表 7-1 和图 7-2，大部分的值在 8.0×10^{-6} ~11.0×10^{-6}），这与镜下观察到的层状似层状矿床中的矿物共生组合黄铁矿 + 黄铜矿 + 磁黄铁矿 + 方铅矿 + 闪铅矿的事实一致，尤其是 Ag 通常赋存在方铅矿。氧化条件的变化会影响黄铁矿中 Co 和 Ni 的含量，在氧化条件下，Co 更容易进入黄铁矿，而 Ni 则更容易进入磁黄铁矿（Clark，2004；Cook，2009；Reich，2013），而层状似层状矿床中黄铁矿与磁黄铁矿共生，且黄铁矿中的 Ni 含量非常低且具有一个非常窄的变化范围，说明层状矿体形成于还原性的流体。除了氧化还原状态外，温度也会对黄铁矿中的 Co 含量产生影响。形成温度越低，黄铁矿中的 Co 的含量就越低（Reich et al.，2013）。层状似层状矿体中黄铁矿富 Ag，贫 Co、As、Sb 和 Se 的特征亦说明该类黄铁矿形成于一种相对低温的热液系统。

采自斑岩型矿床中的黄铁矿具有高的 Co（平均 173×10^{-6}）、Ni（平均 43×10^{-6}）、Cu（平均 4.1×10^{-6}）和 Se（平均 27.0×10^{-6}），而相比而言，矽卡岩矿床中的黄铁矿中微量元素 Co、Ni、Zn、As、Se、Ag 变化范围相大，但矽卡岩矿床中黄铁矿的 Mo 含量较均一（如表 7-1 和图 7-2）。矽卡岩矿床中黄铁矿微量元素变化范围较大且 $w(Co)/w(Ni)$ 值变化大，可能是由于强烈的交代作用所致（尤其是矽卡岩退变质作用），这与其镜下特征（具有双晶和多晶的形象）表现出的矽卡岩退变质过程中淬火的特征相吻合，也反映出黄铁矿从流体中沉淀时温度、流体性质（氧化还原，pH）在发生波动（周栋，2015）。与此同时，斑岩矿床和矽卡岩矿床中的黄铁矿的 Co 含量及 $w(Co)/w(Ni)$ 值较高，指示了此两种黄铁矿为中高温热液成因。矽卡岩矿床中黄铁矿 As、Sb 和 Co 含量变化大，结合区域地质背景，可能与燕山早期铅锌热液成矿期深部岩浆热液和盆地基底深部碎屑岩含水层的混合热液上侵时提供了部分 As、Sb 和 Co 有关，这与何金详等（1996）对大宝山层状似层状硫化物矿床中磁黄铁矿的研究一致。

由图 7-2 可以看出，采自斑岩矿体中的黄铁矿微量元素特征明显不同于层状 – 似层状矿体中的黄铁矿（图 7-2），而采自矽卡岩矿床中的黄铁矿微量元素组成则介于两者之间或与上述二者有重叠，这些特征暗示了在矽卡岩化过程中热液流体的交代作用。

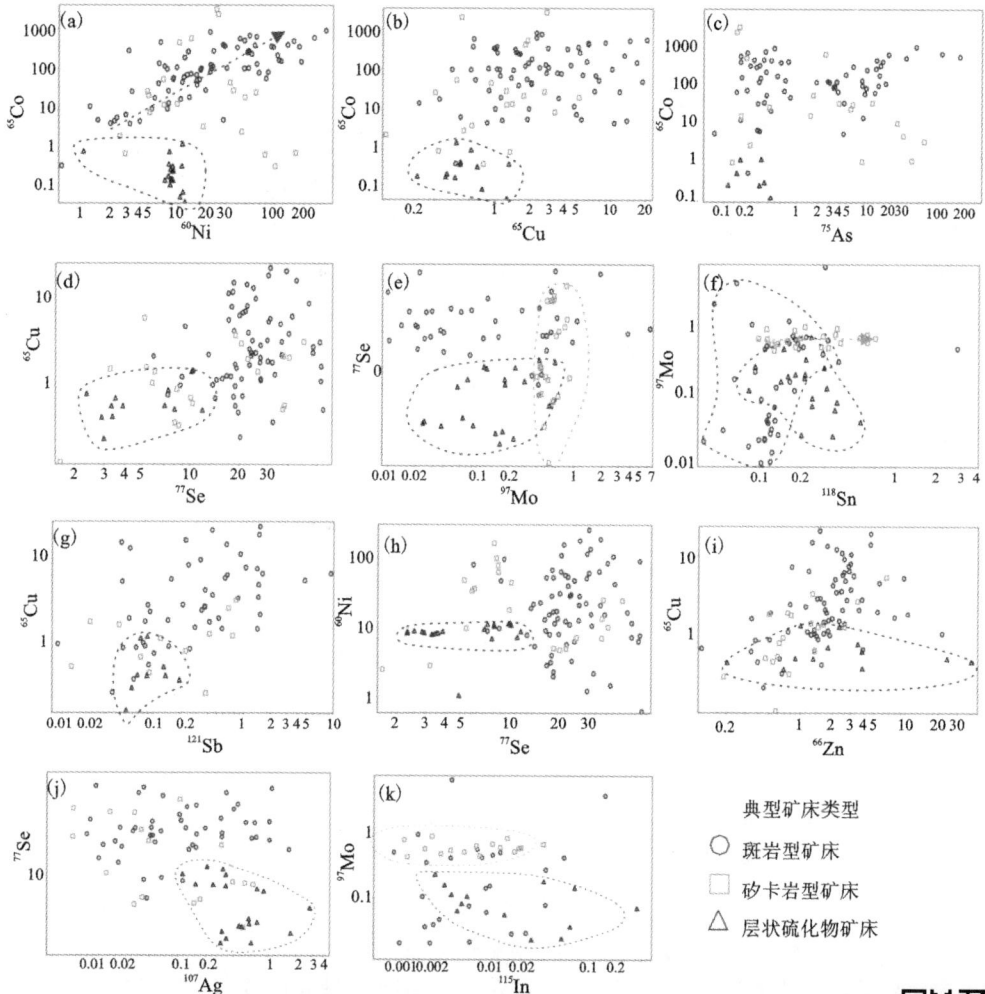

图7-2 大宝山多金属矿田不同矿床中黄铁矿中微量元素双变量图解(彩图见附录)
(a)Co Vs Ni；(b)Co Vs Cu；(c)Co Vs As；(d)Cu Vs Se；(e)Se Vs Mo；(f)Mo Vs Sn；
(g)Cu Vs Sb；(h)Ni Vs Se；(i)Cu Vs Zn；(j)Se Vs Ag；(k)Mo Vs In

7.4.2 对区域硫化物矿床成矿的指示

如上所述，大宝山多金属矿田中，不同矿床中黄铁矿微量元素组成整体具有递变的趋势。然而，和其他如斑岩型矿床(Cioacǎ 等.，2014；Reich，2013)、黑色页岩型矿床(Mukherjee 等.，2017)、太古代金矿床(Agangi 等.，2015；Gao 等.，2015)、沉积矿床(Large，2014)、VHMS 矿床(Belousov 等.，2016)和造山带型金矿床(Belousov，2016)中黄铁矿均值的对比，该矿田中黄铁矿中微量元素相对较低,尤其是元素 Mo 和 Se。和区域上大降坪硫化物矿床相比(张宝贵等,1994),它们具有相似的特征。根据以上讨论,区域层状硫化物矿床经历了如下两个成矿过程:

(1)沉积成矿期:主要发生在早泥盆世至早石炭世,粤北地区沉积了厚层的碳酸盐,Fe、Mn、Cu、Pb、Zn 和大量有机质等成矿物质被搬动到区内的沉积盆地中(如曲仁盆地、英德盆地、连阳盆地等),并经历风化剥蚀作用和海侵萃取作用;在成岩过程中,有机质分解,通过细菌对硫酸盐的还原作用,形成大量 HS^-,与成岩过程中的水,碳酸盐等造成的迁移的金属物质结合,形成部分金属硫化物(Cu、Pb、Zn 和 Ag 等);成岩后,伴随着构造运动的持续不断,盆地热卤水不断充填或脉动式贯入构造薄弱部位富集,叠加改造富集成矿。

(2)在燕山期华南大规模岩浆活动爆发时,在岩浆热液作用下,原始矿物质再次富集最终形成多金属硫化物矿床。

7.5 结论

本章通过应用电子探针和 LA ICP – MS,对大宝山多金属矿田中斑岩型矿床、矽卡岩型矿床和层状似层状硫化物矿床中的黄铁矿微量元素分布和含量进行了详细研究,并对区域硫化物矿床进行了对比研究,研究表明:

(1)大宝山多金属矿田黄铁矿中最富集的微量元素为 Co、Ni、Cu、Zn、As、Se、Mo、Ag、In、Sn、和 Sb。大宝山多金属矿田不同类型矿床中的黄铁矿仍具有其典型的特征:斑岩型矿床中的黄铁矿富 Co、Cu 和 Se;矽卡岩矿床中的黄铁矿微量元素变化较大,但具有较均匀的 Mo 和较高的 $w(Co)/w(Ni)$ 比;层状似层状硫化物矿床中则富 Ag 而贫 Co、As、Sb 和 Se,并具有均匀的 Ni 含量。

(2)黄铁矿微量元素的变化不仅取决于成矿时物理化学条件的变化(温度和氧化还原条件等),而且还受不同成矿流体性质的影响。另外,黄铁矿中微量元素替代的程度可能取决于其温度、压力、氧逸度,硫逸度和围岩性质等。

(3)大宝山多金属矿田存在三种不同类型的矿床,和粤北地区其他层状似层状矿床一致,其成矿过程经历了沉积成矿期 – 燕山期岩浆热液改造成矿期。

8 矿床成因

8.1 成矿模式探讨

大宝山多金属矿床经历了复杂的成矿过程。在古生代该区域处于华夏古陆边缘的断陷盆地内，沉积了巨厚的(复理石)碎屑岩建造。志留纪末，强烈的加里东运动使区域地槽构造层全面褶皱回返隆起成陆，同时，形成一系列以 EW、NE 向为主体的区域性深大断裂，并伴随中酸性岩浆侵入，这些深大断裂在随后很长的一段时间内持续活动，为含矿流体的上升提供了通道。中泥盆世早期，本区在海侵作用下形成半局限浅海盆地，雪山嶂地区水下隆起的海蚀作用和海解作用使得该区富集了大量的 Pb、Zn、Fe、Bi 等成矿物质；期间，多期次海底火山喷发和沿断裂上涌的海底热卤水带来了大量的 Fe、Cu、S 及部分 Pb、Zn 等成矿物质和泥炭质、有机质、碳酸盐泥质；大量的 Fe、Cu、Pb、Zn、Bi 等成矿物质经海水淋解，以有机络合物、无机络合物、离子态以及机械碎屑物等形式汇集于海底低洼滞流区，形成比重较大的含矿液流，并在成岩初期中低温($115 \sim 420$℃)、丰富硫源(高 f_{S_2})和低氧逸度(f_{O_2})等综合环境下，受成矿物源及温度控制，形成的矿物组明显呈现分带，且具同生沉积特征的多金属铜铅锌硫化物初始矿胚层或矿体，作为东岗岭组下亚组的一部分沉积下来。中泥盆世后期，一方面，从矿区东岗岭组上亚组夹有多层火山碎屑岩来看，当时的古海底火山喷发达到了短暂的高潮，喷发出大量富含铁质的火山碎屑物质及 CO_2 喷气，CO_2 大量溶于水中，促使铁质溶解形成可溶的 $Fe(HCO_3)_2$；另一方面，此时区域海侵进一步扩大，形成四周被古陆包围的局限海，该区藻类等生物繁盛，有机质富集，随着藻类等生物的大量生长，细菌呼吸释放出大量的 CO_2，溶解在水中，细菌氧化作用所需的氧气非大气氧，而是从 Fe^{3+} 还原为 Fe^{2+} 过程中获得的，致使环境 Eh 值降低，这样，细菌对有机物的氧化过程既生成 HCO_3^-，又提供了 Fe^{2+}，创造了利于 $Fe(HCO_3)_2$ 形成所需的条件；形成的 $Fe(HCO_3)_2$ 在水中迁移，并在温度下降、压力降低以及其他物理、化学条件改变的情况下发生分解，形成 Fe_2CO_3，并同海相火山碎屑物质、泥沙质一同沉积，形成与东岗岭组上亚组产状一致，并有协调的褶曲同步特征的菱铁矿初始矿(胚)体。晚泥盆世至燕山运动早期，受区域构造运动，尤其是中三叠世后期的印支构造运动的影响，产生了一系列 NE、NNE 向断裂及大宝山向斜，同时可能伴随着强烈的层间破碎发生，上覆地层产生的地温梯度及构造应力促使层间水和循环水升温，形成高温卤水，一定程度上促使地层中的金属元素活化、迁移，形成富金属的热液，对早期形成的似层状铜铅锌和菱铁矿(胚)体进行了叠加改造，形成富含微细粒黄铁矿、闪锌矿、方铅矿、磁黄铁矿及黄铜矿等的层纹状、条带状矿石。燕山期，区域在以近 EW 向压应力为主的构造应力场作用下，形成了以基底块断为基础，上、下同时扩展的块断体系。随后，受转变形成的右旋剪切应力场的影响，形成大量 NE、NNW 向张性 – 张剪性断层和拉伸型盆地，并伴随大范围的玄武岩浆底侵，地幔物质上涌，并与陆壳物质进行交换，形成大规模的中酸性岩类，并伴随着强烈的多金属成矿作用发生。早侏罗世中后期(约 187 Ma)，在大范围玄武岩浆底侵影响下，少量深源(上地幔或下地壳)部分熔融物质，沿区域构造软弱带上侵，并导致构造软弱带两侧陆壳物质增温、软化而大面积重熔而形成以陆壳重熔物质为主，具壳幔混合特性的中酸性斑岩岩浆体；岩浆体顺区内 NNW 及 NE 向断裂构造减压上侵喷溢，形成区内的次英安斑岩墙，其演化热液使东岗岭组地层发生了强烈的角岩化、矽卡岩化、硅化、钾长石化、绿泥石化等一系列的围岩蚀变，并为区域带来了大量的 Cu、Mo、W 等成矿元素；富含Cu、Mo、W 等元素的岩浆热液，在次英安斑岩体内、外接触带形成斑岩型和矽卡岩型钨、钼、铜矿，同时，沿围岩地层及早期形成的铜铅锌及菱铁矿(胚)体等的层间薄弱部位贯入，形成以脉状为主的钨、钼、铁铜矿体，部分挥发分和热量可能使原矿(胚)体发生活化转移，穿插层状矿体，使得矿体再次富集。中侏罗世早期(约 175 Ma)与次英安斑岩体具同源型，但演化程度更高的中酸性岩浆再次受区内 NNW 及 NE 向断裂控制而上侵，形成穿插于次英安斑岩体，以岩株状产出的浅成和超浅成的花岗闪长斑岩体，富含 Mo、W、Sn、Bi 等成矿元素的岩浆流体，一方面在花岗闪长斑岩体的内、外接触带形成大量的斑岩型和矽卡岩型钨、钼矿体，另一方面，同样对前面所形成的多金属矿体进行了叠加改造。大宝山多金属矿床成矿模式如图 8 – 1 所示。

至此，本区原生矿体的形成过程基本完成。随后在地质历史演化过程中，原生矿体(铜铅锌硫多金属矿体、薄层状菱铁矿体)受到剥蚀而露出地表，在地表或近地表条件下，经风化淋滤形成以褐铁矿等为主的铁帽。

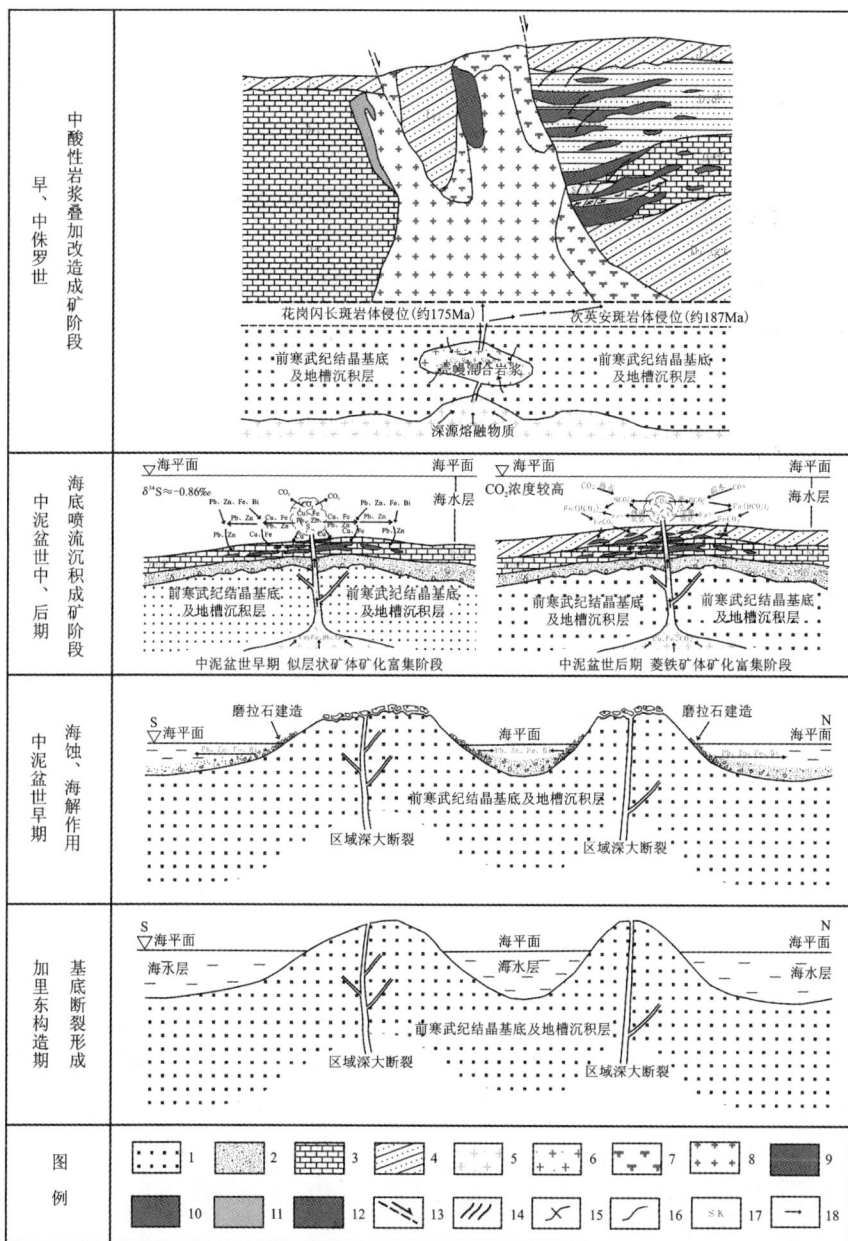

图 8-1 大宝山多金属矿成矿模式图

1—古老结晶基底；2—砂岩、砂砾岩；3—灰岩；4—砂页岩；5—深源熔融物质；6—壳幔混源岩浆；
7—次英安斑岩；8—花岗闪长斑岩；9—似层状多金属矿（红色端以铜铁为主，紫色端以铅锌为主）；
10—薄层菱铁矿；11—矽卡岩型钨钼矿；12—斑岩型钨钼矿；13—断裂构造；14—脉状铜铅锌矿体；
15—透闪石–阳起石化；16—硅化、绿泥石化；17—矽卡岩化；18—矿质、流体流动方向

8.2 成矿演化规律

8.2.1 成矿时代问题

众多专家学者对大宝山多金属矿床进行过多次成矿年龄研究，其中王磊等[55-57]对船肚花岗闪长斑岩的测定年龄值为 175.8 Ma ± 1.7 Ma 和 175.0 Ma ± 1.7 Ma；毛景文等[36,54]则将似层状的矿体做了单个辉钼矿 Re - Os 定年，其测定结果表示成矿年龄为 164.7 Ma ± 3 Ma；湖北宜昌地质矿产研究所对次英安斑岩采用 Rb - Sr 法测试其成矿年龄，认为其成岩年龄值为 195.5 Ma，成矿年龄值为 168.7 Ma ~ 136.3 Ma[34]；采用 K - Ar 法测试确定年龄值为 143 Ma 和 163 Ma ~ 166 Ma[33]；但是以上采用 Rb - Sr 法和 K - Ar 法测成矿年龄，由于易受到构造这一热事件的影响从而导致其年龄偏低，可信度不高；而辉钼矿 Re - Os 法年龄比较准确，但作者对该样品的选样的代表性有异议：首先样品数量仅一个；其次，大宝山多金属矿床的矿脉空间穿插现象特别严重，尤其是铜多金属矿体，后期形成的矿体沿块状矿体的边缘接触部位生长，一般认为应为次生成因；王磊等[55-57]对次英安斑岩进行 LA ICP - MS 锆石 U - Pb 法测年为 412 Ma ± 3.4 Ma，而葛朝华等[17]采用锆石 U - Pb 法和谐曲线法测定的年龄值为 441 Ma ± 9 Ma，而上述代表的加里东热事件均可认为锆石年龄不是原生的，而是继承或者捕获的，实际上，王磊[17,55-57]所测定的次英安斑岩的锆石岩浆环带清楚，葛朝华[17]所测的结果与地质观察也是一致的，陈好寿等[41,48,49]认为铅同位素模式年龄存在于 100 Ma ~ 200 Ma 和 300 Ma。与此同时，865 及 853 中段上粤北大宝山的花岗闪长斑岩与粤北大宝山的次英安斑岩间已不能发现明显界限，二者已呈现正常的过渡关系，即有关次英安斑岩的成因可划为中晚泥盆火山岩—沉积岩的一部分，大致与矿体的围岩时代相近，这同时表明成矿作用与中泥盆世地层的沉积作用之间关系非常密切，本次测年获得的辉钼矿年龄值为 167.5 Ma ± 3.3 Ma 至 168.3 Ma ± 5.8 Ma，与上述 164 Ma ~ 175 Ma 可能代表岩浆热液叠加成矿的年龄较为一致。

8.2.2 成矿期次

20 世纪 60 年代，广东省 705 队认为花岗闪长斑岩是成矿母岩，将成矿作用分为三期：表生期、热液期和气成 - 热液期。邱世强[13]将矿床的成因及深化过程分为沉积、成岩、热液再造和氧化四个阶段。古菊云[16]将整个成矿过程划分成两个时期及四个阶段，分别为内生成矿期(岩浆成矿期)与外生成矿期(风化淋滤阶段)。在内生成矿期则包括火山熔岩成矿阶段、次英安斑岩成矿阶段和花岗闪长斑岩成矿阶段三个阶段。庄明正[23, 24, 37]和罗年华[27, 46]认为成矿阶段主要为:中晚泥盆世矿源层的富集、早白垩世次英安斑岩侵入形成铜铅锌矿床、晚白垩世的花岗闪长斑岩侵入形成钨钼矿床,并叠加早期形成的铜铅锌矿床。刘姤群等[33]将铜多金属矿床和钼钨矿床成矿阶段分开探讨。铜铅锌多金属矿床主要分为矽卡岩阶段、铜铅锌矿化阶段、绿泥石-碳酸盐化阶段、钾质交代阶段(黑云平-钾长石化)。钼钨矿床主要分为两个成矿阶段:早期是石英-黄铁矿-辉钼矿组合,是钼矿的主要成矿阶段;晚期阶段是石英-黄铁矿组合,伴有少量的白钨矿、黄铜矿等。但由于当时对成岩成矿时代未能精确厘定,因此影响到不同学者对成矿过程的认识。

大宝山多金属矿床经历了非常复杂的成矿期和成矿演化过程,首先从成矿期与成矿阶段来说,大宝山多金属矿床经历了热液成矿期和表生氧化期。而成矿演化来说,经历了主要成矿期以及成矿后的破坏过程。根据前人研究认为,内生成矿期主要划为四个阶段:退化蚀变、矽卡岩、硫化物与碳酸盐[160](见图8-2)。

(1)退化蚀变阶段:黑云母化强烈表现于次英安斑岩中,其主要呈细鳞片集合体的团块状、微细脉状长石和角闪石等。

(2)矽卡岩阶段:花岗侵入岩体与碳酸盐接触带由于接触交代的作用,处于临界条件下的成矿流体与成矿物质生成基本无水钙铁硅酸盐的矿物,像石榴石、阳起石、透辉石、角闪石等矽卡岩类矿物,并伴生有少量浸染的磁铁矿。

(3)矿与硫化物阶段:为主成矿阶段,这包含铜铅锌多金属矿化阶段和钼与钨的矿化阶段。

铜铅锌多金属矿化阶段:是大宝山铜多金属矿床的主成矿时期,与之相共生的绢云母化、绿泥石化和硅化共同叠加在已形成的蚀变矿物的上面,其交代结构发育。结晶序列主要为磁黄铁矿-黄铁矿-黄铜矿-闪锌矿-方铅矿。

钼、钨矿化阶段:是矿区钼、钨矿床的主要的成矿阶段,矿物组合为辉钼矿-黄铁矿-石英。

(4)石英与硫化物阶段:伴生有少量的黄铁矿和铅锌矿、石英。

(5)碳酸盐阶段:多形成于矿床的最外侧和上部,也伴生有少量的铅锌矿化和黄铁矿化。

期次	矽卡岩阶段	退化蚀变阶段	矿石-硫化物阶段		石英硫化物阶段	碳酸盐阶段
			钼矿化阶段	铜铅锌矿化阶段		
石榴石	▬▬▬					
透辉石	▬▬▬ ▬ ▬					
阳起石	▬▬▬ ▬					
绿帘石		▬▬▬ ▬ ▬				
黑云母		▬▬				
角闪石		▬▬				
绢云母		▬ ▬	▬▬▬▬▬	▬		
辉钼矿		▬ ▬	▬▬▬			
黄铁矿			▬▬▬▬▬▬▬▬▬▬▬▬			
黄铜矿			▬▬▬▬▬▬▬▬ ▬			
磁铁矿		▬▬▬▬▬▬▬▬▬▬ ▬			▬	
方铅矿		▬ ▬ ▬	▬▬▬▬▬			
闪锌矿		▬ ▬ ▬	▬▬▬▬▬▬		▬	
绿泥石		▬▬▬▬▬▬▬▬▬▬▬▬			▬	▬
针铁矿						▬
褐铁矿						▬
赤铁矿						▬
高岭石						▬
方角石			▬▬▬▬▬▬▬▬▬▬▬▬			
石英		▬▬▬▬▬▬▬▬▬▬▬▬▬▬▬▬▬▬				

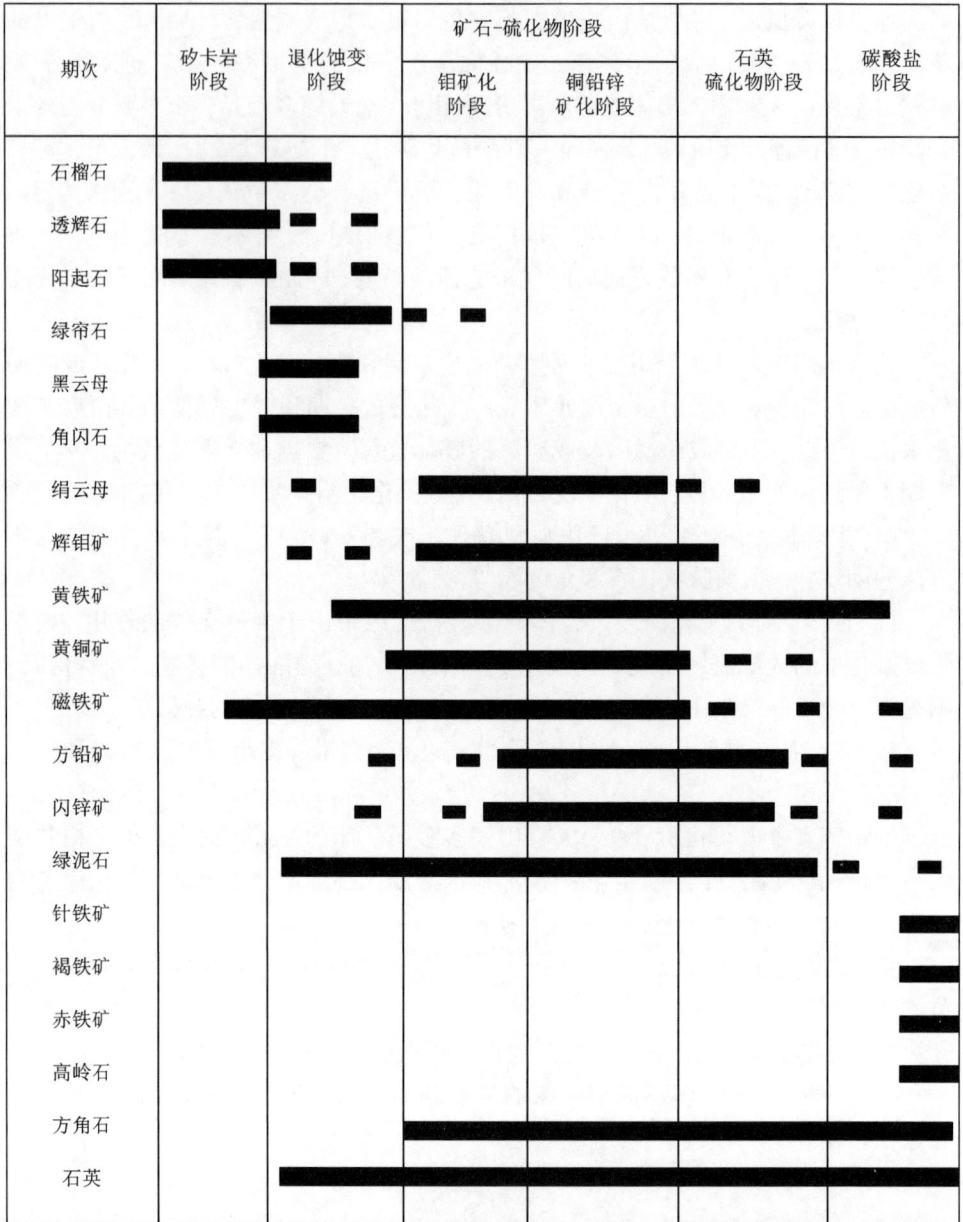

图 8 − 2 广东大宝山铜铅锌多金属矿床矿物生成顺序表[160]

8.2.3 矿体产状

大宝山铜铅锌多金属矿床中层(块)状铜铅锌等矿体主要受一定的层位控制，该矿体主要呈似层状、层状，与地层呈整合接触产出，同时和围岩发生同步变形；矿石中具有很明显的纹层状构造、条带状(层状)，同时有韵律性沉积的特征。在矿体内以及同生角砾状黄铁矿内均发现腕足类古生物化石。研究区发生火山喷发旋回，在初期为喷溢酸性火山熔岩，岩性为粗面岩和霏细岩，在后期为中-基性火山熔岩，岩性为安山岩和玄武岩；在南采场的凝灰岩中有很多的碧玉赤铁矿层，与凝灰岩呈互层状，碧玉赤铁矿层的层面发育有流动构造；菱铁矿矿体多为胶状、纹层状与球粒状、薄层状、条带状、浸染状和结核状构造，主要与黄铁矿互层产出，同时和沉积凝灰岩伴生，矿体夹层主要是粉砂质页岩，投影在平面图上，自西向东，菱铁矿-黄铁矿渐变成为含铁锰页岩层，倾向上往深部则逐渐过渡为铜多金属矿床，反映出其具良好的沉积序列。在后期热液叠加矿石，大多为乳滴状结构和交代结构，矿体多呈晶洞状、脉状、浸染状和角砾状等构造。

8.2.4 成矿物质来源和成矿流体来源

综合前文分析认为，氢氧同位素研究结果显示，该区成矿流体具有大气降水与岩浆水的混合流体，主要为大气降水。He-Ar同位素研究成果显示成矿流体极有可能为大气饱和水(海水)和地幔流体相混合的结果，在现代大洋洋中脊与块状矿体中的稀土元素标准化模式具有相似的稀土标准化模式，其成矿流体来源可能为海底喷流热液，而脉状矿体稀土标准化模式则与花岗岩具有类似的稀土标准化模式，表明后期岩浆热液可能对脉状的矿体产生强烈的叠加改造作用。

大宝山多金属矿床铅同位素、硫同位素显示，不同矿物其铅同位素含量、硫同位素含量不同，但在其物质来源分析结果来看，均具有地壳与地幔混合来源的特征，具有多源性的特点；碳氧同位素特征研究表明，其碳来源可能是以深源碳为主，部分为海相碳酸盐岩的混合来源。

8.3 矿床成因

不同专家、研究学者对大宝山铜铅锌多金属矿区次英安斑岩和花岗闪长斑岩的成因及关系存在分歧。其主要观点有：①两类岩石为同源岩浆不同阶段侵入的产物，不但不完全等同于陆壳改造型的花岗岩，而且不同于地壳同熔型，表现出两者之间具有过渡性的特点，可能为深源的物质在地壳内深部发生部分熔融过程中受到陆壳的强烈混染而形成的岩浆分异、并经多次活动的产物[16, 33]。②矿区存在一个源自深熔岩浆的、内外生相结合的成矿系列[16]。③两个类别的岩石均属于重熔型的花岗岩类[34]。对矿床地质、成矿条件研究表明，与成矿关系最为密切的岩体主要是两种斑岩体，分别是早期侵入的次英安斑岩体与晚期侵入的花岗闪长斑岩体，并相应产生了两次成矿作用[13, 23, 24, 33, 34, 37, 47]。其中一次是与早期的次英安斑岩相伴生的成矿作用，成矿元素主要为 Pb、Cu、S、Zn 等，多数学者认为次英安斑岩为这些元素的成矿母岩，也有部分学者提出泥盆纪围岩可能为其母岩之一。其另一次是和花岗闪长斑岩相伴生的成矿作用，成矿元素主要是 W、Mo、Bi 等，花岗闪长斑岩是成矿母岩。早期形成的 Pb、Cu、Zn 多金属矿床产在中泥盆统东岗岭组地层中次英安斑岩岩墙的上盘，晚期形成的 Mo、W 矿床产在粤北大宝山岩体和船肚岩体内外接触带上。

在大宝山多金属矿床中包括有不同成因的矿体，其中研究区出露于地表的铁矿床的矿床成因具有一致认识，为氧化矿，是原生矿经风化残积而形成。但是，有关原生硫化物矿床的矿床成因则观点不一致，主要观点为：①与燕山期岩浆活动密切相关的高中温热液充填交代型矿床[32, 39]；②多期岩浆期后形成的热液矿床，铅、锌矿床为高温形成，钼矿床为中高温形成[32]；③海相火山期后热液喷气沉积矿床[8, 12, 17, 41, 47-49]；④岩浆热液型矿床[45]；⑤陆相火山 - 次火山岩热液型矿床[16]；⑥斑岩型矿床，矿床的成因和次英安斑岩有很大的关系[33]；⑦沉积 - 改造型矿床，喷流沉积而形成层状多金属矿、而后期改造形成钼钨矿床[23-25, 37]。意见产生分歧的原因主要是缺乏对次英安斑岩和层状 - 似层状多金属矿体成矿时代的精确厘定。

成矿作用与燕山期的岩浆作用过程有密切的关系，并形成了斑岩型钼钨 - 岩浆热液型铜铅锌多金属成矿的系统。用花岗斑岩当作中心，在岩体顶部与碎屑岩围岩或石英斑岩中产生与网脉状的绢英岩化相伴随的斑岩型的钼钨矿床；而与沉积岩接触带形成矽卡岩型钼钨矿床；处在外围的碳酸盐岩内则形成中高温热液型的铜铅锌多金属矿床，位于远处外围的则形成低温的菱铁矿矿床。并伴随远离成矿中心，成矿流体的温度逐渐变小，成矿流体内大气降水的含量随之逐渐增加[45]。

除此之外，研究区断裂 F_a^1 是一条很重要的逆冲断层，它将中泥盆世地层错动于下侏罗统之上，从勘探线 7 线至 8 线的接近约千米范围内都可看到有压碎的含多金属矿化角砾岩，该套地层主要为炭质页岩、粉砂岩和石英砂岩。葛朝华等[17]研究分析认为这套富硅质岩石地层应属中泥盆统桂头组地层。而东岗岭组下部的泥炭质灰岩和粉砂岩，其地层成矿元素含量（Cu 含量 37.9×10^{-6}，Pb 含量 78.7×10^{-6}，Zn 含量 79.4×10^{-6}）是同类岩石地壳丰度值的 4~9 倍，同时该值也高于后期燕山期花岗岩的元素含量。浸染状多金属矿化中的黄铁矿的 $w(Co)/w(Ni)=1$，$w(S)/w(Se)=183800$，与层状矿体接近，离岩体越近，热液特点越明显。

　　广东大宝山铜多金属矿床是我国具备叠加成因特征的大型－超大型矿床之一，前文已研究，大宝山多金属矿床的成因观点仍不一致。比如对次英安斑岩的成岩时代、层状(块状)铜多金属矿床的成矿时代和矿床成因、铜多金属、钼钨矿床的成矿时代和矿床成因等问题仍存在争议。

　　本书在综合研究前人大量研究成果和野外地质观察基础上，通过对岩体和矿石的主量元素、稀土元素、微量元素、硫铅同位素和放射性同位素地球化学研究认为大宝山多金属矿床中层状矿体主要形成于泥盆纪火山喷发同生沉积时期；脉状矿体主要与燕山期岩浆气液叠加改造有密切的关系；并且后期成矿明显受到古地壳物质的影响。综合以上意见认为大宝山多金属矿床为火山喷发沉积叠加改造矿床。

9 成矿控矿规律及成矿预测

9.1 主要控矿条件

9.1.1 地层控矿条件

区域上中泥盆统是最主要的含矿层位，该层位属海西－印支旋回的第一个海相旋回层的下部一套潮坪相碳酸盐岩、碎屑岩沉积，岩性主要为泥灰岩、泥质灰岩、含钙质或白云质的细碎屑岩。沿着该层位往往有层控型多金属矿床产出，如凡口特大型的铅锌矿、粤北大宝山铜铅锌多金属矿。

泥盆系中富含铜铅锌等元素，并且主成矿元素丰度值比较高。其中，在泥岩和页岩中，Pb、Zn 和 Cu 含量平均值分别为 81×10^{-6}、88.5×10^{-6}、89.75×10^{-6}；在砂岩中，Pb、Zn 和 Cu 含量平均值分别为 41.25×10^{-6}、88.5×10^{-6}、68.9×10^{-6}；在灰岩中，Pb、Zn 和 Cu 含量平均值分别为 18.14×10^{-6}、5.3×10^{-6} $\sim 24 \times 10^{-6}$、23.97×10^{-6} $\sim 46 \times 10^{-6}$，约为地壳丰度值的 3～7 倍，这表示粤北大宝山矿区区域内的地层内含有丰富的成矿元素，在岩浆活动中地层主要有价金属元素迁移富集，提供了部分成矿物质来源[25]。除此之外，从野外观察还发现，主矿体大多赋存于东岗岭组下亚组（$D_2 d^a$）的灰岩内，矿体形态为透镜状、似层状和层状，其产状与地层相似，表明受控于岩性与地层。

9.1.2 构造控矿条件

在区域上，不同方向的构造带交汇的地段，常控制着矿田分布，如粤北大宝山矿区即处在四会－吴川深大断裂构造带和大东山－贵东构造带交汇的位置。断裂通过较特殊的部位，如内外接触带、岩体边缘，这些部位都是矿床产出的有利部位。矿床的产出还受褶皱隆起、拗陷控制，矿床产于隆拗过渡带拗陷区一侧及拗陷中次级隆起(包括复式褶皱、穹隆)的边缘;在隆拗过渡带分布高角度古断裂,古断裂常常为导矿构造,如凡口铅锌矿床,矿化沿古断裂及两侧形成瓜藤状矿体。

与此同时,矿区也位于雪山嶂北东向官坪大断裂的一侧,其背斜的北东端。矿区内构造主要是褶皱与断裂,其中褶皱主要是粤北大宝山向斜,NNW 走向,走向长度大约 2 km,其西翼倾角约 40°~50°,较缓,东翼倾角为 60°~70°,较陡,为不对称状的向斜构造。断裂构造主要有 3 组大断裂,分别为走向 NNW 向的 F_a、NE 或 NNE 向 F_b 及 EW 或 NEE 向 F_c。其中 F_a 组为主要的断裂,也就是粤北大宝山断裂,与成矿作用有非常密切的关系,而 F_a^1、F_a^3 为主要的控矿断裂构造。

大宝山铜铅锌多金属矿床产在向斜当中,大宝山向斜是在同一沉积期,也就是一个继承性的沉积凹陷,构造基底也已经产出凹陷,沉积成岩的过程当中,凹陷便更加有利于形成铅锌矿质聚集的环境,这样很容易生成原始矿胚,而后期构造应力作用所产出的构造更能形成有利的容矿空间。F_a^3、F_a^1 断裂 NNW 向分布,在大宝山次英安斑岩岩墙的上、下盘界面上产出,并有多期次活动的特征,而且还提供矿液运移和岩浆热液上升的通道。该断裂将向斜两翼方向切割,在其上盘也就是岩体接触带旁形成厚大、品位高的矿体。所以,矿体很明显受 NNW 向 F_a^3、F_a^1 断裂与大宝山向斜的联合控制[25]。

9.1.3 岩浆岩控矿条件

大宝山多金属矿区内岩浆活动较为频繁,尤其在燕山旋回多期次,燕山期岩浆岩、多阶段岩浆活动形成的中酸性、酸性侵入岩体与成矿关系十分密切。形成于燕山早期北西向的贵东花岗岩体为研究区岩浆岩主体。形成于燕山晚期的中酸性花岗闪长斑岩体以及次英安斑岩为研究区重要的岩体。除此以外,还有形成于岩浆活动后期的玄武岩脉、霏细岩和辉绿岩等。在花岗侵入岩本身、与沉积岩接触带及接触外带附近,随着构造部位及岩性的不同,出现了各种不同矿种、不同产状类型的矿床。

次英安斑岩体在区域上主要有九曲岭岩体、大宝山岩墙、徐屋岩体及鸡麻头岩体等。其中大宝山岩墙主要呈岩墙状产出,宽为 0.1~0.8 km,长约 4 km。多金属矿体大多产在其上盘界面附近的外接触带的部位。研究区花岗闪长斑岩体主要为船肚与大宝山花岗闪长斑岩体,其中船肚岩体宽南北为 0.4~0.8 km,东西长约 2 km,主要呈岩株、岩枝状分布,大宝山花岗闪长斑岩体东西长约 800 m,南北宽约 200 m;斑岩体有明显的蚀变分带,多形成斑岩型的钨钼矿床。

产在次英安斑岩岩墙上盘的大宝山铜铅锌多金属矿床,越靠近接触带,矿化越好。在空间上,该岩墙与成矿有十分密切的关系,岩墙内富含铜铅锌主要的成矿金属元素。矿床大多产出在该岩体的外围附近,岩体内多含主成矿元素,为成矿的重要物质来源之一。这些岩浆岩在热烈活动过程下,岩浆矿液多次叠加在原生矿体内,加上岩浆热液的改选、迁移、富集成矿,使得成矿具有多阶段、多期次性的特点[25]。

9.1.4 成矿规律

据庄明正研究,大宝山多金属矿床富集的规律:①大多数厚大矿体都赋存在东岗岭组碳酸盐岩中,尤其是产在凹陷地段的矿体厚大;②在不同岩性层位间常常形成致密块状的似层状矿体;③在碳酸盐岩中也受岩性之间的差异制约,形成多层状互层矿体;④由于构造褶皱运动作用,岩层多次呈波状褶曲,其鞍部和凹部、次英安斑岩顶板凹陷部位,形成大扁豆体或连续较长的豆荚状矿体;⑤NNW与NEE断裂旁侧,常常形成厚大矿体。

9.2 找矿标志

9.2.1 构造找矿标志

区域上北东向官坪的大断裂和其次级构造(近EW向、NE和NNW向3组断裂),控制着区域上大部分岩体及矿床的产出,大宝山矿床就在3组断裂的交汇处,NNW向断裂上盘平行的次级断裂是主要控矿的构造,由于强烈的压应力作用而形成的次级断裂、层间破碎带和褶皱发育成储矿构造,具体到该矿区,控岩构造主要是断裂,控矿构造主要以断裂扭(张)性和张性改造为主,褶皱改造次之。

9.2.2 地层找矿标志

粤北大宝山铜铅锌多金属矿床中矽卡岩型钼钨矿的围岩为泥盆系天子岭组碳酸盐岩地层,岩体和该地层的内外接触带是最有利的成矿地段,以接触带为中心,矿体沿接触带产出,同时该地层中W、Mo、Bi等成矿元素高度的富集,对区域内矿床的产出有明显控制作用,斑岩型钼钨矿床产在寒武系碎屑岩和次英安斑岩与花岗闪长斑岩接触带,花岗闪长斑岩和碎屑岩接触带形成斑岩型的钼钨矿床,与碳酸盐的接触带形成矽卡岩的钼钨矿床。

9.2.3 矿物找矿标志

粤北大宝山铜铅锌多金属矿床钼钨矿矿物组合主要为辉钼矿、黄铁矿、黑钨矿、白钨矿以及少量的磁铁矿、黄铜矿、闪锌矿和方铅矿等。白钨矿、辉钼矿、黑钨矿等矿物将成为最直接的找矿标志。

9.2.4 围岩蚀变找矿标志

船肚钨钼矿床的围岩蚀变有黑云母－钾长石化、矽卡岩化、青磐岩化和云（绢）英岩化等。早期阶段为辉钼矿－黄铁矿－石英组合，为钼钨矿的主要的成矿阶段；晚期阶段的为黄铁矿－石英组合，伴有少量的白钨矿、黄铜矿等，矿化末期的绿泥石－碳酸盐化分布较为零散，大多见于矿床的最外侧和上部，伴有弱的铅锌矿化，矿体主要赋存在云（绢）英岩化带内和接触带附近的矽卡岩带。大宝山钼钨矿床热液蚀变与典型的斑岩铜钼矿床相似，绢英岩化与矿化有密切的关系，黑云母－钾长石化蚀变岩矿化微弱，钼钨矿体主要赋存在该蚀变岩中，矿区的绢云母化、云英岩化、透闪石－阳起石化、矽卡岩化等和成矿有密切的关系，是重要的找矿标志。

9.2.5 地球物理找矿标志

据前人地球物理找矿成果可知[55]，CSAMT 二维反演立体解释推断矿体和斑岩体的空间展布，总体的特征是：环绕斑岩体的内、外接触带（主要是外接触带）及平面中部的上部，为低阻矿体，平面中部的深部，为高阻无矿或弱矿化斑岩体。南部相对低阻异常区对应于含煤的侏罗系地层区；中部高阻异常区对应于浅部钼矿变薄区；北部低阻异常区对应于矿体赋存厚度大的钼矿区。

9.2.6 地球化学找矿标志

大宝山多金属矿区对铜铅锌矿床类型的找矿勘探工作除需要分析有利的地层、构造、岩浆岩和围岩蚀变条件以外，地球化学特征也是一个较为有效的找矿标志。据一些专家、学者总结：①研究区及近外围具明显的成矿元素等化探异常，在区域上是指导寻找大宝山式多金属矿床很好的找矿标志；②研究区钼钨组合异常是寻找矿床产出部位的较好找矿标志；③矿区围岩蚀变与原生晕并结合常量元素的带出带入可指导找矿；④大宝山斑岩型钼钨矿床各类成矿元素具从高温元素到中低温元素分带现象，显示出不同的地质条件。

9.2.7 其他找矿标志

在大宝山铜铅锌矿区发现的直接找矿标志为铁帽；区域地质调查中小比例尺的航磁调查对于寻找大宝山式铁矿床具有较好的指导意义。

9.3　找矿模型

大宝山多金属矿区次英安斑岩和花岗闪长斑岩的空间分布指示了本区铜铅锌钼钨矿床的区域位置，矿区地层、构造和围岩蚀变综合分析的矿化特征，为矿体空间定位提供了有效的信息。根据大宝山铜铅锌多金属矿区的勘查经验与综合分析，初步设立了研究区铜铅锌矿床综合找矿模型（表9－1）。

表9－1　大宝山铜铅锌多金属矿区综合找矿模型

标志分类	特征
区域地层	泥盆系天子岭组碳酸盐岩地层
区域构造	NNW 向断裂上盘的平行次级断裂
岩浆岩	大宝山花岗闪长斑岩和次英安斑岩
围岩蚀变	云英岩化、绢云母化、矽卡岩化、透闪石－阳起石化
地表直接找矿标志	磁黄铁矿等剥蚀露出地面所形成的铁帽
航磁和地磁特征	均有良好反映，用来指导寻找基性岩和隐伏基性岩及断裂带
原生晕	Cu、Pb、Zn、Mo 可作为原生晕找 Au 的指示元素
次生晕	Cu、Pb、Zn、Mo 可作为找矿指示元素
地球物理	CSAMT 方法可以作为找矿靶区圈定依据之一

9.4　成矿预测

大宝山铜铅锌多金属矿床已经发现规模很大的铜铅锌矿与铁矿，近些年来又发现了大规模的钨钼矿床，矿区外围及深边部仍有巨大的找矿潜力。

9.4.1　深边部预测

大宝山铜铅锌多金属矿床的钼钨矿体主要与大宝山斑岩体关系密切并且为依存，考虑到断裂作用和大宝山岩体的延伸，在 NW 向断裂的上盘，在目前大宝山钼矿的 EN 部深部仍有较大规模的斑岩型的钼（钨）矿化。

其次，对于大宝山铜铅锌多金属矿床深部，斑岩体被 NW 向的逆冲断层断开

（亦或是逆冲推覆构造，目前还在争议，在钻孔中可见小规模的断裂，未见明显的逆冲推覆证据），矿体东岗岩组地层与断裂相邻，断裂的下盘应为隐伏的斑岩体一部分。从钻孔岩性上看，东岗岭组上段的黑色粉砂岩已角岩化，这表示距离深部的岩体已经不远，或者说该断裂的断距较小，有较大的找矿空间。

除此之外，对于大宝山多金属矿床西边的船肚岩体的勘查、研究的程度仍较低，包括岩体中的矽卡岩型和斑岩型钼矿化，规模仍较大。从岩性来看，大宝山以石英斑岩、次英安斑岩为主，而船肚岩体则以花岗闪长斑岩为主，在船肚岩体的中上部位，如南部接触带，特别是岩体的超覆部位，很有可能存在矽卡岩型的钼矿床。

根据大宝山多金属矿区深部的斑岩体产出形态（图9－1）及目前62线各钻孔见矿情况，结合剖面线46线、50线、54线和58线分析，矿体产状较陡，矿体可能延伸到多金属矿区底部，钻孔控制显示其并未封闭，在矿区的深部有可能在推覆面之下发现斑岩型的钨钼、铜、铅锌矿体。

从前人物化探研究资料来看，在北部矿带接触带发现长1400 m、宽500 m的W、Mo、Au、Bi 和 Sn 的强化探异常，该异常向 N、NE 方向延伸且未封闭。CSAMT 推测的矿体在西、南部与化探异常基本吻合，北部、东北部明显大于化探异常范围。北接触带物探 CSAMT 低阻异常大于化探异常，推测矿体可能仍有延伸。Mo 在异常平面上呈不完整的椭圆状，其中最强的异常沿 EW 向，位于 N、NE 接触带和中部分段。Mo 强异常的一部分与 W 强异常一部分重合，但 W 比 Mo 靠N、NE，分带明显。

另外，矿区船肚和大宝山花岗闪长斑岩在结构构造（多为块状构造、斑状结构），矿物组成（多为斜长石、石英、黑云母及钾长石组成），矿化蚀变（具有强烈的硅化、云英岩化、黄铁矿化和绢云母化），副矿物组合上（都有钛铁矿、磁铁矿、锆石、榗石和磷灰石等）均较为类似。两岩体在化学元素含量上也较为一致，形成时代相接近，它们原本应连为一体，在成矿作用发生之后，被 NNE 向断裂错断成为现在的情形，船肚岩体基本没有发生位移，大宝山岩体往南滑动，断裂切割作用很可能将形成的矿体进行错断并深埋。大宝山钼矿物化探研究的资料显示，物化探异常在大宝山矿段的北部和东北部异常并没有圈闭，其北部偏左的异常位置正对应着断裂错开部位，目前钻孔中见矿很好的 ZK4602 钻孔也位于错断部位附近。

9.4.2 外围预测

根据对大宝山多金属矿床主要控矿条件的探讨，结合一些区域地质、物探、化探和遥感信息的解释，矿区的外围有几个找矿远景较好的靶区，其中官坪－大镇找矿远景区和凉桥－新江找矿远景区最理想，有一定的找矿前景[25]。

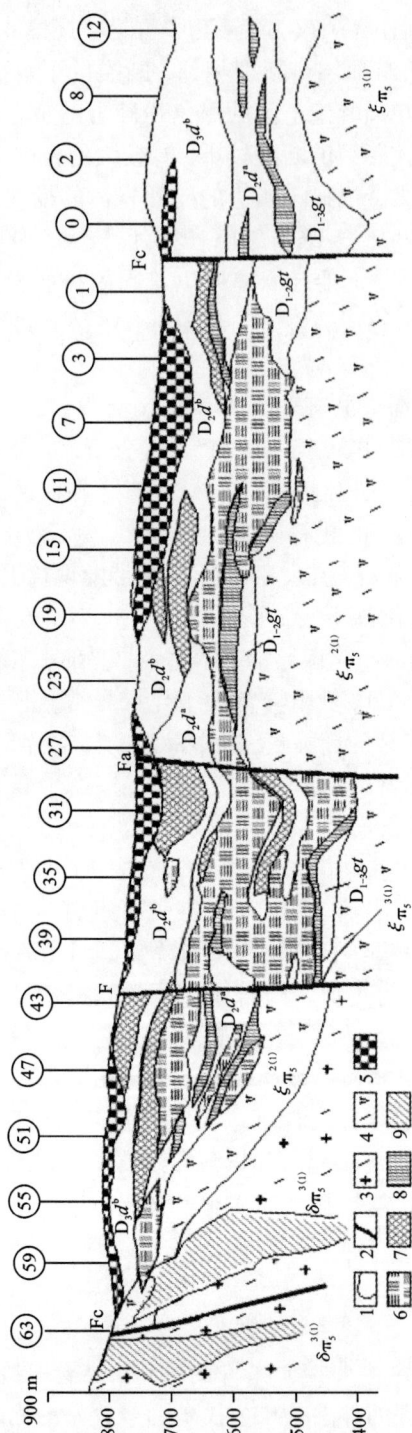

图9-1 大宝山铜铅锌多金属矿区次英安斑岩南北向分布图

　　（1）凉桥－新江找矿远景区。大宝山矿区往南 5 km，赋矿地层以泥盆系和石炭系碳酸盐岩为主，并受大宝山向斜的控制，并根据已有资料，在该区已知有老虎头、十八窑、石围子等 3 个铅锌的矿点受控于新江向斜。围岩蚀变以绿泥石化、矽卡岩化、角岩化和绿帘石化等蚀变为主。结合遥感信息、物探和化探资料，该找矿远景区成矿深度可能在离地表 200 m 以下，故应考虑对该区中部和深部的成矿潜力。

　　（2）官坪－大镇找矿远景区。大宝山矿区往南 17 km，和大宝山矿区处在同一个构造带上。区内地层以泥盆系东岗岭组的碳酸盐岩为主。花岗侵入岩体呈小的岩株状并零星出露地表。区内矿点以白水寨、官坪、温山崀、单竹坑、宝山崀等 5 个铅锌矿点为主。范围内具有较好的成矿地质条件，并且伴有民采痕迹，矿点地表可见一些炉渣，具有一定的找矿前景。

　　除此之外，结合大宝山铜铅锌多金属矿床自身的成矿规律和区域地质的成矿规律，矿区 EN 方向，靠近东边的丘坝岩体和桂东岩体该是下一步寻找的新矿种，即黑钨矿的有利地段。在野外调查中，在路面亦可见有石英脉型的黑钨矿和辉钼矿，品位极高，但因为工作时间有限和其他的因素制约并没有追索到相应的矿山，这应该引起下一步工作的注意。

10　结论及展望

10.1　结论

本书以大宝山多金属矿床中不同类型的矿体为研究对象，在充分的野外地质调查、钻孔岩芯编录的基础上，结合前人研究成果，通过详细的岩相学、岩石的主量、微量和稀土元素等全岩地球化学的特征、稳定同位素硫和辉钼矿放射性同位素 Re-Os 和锆石 LA ICP-MS 测定 U-Th-Pb 的研究，得出以下结论：

（1）通过研究前人专家、学者的研究成果及认识，总结了大宝山多金属矿区区域大地构造背景、区域地质特征；总结了大宝山矿区有关矿床和相关岩体的地质特征，以及矿石的矿物组成、化学组成、结构构造，和矿区围岩蚀变特征。

（2）对矿区花岗闪长斑岩和次英安斑岩大地构造环境研究判别二者均为碰撞后伸展环境。结合微量元素对岩体形成的构造背景制约和矿床的成岩成矿时代在时空上的同步性，推断该矿床的成岩成矿的动力学背景为后造山伸展环境。

（3）岩石主量、微量和稀土元素特征研究表明，花岗闪长斑岩和次英安斑岩均为高钾钙碱性岩石，富 SiO_2、K_2O 和 Na_2O、Al_2O_3 过饱和特征，其 $w(K_2O)/w(Na_2O)$ 普遍偏高，分异演化程度中等，两类岩石的主量元素组成和特征地球化学参数基本一致，且二氧化硅含量和其他的氧化物之间有良好的线性关系，应属于同源岩浆分异演化的产物。次英安斑岩和花岗闪长斑岩介于 I 型与 S 型之间的过渡型花岗岩（壳幔的混合源型），即含地幔成分的深部的物质在地壳深部发生部分熔融并遭受到陆壳的混染而形成，二者应为同源但不同相的产物。

（4）矿区次英安斑岩和花岗闪长斑岩的侵入结晶年龄约在 175 Ma，花岗闪长斑岩的侵入时代略晚于次英安斑岩。辉钼矿的 Re-Os 同位素测年结果表示，矿区斑岩型的钼矿化和矽卡岩型的钼矿化几乎同期，成矿时代为 165 Ma～166 Ma，与层状铜铅锌矿床辉钼矿的 Re-Os 模式年龄约 165 Ma 基本一样。因此说明大宝山多金属矿床中成矿时间基本一样,属于同一个成矿事件的产物,即大宝山多金属矿床中钨钼矿床的矿化与铜铅锌矿化基本为同期的热液事件所致,为同期热液事件的产物。

(5)不同矿石中石英的同位素表明成矿过程中成矿流体主要为岩浆水,有部分大气水的混合,大气水的比例有所变化。与矿化相关的硫化物其 $\delta^{34}S$ 值在 $-2‰ \sim 3‰$,表明硫主要来自斑岩岩浆体系,可能存在少量的地层硫的加入。铅同位素大部分落在俯冲带铅区岩浆作用铅的范围中,说明矿石铅同位素的来源与矿区燕山期岩浆热液的作用相关。综合研究结果表明,矿区斑岩型 - 矽卡岩型钼矿床和层状铜铅锌矿床及脉状铜矿床均为与花岗闪长斑岩和次英安斑岩有关的同一体系的岩浆热液矿床。大宝山斑岩型 - 矽卡岩型 - 热液型岩浆热液矿床,与南岭地区及邻区形成于燕山中期,且与岩浆作用(与壳幔混合作用有关的深源岩浆)有关的钼多金属矿床,具有相同的大地成矿背景。

(6)矿床的成矿演化过程为:在燕山早期,先由次英安斑岩沿区域 NNW 向断裂侵入,紧接着花岗闪长斑岩侵入,岩浆期后热液携带 Cu、Fe、Mo 等成矿物质,同时萃取少量地层中的金属元素向上侵入。次英安斑岩期后热液沿着东岗岭组地层沿层间破碎带顺层侵入,与上伏的碳酸盐地层发生水岩反应,形成层状、似层状铜铅锌矿体,在和桂状群接触部位形成斑岩型铜铅锌矿体,晚期的含矿石英流体形成脉状的硫化物矿体。稍晚的花岗闪长斑岩期后热液在船肚地区与碳酸盐岩及碎屑岩地层发生接触交代,以接触带为中心形成斑岩型、矽卡岩型钨钼矿床。成矿阶段分为:矽卡岩化阶段、钼矿化阶段;铜铅锌矿化阶段,绿泥石化阶段、碳酸盐化阶段、表生氧化阶段。钼矿化与铜铅锌矿化阶段埋单较为一致,在时间上可能存在重叠。

(7)对成矿模式和矿床成因进行了详细探讨,并通过系统总结,确定了研究区地层、构造、岩浆岩、围岩蚀变和其他找矿标志。并就地质的角度、物探与化探角度提出了找矿模型,最后就矿区边部和深部进行了成矿预测。

10.2 展望

广东大宝山多金属矿床经过多年地质探矿和生产探矿,矿体形态复杂、矿种多样、工程揭露有限,本书在总结和研究前人工作的基础上,通过一些测试方法,提出了一些观点,但由于矿床未来的开发利用会因为地质情况变化而发生变化,可以预测将来在矿山深部还有可能发现新的矿种,可能会有很大的资源储量。

参考文献

[1] 祝新友, 韦昌山, 王艳丽, 等. 广东大宝山钼钨多金属矿床成矿系统与找矿预测[J]. 矿产勘查, 2011, 2(6): 661-668.

[2] 王要武. 大宝山矿区地层及含矿层序几个问题初步探讨[C].//中国金属学会. 第十八届川晋冀晋琼粤辽七省矿业学术交流会论文集. 成都: 不详, 2011: 1-4.

[3] 王登红, 许建祥, 张家菁, 等. 华南深部找矿有关问题探讨[J]. 地质学报, 2008, 82(7): 865-872.

[4] 饶家荣, 金小燕, 曾春芳. 南岭中段北缘深部构造—岩浆(岩)控矿规律及找矿方向[J]. 国土资源导刊, 2006, 3(3): 31-36.

[5] 邓军, 陈学明, 方云, 等. 粤北盆地流体系统及其矿化特征[J]. 地学前缘, 2000, 7(3): 95-102.

[6] 邓军, 陈学明, 沈崇辉, 等. 粤北晚古生代盆地压实流体的性状[J]. 矿物岩石地球化学通报, 2000, 19(3): 149-154.

[7] 覃慕陶, 刘师先, 朱淮江. 广东-海南成矿带成矿系列地质特征及其演化规律[J]. 地球化学, 1998(4): 391-399.

[8] 杨振强. 大宝山块状硫化物矿床成因: 泥盆纪海底热事件[J]. 华南地质与矿产, 1997(1): 7-17.

[9] 李光超, 裴太昌, 钟树荣, 等. 粤北大宝山-雪山嶂地区成矿系列及成矿模式[J]. 地质找矿论丛, 1994, 9(3): 48-58.

[10] 翟裕生. 成矿系列研究问题[J]. 现代地质, 1992(3): 301-308.

[11] 顾连兴, 徐克勤. 论大陆地壳断裂拗陷带中的华南型块状硫化物矿床[J]. 矿床地质, 1986(2): 1-13.

[12] 刘孝善, 周顺之. 广东大宝山中泥盆世火山岩与层状菱铁矿、多金属矿床成矿机制分析[J]. 南京大学学报(自然科学版), 1985(2): 348-360.

[13] 邱世强. 关于大宝山层状多金属矿床成因的初步探讨[J]. 地质论评, 1981(4): 333

－340.

[14]吴健民,李家珍. 层控铅锌矿床若干问题的探讨[J]. 矿产与地质,1981(1):1－16.

[15]李建林. 赣湘桂粤泥盆纪裂陷槽系及其与层控矿床的关系[J]. 成都地质学院学报,1986(3):23－31.

[16]古菊云,吴琼英,廖雪苹. 大宝山大陆次火山—火山活动和矿床成因的初步研究[J]. 地质与勘探,1984(3):2－8.

[17]葛朝华,韩发. 大宝山铁－多金属矿床的海相火山热液沉积成因特征[J]. 矿床地质,1986(1):1－12.

[18]姚德贤. 大宝山——海底火山沉积多金属矿床[J]. 中国地质,1983(7):18－21.

[19]刘莎,王春龙,黄文婷,等. 粤北大宝山斑岩钼钨矿床赋矿岩体锆石 LA－ICP－MSU－Pb 年龄与矿床形成动力学背景分析[J]. 大地构造与成矿学,2012,36(3):440－449.

[20]魏振伟. 广东省大宝山斑岩型钼矿床围岩蚀变特征[J]. 甘肃科技,2007,23(9):103－104.

[21]邬凤茂. 岩体型钨(钼)矿床的地球化学特征[J]. 地质与勘探,1983(7):57－62.

[22]邬凤茂. 大宝山斑岩钼矿床的地球化学异常特征及找矿标志[J]. 地质与勘探,1980(3):53－58.

[23]庄明正. 大宝山斑岩钼(钨)矿床围岩蚀变特征[J]. 地质与勘探,1980(7):28－35.

[24]庄明正. 大宝山多金属矿田矿床类型及成矿作用探讨[J]. 地质与勘探,1983(8):9－16.

[25]王建新. 广东大宝山南部铅－锌多金属矿床地质特征及找矿方向[J]. 矿产与地质,2006,20(2):142－146.

[26]刘孝善,周顺之. 广东大宝山中泥盆世火山岩与层状菱铁矿、多金属矿床成矿机制分析[J]. 南京大学学报(自然科学版),1985(2):348－360.

[27]罗年华. 广东大宝山多金属矿床地质地球化学特征及成因探讨[J]. 桂林冶金地质学院学报,1985(2):183－195.

[28]王兰根. 大宝山矿区多金属硫化物矿床中共生(伴生)元素的分布特点及综合利用前景分析[J]. 南方金属,2011(6):30－32.

[29]曾令初,姚德贤. 论大宝山矿床成因[J]. 南方钢铁,1996(5):17－21.

[30]何金祥,徐克勤,顾连兴. 对马山、大宝山变质成因磁黄铁矿不同组成结构的认识[J]. 地球科学,1996(3):73－78.

[31]曾令初,姚德贤. 论大宝山矿床成因[J]. 中山大学学报(自然科学版),1994(3):91－100.

[32]黄书俊,曾永超,贾国相,等. 论广东大宝山多金属矿床的成因[J]. 地球化学,1987(1):27－35.

[33]刘姤群,杨世义,张秀兰,等. 粤北大宝山多金属矿床成因的初步探讨[J]. 地质学报,

1985(1): 47 - 60.

[34]蔡锦辉, 刘家齐. 粤北大宝山多金属矿床矿物包裹体特征研究及应用[J]. 矿物岩石, 1993(1): 33 - 40.

[35]Jingwen M, Zhaochong Z, Zuoheng Z, et al. Re - Os isotopic dating of molybdenites in the Xiaoliugou W(Mo) deposit in the northern Qilian mountains and its geological significance[J]. 1999, 63(11 - 12): 1815 - 1818.

[36]毛景文, 谢桂青, 李晓峰, 等. 华南地区中生代大规模成矿作用与岩石圈多阶段伸展[J]. 地学前缘, 2004, 11(1): 45 - 55.

[37]庄明正. 大宝山多金属矿床成矿条件及矿床成因探讨[J]. 地质与勘探, 1986(5): 27 - 31.

[38]王兰根. 大宝山矿区斑岩型钼矿床地质特征[J]. 大宝山科技: 2008, 000(001): 12 - 14.

[39]邓景, 胡火炎, 李浩鸣. 我国南方风化淋滤型铁矿地质特征与成矿条件[J]. 大地构造与成矿学, 1979(2): 13 - 34.

[40]裴太昌, 钟树荣, 刘胜, 等. 粤北大宝山 - 雪山嶂地区成矿系列及成矿模式[J]. 地质找矿论丛, 1994, 9(3): 48 - 58.

[41]陈好寿. 粤北大宝山层状多金属矿床的铅、硫、氧同位素地球化学研究[Z]. 1985: 111 - 124.

[42]宋世明. 广东大降坪和大宝山硫化物矿床多元同位素与稀土元素地球化学示踪研究[D]. 南京大学, 2011.

[43]宋世明, 胡凯, 蒋少涌, 等. 粤北大宝山多金属矿床成矿流体的 He - Ar - Pb - S 同位素示踪[J]. 地质找矿论丛, 2007, 22(2): 87 - 92 + 99.

[44]韩友科. 大宝山铜多金属硫化物矿床硫同位素分馏机理探讨[Z]. 1987: 55 - 65.

[45]徐文炘, 李蔼, 陈民扬, 等. 广东大宝山多金属矿床成矿物质来源同位素证据[J]. 地球学报, 2008, 29(6): 684 - 690.

[46]罗年华. 我国层控铅锌矿床某些地球化学特征及其找矿标志[J]. 地质与勘探, 1985(2): 57 - 62.

[47]刘孝善, 周顺之. 广东大宝山层控多金属矿床中首次发现硫化物化石及其地质意义[J]. 南京大学学报(自然科学版), 1984(1): 139 - 143.

[48]陈好寿. 我国层控(沉积 - 改造)矿床中铅同位素演化的一个典型模式[Z]. 1985: 105 - 116.

[49]陈好寿. 我国层控多金属矿床的铅、硫同位素研究[J]. 矿床地质, 1983(3): 79 - 87.

[50]Li C, Zhang H, Wang F, et al. The formation of the Dabaoshan porphyry molybdenum deposit induced by slab rollback[J]. Lithos. 2012, 150(0): 101 - 110.

[51]Sun W, Yang X, Fan W, et al. Mesozoic large scale magmatism and mineralization in South

China：Preface[J]. Lithos. 2012，150(0)：1 – 5.

[52] Wang F, Liu S, Li S, et al. Contrasting zircon Hf – O isotopes and trace elements between ore – bearing and ore-barren adakitic rocks in central-eastern China：Implications for genetic relation to Cu – Au mineralization[J]. Lithos. 2013，156 – 159(0)：97 – 111.

[53] 吴健民，赵化琛，张生炎，等. 湘南粤北三类铅锌矿床的对比性研究与成矿作用机理探讨[J]. 矿产与地质，1985(4)：55 – 69.

[54] 国坤. 中国华南地区中生代大规模成矿作用及其成因初探[J]. 科技信息，2012(31)：222.

[55] 王磊. 粤北大宝山钼多金属矿床成矿模式与找矿前景研究[D]. 南京：南京大学，2010.

[56] 王磊，胡明安，屈文俊，等. 粤北大宝山多金属矿床 LA – ICP – MS 锆石 U – Pb 和辉钼矿 Re – Os 定年及其地质意义[J]. 中国地质，2012，39(1)：29 – 42.

[57] 王磊，胡明安，杨振，等. 粤北大宝山矿区花岗闪长斑岩 LA – ICP – MS 锆石 U – Pb 年龄及其地质意义[J]. 地球科学—中国地质大学学报，2010，35(2)：175 – 185.

[58] 赵振华. 微量元素地球化学原理[M]. 北京：科学出版社，1997：1 – 238.

[59] 丘志力，梁冬云，王艳芬，等. 巴尔哲碱性花岗岩锆石稀土微量元素、U – Pb 年龄及其成岩成矿指示[J]. 岩石学报，2014，30(6)：1757 – 1768.

[60] 谢巧勤，赵月领，张焕侠，等. 陕西紫阳辉长岩锆石 U – Pb 年龄及微量元素地球化学特征[J]. 地质科学，2014，42(2)：456 – 471.

[61] 李立兴，李厚民，王登红，等. 河南桐柏地区铜锌多金属矿床的微量元素和稀土元素特征及成因意义[J]. 地学前缘，2009，16(6)：325 – 336.

[62] 杨喜安，刘家军，韩思宇，等. 云南羊拉铜矿床矿物组成、地球化学特征及其地质意义[J]. 现代地质，2012，26(2)：229 – 242.

[63] 马生明，朱立新，刘崇民，等. 斑岩型 Cu(Mo)矿床中微量元素富集贫化规律研究[J]. 地球学报，2009，30(6)：821 – 830.

[64] 陈剑锋，张辉. 石英晶格中微量元素组成对成岩成矿作用的示踪意义[J]. 高校地质学报，2011，17(1)：125 – 135.

[65] 周涛发，张乐骏，袁峰，等. 安徽铜陵新桥 Cu – Au – S 矿床黄铁矿微量元素 LA – ICP – MS 原位测定及其对矿床成因的制约[J]. 地学前缘，2010，17(2)：306 – 319.

[66] 庞保成，杨东生，周志，等. 湖南龙山金锑矿黄铁矿微量元素特征及其对成矿过程的指示[J]. 现代地质，2011，25(5)：832 – 845.

[67] 王立强，唐菊兴，王登红，等. 西藏墨竹工卡县邦铺钼(铜)矿床辉钼矿稀土 – 微量元素特征及对成矿流体性质的指示[J]. 地质论评，2012，58(5)：887 – 892.

[68] 陈小丹，陈振宇，程彦博，等. 热液石英中微量元素特征及应用：认识与进展[J]. 地质论评，2011，57(5)：707 – 717.

[69]魏菊英,王关玉.同位素地球化学[M].北京:地质出版社,1988:1-166.

[70]Ohmoto H. Systematics of Sulphur and Carbon Isotopes in Hydrothermal Ore Deposits[J]. Econ. Geol, 1972, 67.

[71]Ohmoto H. Geochemistry of Hydrothermal Ore deposits . 2nd edition. H. 1 Barnes eds, fohe Wiley, New York, 1979.

[72]Ohmoto H. Stable geochemistry of ore deposits. Rev. Mineral. 1986, 491-559.

[73]Rye R O, Ohmoto H. Sulphur and carbon isotopes and ore genesis. A review, Econ. Geol, 1974, 69:824-826.

[74]朱志敏,李庭学,陈良,等.四川拉拉铁氧化物铜金矿床硫同位素地球化学[J].高校地质学报,2014,20(1):28-37.

[75]蔡杨,马东升,陆建军,等.湖南邓阜仙钨矿辉钼矿铼-锇同位素定年及硫同位素地球化学研究[J].岩石学报,2012,28(12):3798-3808.

[76]李永兵,石耀霖.硫化物中硫同位素分馏理论计算研究进展[J].岩石矿物学杂志,2008,27(3):241-246.

[77]席明杰,马生明,朱立新,等.硫同位素在地球化学异常成因研究中的应用[J].地质学报,2009,83(5):705-718.

[78]Mohammad Tahir Shah, Tazeem Khan, Ahmad Khan. Lead isotope signatures of Pb-Zn sulfide mineralization in the Reshian-Lamnian area of Azad Jammu and Kashmir, Pakistan[J]. Chin. J. Geochem, 2010, 29:65-74.

[79]Zhang Qian, Wang Dapeng, Zhu Xiaoqing, et al. Lead isotopic systematic for native copperchalcocite mineralization in basaltic lavas of the Emeishan large igneous province, SW China: Implications for the source of copper[J]. Chin. J. Geochem, 2009, 28:1-18.

[80]胡新露,姚书振,何谋春,等.大兴安岭北段岔路口和大黑山斑岩型钼矿床硫、铅同位素特征[J].矿床地质,2014,33(4):776-784.

[81]许泰,王勇.赣南西华山钨矿床硫、铅同位素组成对成矿物质来源的示踪[J].矿物岩石地球化学通报,2014,33(3):342-347.

[82]张建芳,张刚阳.铅同位素在矿床研究和找矿勘探中的应用综述[J].地质找矿论丛,2009,24(4):322-348.

[83]罗勇,廖思平,杨武斌,等.阿吾拉勒山琼布拉克铜矿床流体包裹体及碳氧同位素研究[J].矿床地质,2011,30(3):547-556.

[84]韩英,王京彬,祝新友,等.广东凡口铅锌矿碳、氧同位素地球化学特征及其地质意义[J].地质与勘探,2011,47(4):642-648.

[85]秦燕,王登红,梁婷,等.广西大厂锡多金属矿田深部碳酸盐岩的碳、氧同位素特征及其对于深部找矿的意义[J].大地构造与成矿学,2014,38(2):359-365.

［86］唐永永，毕献武，和利平，等.兰坪金顶铅锌矿方解石微量元素、流体包裹体和碳－氧同位素地球化学特征研究［J］.岩石学报，2011，27（9）：2635－2645.

［87］段士刚，薛春纪，冯启伟，等.豫西南栾川地区铅锌矿床碳、氧同位素地球化学［J］.现代地质，2010，24（4）：767－775.

［88］冯彩霞，池国祥，胡瑞忠，等.遵义黄家湾Ni－Mo多金属矿床成矿流体特征：来自方解石流体包裹体、REE和C、O同位素证据［J］.岩石学报，2011，27（12）：3763－3776.

［89］张亚峰，蔺新望，王星，等.阿尔泰造山带南缘昆格依特岩体LA－ICP－MS锆石U－Pb年代学、岩石成因及其地质意义［J］.现代地质，2014，28（1）：16－28.

［90］田广，张长青，彭惠娟，等.哀牢山长安金矿成因机制及动力学背景初探：来自LA－ICP－MS锆石U－Pb定年和黄铁矿原位微量元素测定的证据［J］.岩石学报，2014，30（1）：125－138.

［91］陈芳，王登红，杜建国，等.安徽宁国刘村二长花岗岩地球化学特征、LA－ICP－MS锆石U－Pb年龄及其地质意义［J］.地质学报，2014，88（5）：869－882.

［92］赵如意，李卫红，姜常义，等.东秦岭丹凤地区黄龙庙二长花岗岩LA－ICP－MS锆石U－Pb年龄、岩石地球化学特征及其地质意义［J］.地质论评，2014，60（5）：1123－1132.

［93］左昌虎，路睿，赵增霞，等.湖南常宁水口山Pb－Zn矿区花岗闪长岩元素地球化学，LA－ICP－MS锆石U－Pb年龄和Hf同位素特征［J］.地质论评，2014，60（4）：811－823.

［94］王瑞廷，毛景文，赫英，等.Re－Os同位素体系在矿床地球化学中的应用［J］.地质与勘探，2005，41（1）：80－84.

［95］靳新娣，李文君，吴华英，等.Re－Os同位素定年方法进展及ICP－MS精确定年测试关键技术［J］.岩石学报，2010，26（5）：1617－1624.

［96］李永峰，毛景文，白凤军，等.Re－Os同位素体系及其地质应用［J］.地质与勘探，2004，40（1）：64－67.

［97］李文渊.Re－Os同位素体系及其在岩浆Cu－Ni－PGE矿床研究中的应用［J］.地球科学进展，1996，11（6）：580－584.

［98］史仁灯，支霞臣，陈雷，等.Re－Os同位素体系在蛇绿岩应用研究中的进展［J］.岩石学报，2006，22（6）：1685－1695.

［99］李超，屈文俊，王登红，等.Re－Os同位素在沉积地层精确定年及古环境反演中的应用进展［J］.地球学报，2014，35（4）：405－414.

［100］杨红梅，凌文黎.Re－Os同位素组成测试方法及其应用进展［J］.地球科学进展，2006，21（10）：1014－1024.

［101］陈毓川，朱裕生，等.中国矿床成矿模式［M］.北京：地质出版社，1993：1－33.

［102］DennisP，Cox and Donald A. Singer，Editors. Mineral Deposit Models. S［J］. Geological Survey Bulletin，1987：1693－1699.

[103] 张贻侠. 矿床模型导论[M]. 北京: 地震出版社, 1993: 1 – 227.

[104] 朱裕生, 梅燕雄. 成矿模式研究的几个问题[J]. 地球学报, 1995(2): 182 – 189.

[105] 赵晓霞, 戴塔根, 张宇, 等. 安徽贵池铜山铜矿成矿地质条件及矿床成因[J]. 中国有色金属学报, 2012, 22(3): 827 – 836.

[106] 高兆富, 朱祥坤, 罗照华, 等. 东升庙多金属硫化物矿床主要含矿岩系地质地球化学特征及对矿床成因的指示意义[J]. 岩石矿物学杂志, 2014, 33(5): 825 – 840.

[107] 张大权, 丰成友, 李大新, 等. 江西省崇义县淘锡坑钨锡矿床流体包裹体特征及矿床成因[J]. 吉林大学学报(地球科学版), 2012, 42(2): 374 – 383.

[108] 刘翼飞, 聂凤军, 江思宏, 等. 内蒙古查干花钼矿床成矿流体特征及矿床成因[J] 吉林大学学报(地球科学版), 2011, 41(6): 1794 – 1805.

[109] 王必任, 周志广, 李树才, 等. 内蒙古朝不楞铁铜锌铋矿床的地质特征及矿床成因[J]. 矿床地质, 2014, 33(2): 373 – 385.

[110] 李小虎, 初凤友, 雷吉江, 等. 青海德尔尼铜(锌钴)矿床硫化物 Cu 同位素组成及矿床成因探讨[J]. 地学前缘, 2014, 21(1): 196 – 204.

[111] 李登峰, 张莉, 郑义. 新疆阿尔泰塔拉特铁铅锌矿床流体包裹体研究及矿床成因[J]. 岩石学报, 2013, 29(1): 178 – 190.

[112] 吴自成, 刘继顺, 董新, 等. 云南元阳菲莫铜钼多金属矿床成因及成矿模式[J]. 矿床地质, 2013, 32(3): 603 – 613.

[113] 侯翠霞, 刘向冲, 张文斌, 等. 成矿预测理论与方法新进展[J]. 地质通报, 2010, 29(6): 953 – 960.

[114] 刘石年, 等. 成矿预测学[M]. 长沙: 中南工业大学出版社, 1993: 1 – 210.

[115] 王明志, 李闫华, 鄢云飞, 等. 若干成矿预测理论研究综述[J]. 资源环境与工程, 2007, 21(4): 363 – 369.

[116] 曹新志, 孙华山, 徐伯骏. 关于成矿预测研究的若干进展[J]. 黄金, 2003, 24(4): 11 – 14.

[117] 闫兴虎, 孟德明, 王瑞廷, 等. 中国钼矿床主要类型及成矿预测[J]. 西北地质, 2013, 46(4): 194 – 206.

[118] 丁建华, 杨毅恒, 邓凡. 中国锑矿资源潜力及成矿预测[J]. 中国地质, 2013, 40(3): 846 – 858.

[119] 毛景文, 陈懋弘, 袁顺达, 等. 华南地区钦杭成矿带地质特征和矿床时空分布规律[J]. 地质学报, 2011, 85(5): 636 – 658.

[120] 毛伟, 李晓峰, 杨福初. 广东大宝山多金属矿床花岗岩锆石 LA – ICP – MS U – Pb 定年及其地质意义[J]. 岩石学报, 2013, 29(12): 4104 – 4120.

[121] Middlemost EAK. Naming materials in the magma/igneous rocks system. Earth-Science

Reviews, 1994, 37: 215 – 224.

[122] Rickwood P C. Boundary lines within petrologic diagrams which use oxides of major and minor elements [J]. Lithos, 1989, 22: 247 – 263.

[123] Peccerillo, Taylor S R. Geochemistry of Eocene calc-alkalin volcanic rocks from the Kastamonu area, Northern Turkey [J]. Contributions to Mineralogy and Petrology, 1976, 58: 63 – 81.

[124] 黎彤，袁怀雨，吴胜昔. 中国花岗岩类和世界花岗岩类平均化学成分的对比研究[J]. 大地构造与成矿学, 1998, 22(1): 29 – 34.

[125] Le Bas M J, Le Maitre R W, Streckheisen A, et al. A chemical classification of volcanic rocks based on the total alkali-silica diagram[J]. Journal of Petrology, 1986, 27: 29 – 47.

[126] LeMaitre R W. , Bateman P, Dudek A, et al. A classification of Igneous Rocks and Glossary of Terms[M]. Blackwell Scientific Publication, Oxford, 1989, 1 – 193.

[127] Taylor, S. R., McLennan, S. M. The continental crust: Its composition and evolution. Blackwess, Oxford, 1985.

[128] Pang Jiangli. Geochemistry of rare earth elements in hydrothermal ore deposit in Heishan area, Shaanxi Province [J]. Journal of Rare Earths, 1999, 19(1): 53.

[129] Huang Zhilong, Xiao Huayun, Xu Cheng, et al. Geochemistry of rare earth elements in lamprophyres in Laowangzhai gold orefield, Yunnan Province [J]. Journal of Rare Earths, 2000, 18(1): 62.

[130] ChenTianhu, Yang Xueming, Yue Shucang, et al. Geochemistry of rare elements in Xikeng Ag Pb Zn ore deposit, South Anhui, China [J]. Journal of Rare Earths, 2000, 18(3): 169.

[131] Yuan Feng, Zhou Taofa, Liu Xiaodong, et al. Geochemistry of rare earth elements of Anhui copper deposit in Anhui Province [J]. Journal of Rare Earths, 2002, 20(3): 223.

[132] Lai Jianqing, Wu Chengjian, Peng Shenglin. REE characteristics and genesis of alkaline-rich porphyry, Yunnan Province [J]. J. Cent. Southuniv. Technil. , 2001, 8(1): 45.

[133] Xu Cheng, Liu Congqiang, Qi Liang, et al. Geochemistry of carbonatites in Maoniuping REE deposit, Sichuan Province, China [J]. Science in China (Series D), 2003, 46(3): 246.

[134] Bi Xianwu, Hu Ruizhong. REE geochemistry of primitive ore in Ailaoshan gold belt, Southwest China [J]. Chinese Journal of Geochemistry, 1998, 17(1): 91.

[135] Zhan Mingguo, Lu Yuanfa, Dong Fangliu, et al. Genesis of yangla Banded skarn-hosted copper deposit in Tethys orogenic belt ofSouthwestern China [J]. Journal of China University of Geosciences, 1999, 10(1): 58.

[136] Zartman R E, Doe B R. Plumbotectonics-the Model [J]. Tectonophysics, 1981, 175(1 – 2): 135 – 162.

[137] Ohmoto H. Systematics ofSulphur and Carbon Isotopes in Hydrothermal Ore Deposits[J]. Econ.

Geol, 1972, 67.

[138] Ohmoto H. Geochemistry ofHydrothermal Ore deposits[D]. 2nd edition. H. 1 Barnes eds, fohe Wiley, New York, 1979.

[139] Ohmoto H. Stable geochemistry of ore deposits. Rev. Mineral. 1986, 491 –559.

[140] Rye R O, Ohmoto H. Sulphur and carbon isotopes and ore genesis. A review, Econ. Geol, 1974, 69: 824 –826.

[141] 张理刚. 稳定同位素在地质科学中的应用[M]. 西安: 陕西科技出版社, 1985.

[142] Hoefs J. Stable isotope geochemistry[J]. Berlin: Spring verlag, 2009: 191 –207.

[143] 胡瑞忠, 毕献武, G. Turner, 等. 哀牢山金矿带金成矿流体 He 和 Ar 同位素地球化学[J]. 中国科学 D 辑, 1999, 29(4): 321 –330.

[144] Pearce J A, Harris N B L, Tindle A G. Trace element discrimination diagrams for the tectonic interpretation of granitic rocks[J]. Journal of Petrology, 1984, 25: 956 –983.

[145] Pearce J A. Sources and setting of granitic rock[J]. Episode, 1996, 23: 120 –125.

[146] Pearce J A, Norry M J. Petrogenetic implications of Ti, Zr, Y and Nb variations in volcanic rocks[J]. Contrib Mineral Petrol, 1979, 69: 33 –47.

[147] Batchelor RA and Bowden P. Petrogenetic interpretation of granitoid rock series using multicationic parameters[J]. Chemical Geology, 1985, 48: 43 –55.

[148] 张作衡. 西秦岭地区造山型金矿床成矿作用和成矿过程[D]. 北京: 中国地质科学院, 2002.

[149] 何知礼. 包体矿物学[M]. 北京: 地质出版社, 1982: 1 –304.

[150] Vapnik Y, Moroz I. Compositions and formation conditions of fluid inclusions in emerald from the Maria deposit (Mozambiqur) [J]. Mineralogical Magazine, 2002, 66(1): 201 –213.

[151] 杨金中, 沈远超, 刘铁兵, 等. 山东蓬家夼金矿床成矿流体地球化学特征[J]. 矿床地质, 2000, 19(3): 235 –244.

[152] 何明勤, 杨世瑜, 刘家军. 云南祥云金厂箐金(铜)矿床的成矿流体特征及流体来源[J]. 矿物岩石, 2004, 24(2): 35 –40.

[153] 刘斌, 沈昆. 流体包裹体的氧逸度计算公式及其应用[J]. 矿物学报, 1995, 15 (3): 291 – 302

[154] 李秉伦, 石岗. 矿物包裹体气体成分的物理化学参数图解[J]. 地球化学, 1996(2): 126 – 137

[155] 刘斌, 沈昆. 流体包裹体热力学[M]. 北京: 地质出版社, 1999.

[156] Zhang Y G, Frantz J D. Determination of the homogenization temperatures and densities of supercritical fluids in the system NaCl – KCl – CaCl$_2$ – H$_2$O using synthetic fluid inclusions[J]. Chemical Geology, 1987, 64: 335 –350.

[157] Brown P E, Lamb W M. P – V – T properties of fluids in the system $H_2O \pm CO_2 \pm NaCl$: new Graphical presentations and implications for fluid inclusion studies [J]. Geochim Cosmochim Acta, 1989, 53: 1209 – 1221.

[158] Liang H Y, Campbell I H, Allen C M, et al. Zircon Ce^{4+}/Ce^{3+} ratios and ages for Yulong ore – bearing porphyries in eastern Tibel[J]. Miner Deposita, 2006, 41: 152 – 159.

[159] 汤吉方, 刘家齐, 傅太安. 粤北大宝山及其外围地区多金属矿床成矿条件、构造控岩控矿规律及隐伏矿床预测[M]//中国地质科学院宜昌地质矿产研究所编, 南岭地质矿产文集(3). 北京: 地质出版社, 1992.

[160] 瞿泓滢, 陈懋弘, 杨富初, 等. 粤北大宝山铜多金属矿床中层状铜矿体的成矿时代及其成因意义[J]. 岩石学报, 2014, 30(1): 152 – 162.

附录 彩图

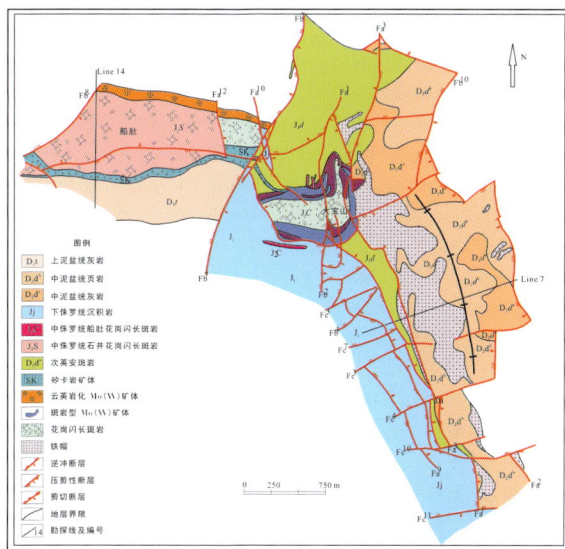

图 2-1 大宝山多金属矿田地质简图

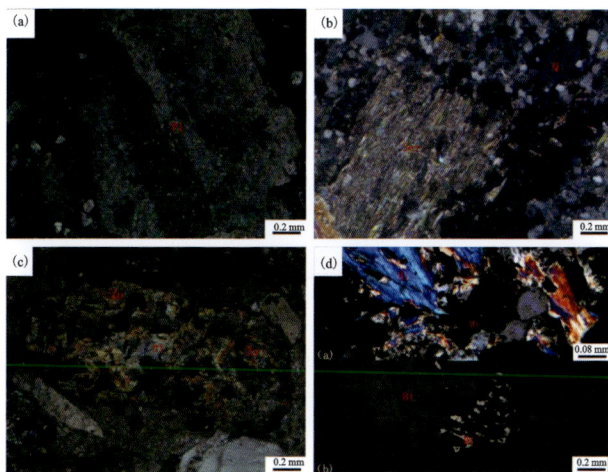

图 3-3 粤北大宝山次英安斑岩显微镜照片(彩图见附录)

(a)次英安斑岩具较宽双晶纹的斜长石斑晶(Pl);(b)斜长石斑晶(Pl)发生较强的绢云母化(Ser);(c)较强黝帘石(Zo)化、泥化的斜长石斑晶(Pl);(d)黑云母(Bi)斑晶部分蚀变为白云母,并析出铁质形成磁铁矿(Mt)

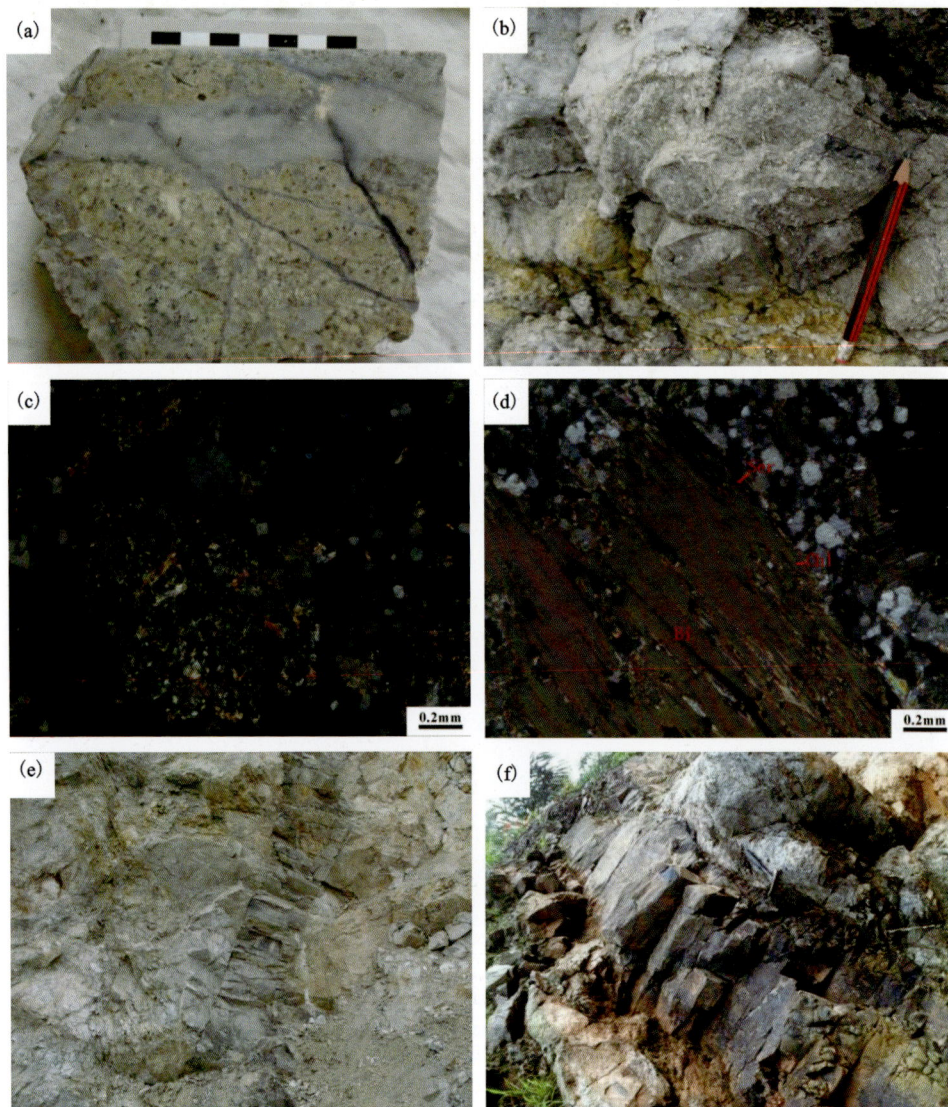

图 3 – 4   大宝山地区主要岩石类型

(a)具广泛的钾化的花岗闪长斑岩；(b)采自大宝山花岗闪长斑岩体中，岩体硅化强烈，局部已蚀变为石英岩；(c)花岗闪长斑岩显微镜下照片，其中的钾长石斑晶基本上被蚀变形成的绢云母、泥质所取代，仅保留晶型轮廓；(d)花岗闪长斑岩显微镜下照片，其中的板状黑云母斑晶(Bi)沿边缘和解理缝发生绿泥石(Cal)化、绢云母(Ser)化；(e)矿区采场北部的辉绿岩脉；(f)矿区东南部铁矿床外围的辉绿岩脉

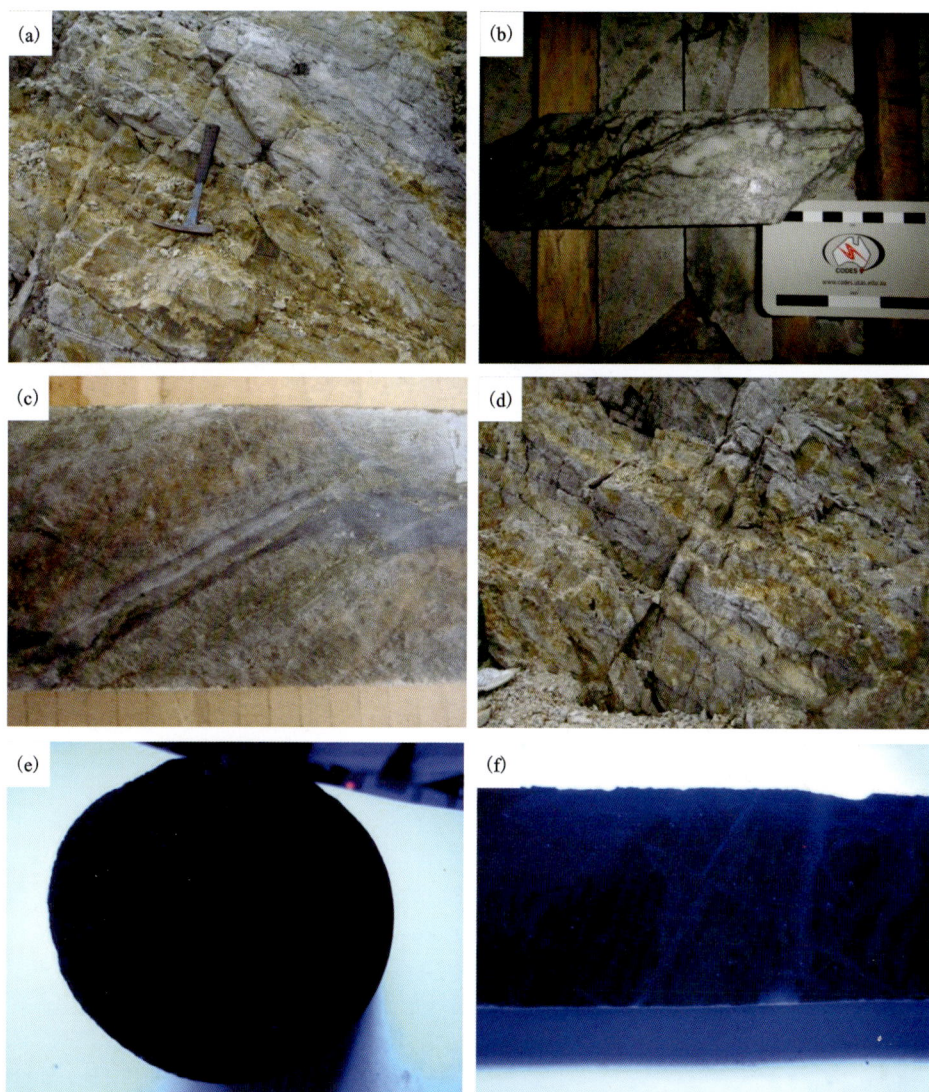

图 3 – 7　粤北大宝山多金属矿床中的斑岩型钨钼矿体

(a)斑岩型矿体在野外的出露，明显呈受定向断裂控制；(b)钻孔中产于次英安斑岩中的钨钼矿体；(c)钻孔中的石英 – 辉钼矿脉，见其两侧有顺层黄铁矿脉平行产出；(d)钨钼矿体在野外产状，呈网脉状产出；(e)紫外灯下斑岩型矿石岩芯，可见有明显的白钨矿；(f)紫外灯下斑岩型矿石岩芯断面，亦可见有浸染状白钨矿零星分布

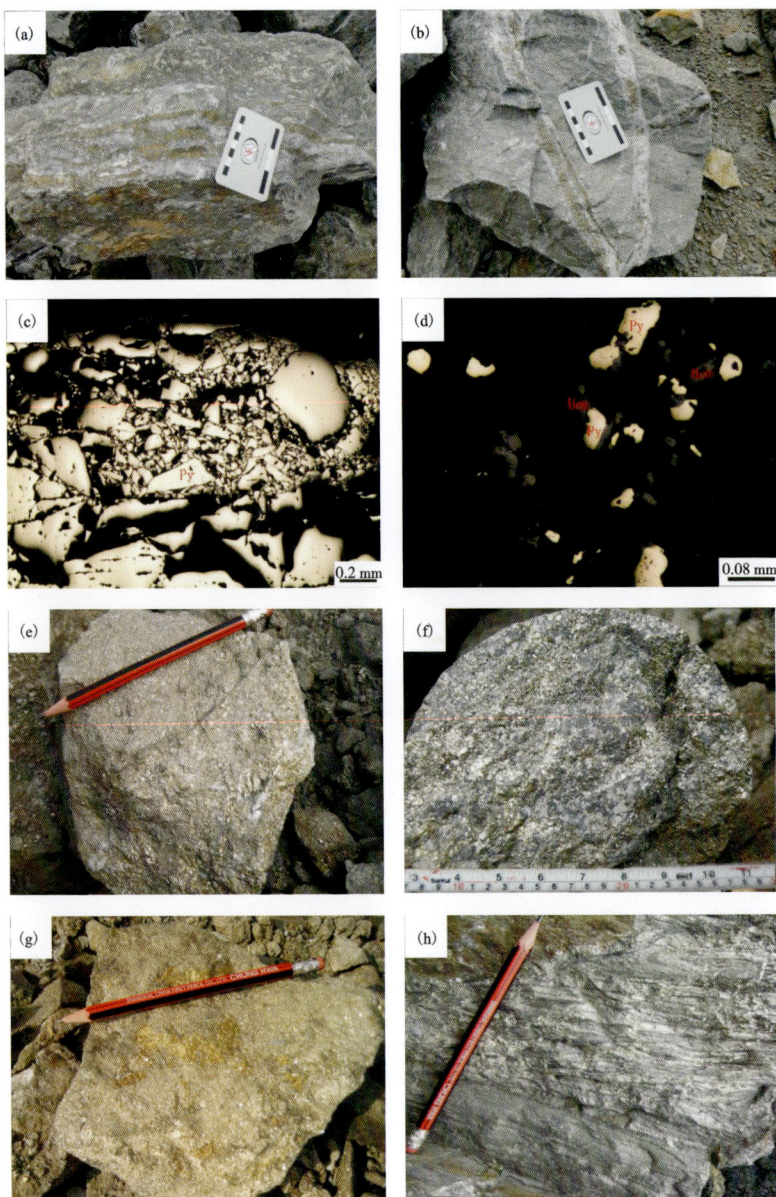

图 3 - 12　大宝山多金属矿床硫化物矿体产出状态

（a）层状、似层状硫化物矿石；（b）层状硫化物矿石被后期硫化物脉所切；（c）具碎裂结构的黄铁矿（Py）；（d）黄铁矿（Py）被赤铁矿（Hem）沿边部交代，形成不规则的交代熔蚀残余体；（e）黄铁矿矿石：矿物成分以黄铁矿为主，致密块状构造；（f）黄铜矿 – 黄铁矿矿石：矿物成分主要为黄铁矿和黄铜矿，具块状构造；（g）黄铜矿 – 磁黄铁矿矿石：矿物成分主要为磁黄铁矿，黄铜矿以团块状、浸染状分布于矿石中，致密块状构造；（h）层纹状黄铜矿 – 磁黄铁矿矿石

图 3 – 13　粤北大宝山多金属矿床可见的风化淋滤型铁矿体(铁帽)

图 3 – 16 船肚矽卡岩型辉钼矿主要的结构及构造

(a)辉钼矿呈石英辉钼矿细脉产出；(b)辉钼矿以鳞片状产于一个侧面上呈被膜状分布；

(c)石英辉钼矿细脉，两侧为辉钼矿，中间为石英脉；(d)矽卡岩中的辉钼矿呈细脉状产出；

(e)矽卡岩中的辉钼矿呈角砾状产出；(f)斑岩中的辉钼矿呈石英－硫化物形式产出

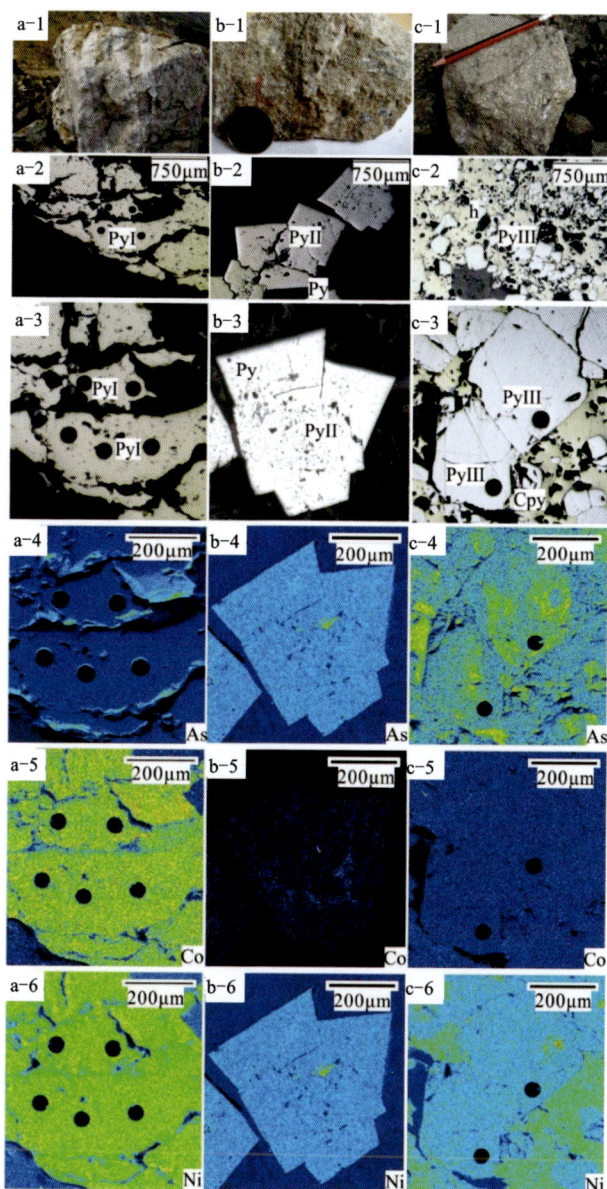

图 7-1 大宝山多金属矿田中黄铁矿的典型结构

其中：a-1 到 a-3 为典型的斑岩型矿床的黄铁矿及其显微镜下特征；b-1 到 b-3 为典型的矽卡岩型矿床中黄铁矿及其显微镜下特征；c-1 到 c-3 为典型的层状似层状矿床中黄铁矿及其显微镜下特征；a-4 到 a-6 为典型的斑岩型矿床中黄铁矿中 Co、Ni 和 As 元素的分布特征；b-4 到 b-6 是典型的矽卡岩型矿床黄铁矿中 Co、Ni 和 As 元素的分布特征；c-4 到 c-6 是典型的层状似层状矿床中 Co、Ni 和 As 元素的分布特征。矿物缩写：Py 为黄铁矿，Cpy 为黄铜矿。

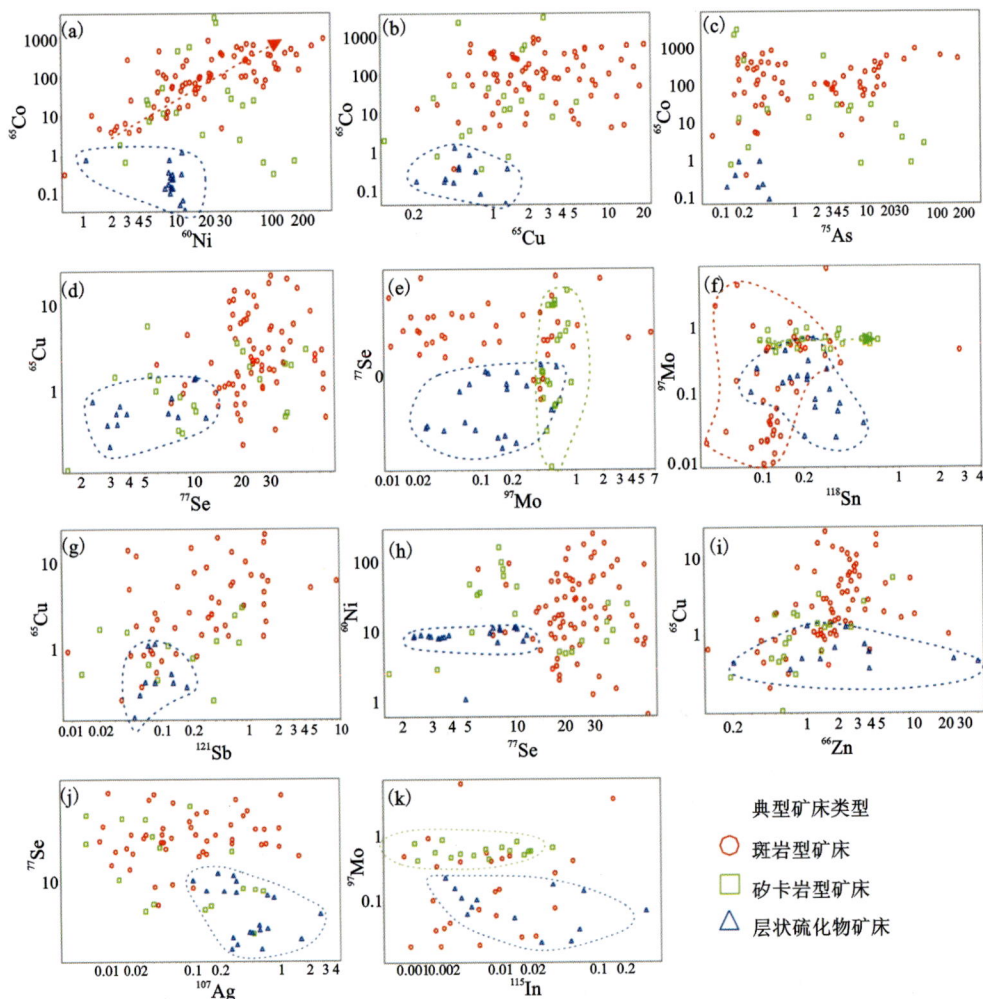

图 7 - 2　大宝山多金属矿田不同矿床中黄铁矿中微量元素双变量图解

(a) Co Vs Ni；(b) Co Vs Cu；(c) Co Vs As；(d) Cu Vs Se；(e) Se Vs Mo；(f) Mo Vs Sn；

(g) Cu Vs Sb；(h) Ni Vs Se；(i) Cu Vs Zn；(j) Se Vs Ag；(k) Mo Vs In